中等职业教育改革与创新成果教材

金属加工基础

主　编　杜　力　王雪婷
副主编　王人杰　扈成林
参　编　同金叶　李　振　谢子翼
主　审　郭晓平（企业）

机 械 工 业 出 版 社

本书是为了适应中等职业教育教学改革的需要，根据教育部2009年颁发的《中等职业学校金属加工与实训教学大纲》的精神及中等职业教育人才培养目标的要求编写的。

全书共八个单元，主要阐述了金属材料的力学性能、常用金属材料、钢的热处理、铸造、锻压、焊接、金属切削加工基础知识、金属切削机床及其应用等内容。

本书注重在基础知识、职业素质和职业技能等方面对学生进行综合培养；突出中等职业教育的特点，图例直观形象，简化了过多的理论介绍，理论联系实际，加强对学生实践技能和综合应用能力的培养；注重培养学生的学习能力及工程意识、安全意识、经济意识、质量意识和环保意识等；注重趣味性和文化特色，安排了大量的小栏目。为方便教学，本书配有习题和模拟试卷，汇集成册，附夹于书中；本书还配有内容丰富的电子资源包和部分习题答案，选择本书作为教材的教师可来电索取（010-88379197），或登录www.cmpedu.com网站注册、免费下载。

本书可作为中等职业学校加工制造类专业“金属工艺学”“金属加工基础”“金属加工与实训”课程的教材；此外，还可作为职工培训及技工学校教学用书。

图书在版编目（CIP）数据

金属加工基础/杜力，王雪婷主编. —北京：机械工业出版社，2012.12（2024.6重印）

中等职业教育改革与创新成果教材

ISBN 978-7-111-39858-5

Ⅰ.①金… Ⅱ.①杜…②王… Ⅲ.①金属加工-中等专业学校-教材 Ⅳ.①TG

中国版本图书馆CIP数据核字（2012）第226668号

机械工业出版社（北京市百万庄大街22号 邮政编码100037）

策划编辑：齐志刚 责任编辑：齐志刚 王海霞

版式设计：霍永明 责任校对：刘怡丹

封面设计：鞠 杨 责任印制：郜 敏

中煤（北京）印务有限公司印刷

2024年6月第1版第11次印刷

184mm×260mm · 16印张 · 369千字

标准书号：ISBN 978-7-111-39858-5

定价：45.00元

电话服务

客服电话：010-88361066

010-88379833

010-68326294

网络服务

机 工 官 网：www.cmpbook.com

机 工 官 博：weibo.com/cmp1952

金 书 网：www.golden-book.com

机工教育服务网：www.cmpedu.com

前　　言

为贯彻《国务院关于大力发展职业教育的决定》精神，落实《教育部关于进一步深化中等职业教育教学改革的若干意见》关于“加强中等职业教育教材建设，保证教学资源基本质量”的要求，机械工业出版社依托全国机械职业教育教学指导委员会材料类专业教学指导委员会，组织了焊接专业的行业专家、骨干教师、企业代表，对中等职业学校焊接专业课程、教材体系、教学内容、教学方法等进行了深入的研讨，确定了适合中等职业学校焊接专业教学改革需要的创新教材体系和模式，编写了本套教材。本书是中等职业教育改革与创新教材之一，是根据教育部2009年颁发的《中等职业学校金属加工与实训教学大纲》和焊接专业研讨会议精神编写的。

本书在编写过程中注重汲取各种现有教材的精华，结合现阶段中等职业学校的实际需要和特点，科学合理地取材和编写，具体教学目标是：

1）介绍常用金属材料的分类、牌号、性能及用途，培养学生正确选用金属材料的能力。

2）强化实践教学环节，提高学生的动手能力和实践技能，让学生熟悉典型零件机械加工的工艺路线与热处理工序。

3）介绍冷、热加工方法的基础知识，使学生掌握部分设备（或工具）的基本操作方法。

4）鼓励开放式教学模式，引导学生深入社会，了解现代企业生产状况；引导学生发现实际问题，探究和解决工程中相关的金属加工问题，培养不断创新和积极进取的探索精神。

5）适应终身学习型社会的发展需要，培养学生掌握正确的学习方法，引导学生应用所学知识解决一些实际问题，使学生具有一定的解决实际问题的感性认识和经验，做到触类旁通、融会贯通。

6）造就研究型学习环境，培养学生团结合作、相互交流、相互学习、勇于探讨问题的学风。

7）适应信息社会发展的需要，培养学生的信息素养，引导学生善于利用工具书、现代信息技术拓宽知识面，了解更多的相关知识，提高适应职业变化的能力。

8）培养遵守职业道德和职业规范的习惯，树立安全生产、节能环保和产品质量等职业意识，造就素质高、知识面宽的中等应用型人才，满足未来职业生涯的需要。

9）采用最新国家标准和相关概念，并力求增强编写内容的趣味性和文化特色。

本书在内容编写和版面设计等方面具有精炼、新颖、活泼、通俗易懂和插图形象生动等特点。每单元均配有实训题并制成夹册，方便学生巩固和深入理解所学的知识。

本书的建议课时（56 课时）分配见下表。

单　　元	建 议 课 时	单　　元	建 议 课 时	单　　元	建 议 课 时
绪论	2	第三单元	4	第六单元	4
第一单元	2	第四单元	4	第七单元	4
第二单元	4	第五单元	4	第八单元	28
小计	8		12		36
总计	56				

本书由杜力、王雪婷任主编，由王人杰、扈成林任副主编，王雪婷负责撰写编写提纲、统稿和修改。绪论、第一单元由王人杰编写；第二单元由谢子翼编写；第三单元由王雪婷编写；第四单元由同金叶编写；第五单元、第六单元由扈成林编写；第七单元由李振编写；第八单元由杜力编写。高级工程师郭晓平担任本书的主审。本书在编写过程中参考了大量的文献资料，在此向文献资料的作者致以诚挚的谢意。

由于编写时间及编者水平有限，书中难免有错误和不妥之处，恳请广大读者批评指正，以期不断完善。（cnbook@ 163. com）

编　者

目录

绪　论

【学习指导】

本部分主要介绍了金属材料的基本概念与分类，以及金属加工的分类和特点。学习重点和要求是：第一，了解金属材料的基本概念及分类；第二，了解金属加工的作用与地位、现状与发展趋势；第三，了解金属加工的主要工种分类及基本特点；第四，了解本课程的性质与任务；第五，了解本课程的教学目标和学习方法；第六，了解金属加工安全生产规范。

一、金属材料的基本概念

金属是指具有良好的导电性和导热性，有一定的强度和塑性，并具有光泽的物质，如金、银、铜、铝、锌、铁等。金属材料是由金属元素或以某种金属元素为主要材料，以其他金属或非金属元素为辅构成的，并具有金属特性的工程材料。金属材料包括纯金属、合金和特种金属材料等。

纯金属虽然有一定的用途，但由于其强度和硬度一般都较低，而且冶炼纯金属的技术比较复杂，价格也较高。因此，其在工农业生产的应用方面受到了较大的限制。目前，在工农业生产、建筑、国防建设中广泛使用的大多是合金状态的金属材料。

合金是指由两种或两种以上的金属元素或金属与非金属元素组成的金属材料。例如，青铜一般是由铜和锡组成的合金，普通黄铜是由铜和锌组成的合金，普通白铜是由铜和镍组成的合金，非合金钢是由铁和碳组成的合金，合金钢是由铁、碳加合金元素组成的合金等。与纯金属相比，合金除了具有良好的力学性能外，还可以通过调整组成元素之间的比例，获得一系列性能各不相同的合金，可满足不同使用性能的需要。

【史海拾遗】

我国使用青铜（铜锡合金）的历史可以追溯到夏代以前，虽然我国青铜冶炼技术的发明晚于古埃及和西亚，但其发展较快。到了商代和周代，我国的青铜冶炼技术已经发展到较高水平，青铜已经用于制造各种工具、器皿和兵器。春秋战国时期，我国劳动人民通过实践，总结出了青铜的化学成分与青铜的性能和用途之间的关系。例如，《周礼·考工记》中总结出了“六齐”规律：“六分其金而锡居一，谓之钟鼎之齐；五分其金而锡居一，谓之斧斤之齐；四分其金而锡居一，谓之戈戟之齐；三分其金而锡居一，谓之大刃之齐；五分其金而锡居二，谓之削杀矢之齐；金锡半，谓之鉴燧之齐”（齐是指合金的配制比例，金是指赤铜）。到了秦朝，青铜在兵器制造方面的技术达到了顶峰，并在全国范围内将青铜兵器的化学成分、性能和用途进行了标准化生产和管理，统一了各种兵器的制造标准和要求。

特种金属材料包括不同用途的结构金属材料和功能金属材料。例如，通过快速冷凝工艺获得的非晶态金属材料，以及准晶、微晶、纳米晶金属材料；此外，还有金属基复合材料、粉末冶金材料、单晶合金、超导合金、永磁合金、高温合金、形状记忆合金、超细金属隐身材料、超塑性金属材料、储氢合金等具有特殊功能的金属材料。

二、金属材料的分类

金属材料的种类很多，为了分类方便，可将金属材料分为钢铁材料和非铁金属两大类（表0-1）。

表 0-1　金属材料分类

- 金属材料
  - 钢铁材料
    - 非合金钢
      - 碳素结构钢
      - 优质碳素钢
      - 碳素工具钢
      - 易切削钢
      - 铸造非合金钢
    - 低合金钢
      - 低合金高强度结构钢
      - 低合金耐候钢
      - 低合金专业用钢
    - 合金钢
      - 工程结构用合金钢
      - 机械结构用合金钢
      - 轴承钢
      - 合金工具钢与高速工具钢
      - 不锈、耐蚀和耐热钢
      - 特殊物理性能钢
      - 其他合金钢
    - 铸铁
      - 白口铸铁
      - 灰铸铁
      - 可锻铸铁
      - 球墨铸铁
      - 蠕墨铸铁
      - 合金铸铁
  - 非铁金属
    - 铜及其合金
      - 纯铜
      - 黄铜
      - 白铜
      - 青铜
    - 铝及其合金
      - 纯铝
      - 变形铝合金
      - 铸造铝合金
    - 滑动轴承合金
      - 锡基滑动轴承合金
      - 铅基滑动轴承合金
      - 其他滑动轴承合金
    - 钛及其合金
      - 纯钛
      - 钛合金
    - 其他非铁金属

1. 钢铁材料

钢铁材料（也称黑色金属）是指由铁构成或以铁为主要元素构成的金属材料，如工业纯铁、碳素钢、铸铁，以及各种用途的结构钢、耐磨钢、工具钢、不锈钢、耐热钢、精密合金等。广义的钢铁材料还包括铬、锰及其合金。钢铁材料主要是由铁和碳组成的合金。钢铁材料按其碳的质量分数 w_C 进行分类，可分为工业纯铁（$w_C < 0.0218\%$）、钢（$w_C = 0.0218\% \sim 2.11\%$）和白口铸铁或生铁（$w_C > 2.11\%$）。

工业纯铁并不是真正意义上的纯铁，它含很少量的碳，具有塑性好、韧性好、电磁性能好等特点。常见的工业纯铁有两种规格：一种可作为深冲材料，将其冲压成复杂形状的工件；另一种可作为电磁材料，制作电磁器件。

钢按碳的质量分数 w_C 和室温组织的不同，可分为亚共析钢（$0.0218\% < w_C < 0.77\%$）、共析钢（$w_C = 0.77\%$）和过共析钢（$0.77\% < w_C \leqslant 2.11\%$）。

白口铸铁按碳的质量分数和室温组织的不同，可分为亚共晶白口铸铁（$2.11\% < w_C < 4.3\%$）、共晶白口铸铁（$w_C = 4.3\%$）和过共晶白口铸铁（$4.3\% < w_C < 6.69\%$）。

生铁是由铁矿石经高炉冶炼获得的，它是炼钢和生产铸件的主要原材料。钢材生产以生铁为主要原料，首先将生铁装入高温的炼钢炉里，通过氧化作用降低生铁中碳元素和杂质元素的质量分数，并使其达到需要的钢液成分；然后将钢液浇铸成钢锭或连续坯，再经过热轧或冷轧后，制成各种类型的型钢（如板材、管材、型材、线材及异形钢材）。

钢材按脱氧程度的不同，可分为特殊镇静钢（TZ）、镇静钢（Z）和沸腾钢（F）三种。其中特殊镇静钢的质量最好，镇静钢的质量次之，半镇静钢质量再次之，沸腾钢的质量最差。

2. 非铁金属

非铁金属（也称有色金属）是指除铁、铬、锰以外的所有金属及其合金，如金、银、铜、铝、镁、锌、钛、锡、铅、钼、钨、镍等。在国民经济生产中，非铁金属一般用于特殊场合。非铁金属按密度大小分类，通常可分为轻金属（金属的密度小于 $5 \times 10^3 kg/m^3$）和重金属（金属的密度大于 $5 \times 10^3 kg/m^3$）；非铁金属按其在地球上的储量和价值，可分为贵金属（如金、银、铂等）、稀有金属（如钨、钼、钒、锂、钴等）和稀土金属等。非铁金属按熔点的高低分类，可分为难熔金属和易熔金属，熔点高的金属称为难熔金属（如钨、钼、钒等），可以用来制造耐高温零件，它们在火箭、导弹、燃气轮机和喷气飞机等方面得到了广泛应用；熔点低的金属称为易熔金属（如锡、铅等），可以用来制造印刷铅字（铅与锑的合金）、熔丝（铅、锡、铋、镉的合金）和防火安全阀等零件。非铁金属按是否具有放射性，可分为放射性金属（如镭、铀、钍等）和非放射性金属。

【史海拾遗】

早在公元前6世纪即春秋末期，我国就已出现了人工冶炼的铁器，如1953年在河北兴隆地区发掘出的用来铸造农具的铁模子，说明当时铁制农具已大量地应用于农业生产中。同时，我国古代还创造了三种炼钢方法：第一种是战国晚期从矿石中直接炼出自然钢，用这种钢制作的刀剑在东方各国享有盛誉，后来在东汉时期传入欧洲；第二种是西汉时期经过“百次”冶炼锻打百炼钢；第三种是南北朝时期的灌钢，即先炼铁、后炼钢的两步炼钢技术。我国发明这种炼钢技术比其他国家早1600多年，在明朝之前的2000多年间，我国在钢铁生产技术方面一直是领先于世界的。

但在相当长的历史时期内，由于受到采矿和冶炼技术的限制，大规模的炼钢技术直到18世纪欧洲工业革命以后，才开始在世界范围内逐渐兴起，钢铁材料也因此成为了现代工业的主要工程材料。

三、金属加工在国民经济中的作用与地位、现状与发展趋势

1. 金属加工在国民经济中的作用与地位

金属材料与人类文明的发展及社会的进步密切相关，它是社会发展的物质基础，金属加工技术的发明象征着人类在征服自然、发展社会生产力方面迈出了具有深远历史意义的一步，有利地促进了社会生产力的发展。人类使用和加工金属材料的历史已有6000多年，人类利用金属材料制作了工具、设备及设施，不断改善了自身的生存环境与空间，创造了丰富的物质文明和精神文明。尤其是大规模生产钢铁材料（黑色金属）及非铁金属（有色金属）技术的出现，使金属材料的应用得到了迅速增长，并成为国民经济的重要基础和支柱性产业之一。目前，随着农业现代化、工业现代化、国防和科学技术现代化的发展，金属材料的消耗量不断增加，金属材料在国民经济中的作用和地位也越来越突出。例如，机械装备、铁路、建筑（图0-1）、桥梁、化工、汽车、航空母舰（图0-2）、枪械，以及飞机、航天飞机、导弹、火箭、卫星、计算机等高科技产品都需要使用金属材料来制造。因此，金属材料在一个国家的国民经济中具有重要的作用和地位，是国民经济、人民日常生活及国防工业、科学技术发展所必不可少的基础性材料和重要的战略物资。

图0-1　建筑

图0-2　航空母舰

2. 金属加工的现状与发展趋势

随着金属材料的广泛使用，地球上可以开采的金属矿产资源也越来越少。据估计，铁、铝、铜、锌、银、锡、镍、铬、稀土等金属的储量，只能再开采100~300年。如何解决这一问题？一是向地壳的深部要金属；二是向海洋要金属；三是节约金属材料，寻找它的代用品。目前，世界各国都在积极采取措施，改进现有金属材料的加工工艺，提高其利用率，或者寻找金属材料的代用品。

进入21世纪之后，金属材料的发展出现了如下趋势：

1）工业发达国家竞相发展非铁金属工业，增加非铁金属的战略储备。

2）加强金属材料的综合利用与开发已经得到世界各国的高度重视。世界各国都在重视发展循环经济，增加金属材料的回收利用，提高金属矿产资源的可持续发展能力，并注重加强对自然环境的保护。

3）加强非金属材料的研究和开发。世界各国不仅重视金属材料的生产和研究，而且加强了对非金属材料的研究、开发和生产，开发出了越来越多的非金属材料。非金属材料的广泛使用，不仅满足了人类社会对材料的需求，而且大大简化了机械制造的工艺过程，降低了机械制造成本，提高了机械产品的使用性能，也节约了大量的金属材料。其中，应用广泛的非金属材料有塑料、陶瓷与复合材料等。目前，它们所具有的独特性能正不断地得到广大工程技术人员的认可，而且其应用范围在不断扩大，正在逐步地改变着金属材料占绝对主导地位的格局。

四、金属加工的主要工种分类及特点

金属加工是指采用一系列不同的加工工艺方法对金属材料进行加工，获得符合设计要求的金属制品的工艺过程。它是一项复杂的系统工程，涉及产品设计、生产组织、人员安排、设备使用、质量检验、资金运转、产品销售及售后服务等环节，其核心是效率和质量。

金属加工方法主要包括热加工和冷加工两大类。热加工主要包括铸造、锻压、焊接、热处理等加工方法，它们主要用于生产金属毛坯，如铸件、锻件、焊件等。冷加工主要包括各种机械加工方法，如冲压加工、钻削加工、车削加工、刨削加工、铣削加工、磨削加工、拉削加工、数控加工等，它们主要用于对各种毛坯或原材料进行精确加工，逐步改变毛坯或原材料的形状、尺寸及表面质量，使其成为符合所需精度要求的合格零件。热处理是改善金属材料性能和质量的重要工艺方法，包括预备热处理和最终热处理，一般根据设计技术要求穿插安排在金属制品的加工过程中。

对应于各种金属加工方法，社会上呈现出了各种不同的职业工种与职业技能，如铸工、锻工、焊工、热处理工、钳工、车工、铣工等。

【史海拾遗】

西汉《史记·天官书》中有“水与火合为淬”，《汉书·王褒传》中有“巧冶铸干将之朴，清水淬其锋”等金属加工技术方面的记载。明朝宋应星所著的《天工开物》一书中则详细记载了古代冶铁、炼钢、铸钟、锻铁、退火、淬火、渗碳等各种金属材料的加工工艺。书中介绍的锉刀、针等工具的制造过程与现代企业的制作工艺几乎一致。可以说，《天工开物》一书是世界上有关金属加工工艺方法的最早的科学著作之一。

对于复杂的机械设备来说，首先要制造单个的金属制品（或零件），然后将单个的零件组装成部件或整机。金属制品的加工过程是由一系列加工工艺流程（或工序）组成的，如图0-3所示。合理安排金属制品的加工工艺流程不仅可以获得合格的金属制品，而且可以获得最佳的经济效益。一般将金属制品的加工过程分为三个阶段，即设计阶段、制造阶段和使用阶段。

随着科学技术的不断发展，新的金属加工工艺方法不断涌现，如铸造新技术、锻压新技术、焊接新技术、热处理新技术、机械加工新技术等。这些新技术逐步改善了传统的金属加工方法，解决了新的技术难题，满足了新材料的加工需要。例如，粉末冶金、精密铸造、精密冲裁、埋弧焊、数控加工、特种加工等新的金属加工技术正逐步替代传统的金属加工技术，并取得了良好的经济效果。目前，在金属制品的加工过程中，各行各业都十分注重采用新材料（如陶瓷材料、高分子材料、复合材料等）、新能源（如电化学能、激光、电子束、离子束、超声波等）、新技术（如计算机辅助设计、计算机辅助制造等）和新设备（如数字控制设备等），以提高金属材料的综合利用率，进一步使金属制品的加工工艺技术向着高效率、自动化、高精度、环保和清洁化的方向发展。

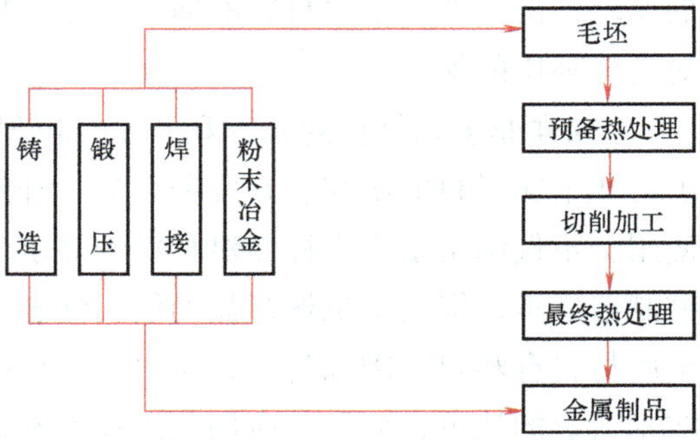

图 0-3　金属制品的加工过程

五、金属加工课程的性质与任务

金属加工是中等职业学校机械类专业及工程技术类相关专业的一门基础课程。其主要任务是：使学生掌握必备的金属材料、热处理、金属加工工艺知识和技能；培养学生分析问题和解决问题的能力，具备继续学习专业技术的能力；培养学生在机械类专业领域的基本从业能力；贯穿职业道德和职业意识的培养，使学生养成严谨、敬业的工作作风，为其今后解决生产实际问题和职业生涯的发展奠定基础。

六、金属加工课程的教学目标

1. 专业能力培养目标

本书《金属加工基础》比较系统地介绍了金属材料及其成形加工方面的知识，是融汇多种专业基础知识为一体的专业技术基础课。同时，学习该课程对于培养学生的综合工程素质、技术应用能力、经济意识、环保意识、创业意识和创新能力也是非常有益的。机械产品生产的核心与目的是获得优质的产品，而机械产品的质量问题主要发生在机械产品的制造过程中，其中有60%~70%是由于加工工艺因素造成的。如果出现产品质量问题，会造成机械产品的制造成本增加，资源、人力和物力的严重浪费，以及机械产品竞争力的降低；相反，如果机械产品的质量好，就会给企业带来活力、效益和信誉，为国家创造出更多的财富，并为社会带来更多的就业机会。学习本课程，可以实现以下专业能力培养目标：

1）能够正确选用常用金属材料。

2）熟悉一般机械产品的加工工艺路线与热处理工艺。

3）掌握钳工、车工、铣工、焊工等金属加工的基本操作技能。

4）会使用常用的工具、量具、刃具等。

5）能够阅读中等复杂程度的零件图及常见工种的工艺卡，并能按工艺卡要求实施加工。

2. 方法能力培养目标

学习本课程时，要多联系自己在金属材料加工方面的感性认识和生活经验，要多讨论、多交流、多分析和多研究，特别是在实习中要勤观察、勤实践，做到理论联系实际，这样才能更好地掌握书中的基础知识，实现以下方法能力培养目标：

1）具有运用工具书、网络等查阅和处理金属加工工艺信息的能力。

2）具有一定的交流、研讨、分析及解决问题的能力。

3）能够理论联系实际，尝试经过思考发表自己的见解，培养严谨的工作作风。

4）具有科学观察、理解、判断、推理和计算的能力。

5）养成自主学习的习惯，以形成适应职业岗位变化的能力。

3. 社会能力培养目标

现代社会是高度民主、集中和分工严密的社会，这种社会机制不仅需要我们努力完成自己所负责的工作或任务，而且要积极主动地与其他人员共同合作，形成高效、融洽的团队，才能适应竞争日益激烈的社会，顺利地完成工作或任务，使企业不断发展壮大，并实现自己的奋斗目标。通过本课程的学习，可以实现以下社会能力培养目标：

1）勇于探究工程实际中有关的金属工艺问题。

2）遵守职业规范，具有高度的工作责任感与严谨、细致的工作作风。

3）养成善于与他人合作共事的习惯，具有一定的合作与沟通能力。

4）具有乐观开朗、吃苦耐劳、节约能源、文明安全生产、保护环境及质量与效益的意识。

5）具有勇于创新和敬业、乐业的精神。

七、金属加工安全生产规范

安全生产对于金属加工行业来说，是一项非常重要的教育内容。忽视安全生产，不仅会对人身造成伤害，而且会给企业、社会和国家造成经济损失。因此，对于从事金属加工行业的工作人员来说，一定要将“安全第一，预防为主”的思想放在第一位，牢固地树立安全生产意识，并在日常生产中积极落实安全生产制度。在金属加工企业工作或实习的过程中，应注意以下几个方面的基本安全要求：

1）要尽快熟悉工作环境的生产特点。

2）要了解防火、防漏、防爆、防毒、防机械伤害等基本常识。

3）要认真熟悉各工种基本的安全生产操作规范，严格按操作规程进行操作，坚决杜绝违规操作行为，应该戴防护用品（如防护眼镜、面罩、手套、鞋等）的必须戴好，以防身体受到不必要的伤害。

4）未经允许或不了解机床性能时不能随意开动设备。

5）在了解设备的前提下，开动设备时要检查各操作手柄是否处于正常位置。

6）操作设备时，不得擅自离开设备。

7）变换设备运转速度时，必须停止设备运转。

8）加工工件时，一定要将工件夹紧。

9）清除切屑时，必须用铁钩或毛刷；切削工件时，不得用棉纱擦工件或刀具，以免造成事故。

10）操作结束后，要保持文明、清洁、整齐、规范的生产环境。

【多媒体教学活动】

观看金属加工视频资料，时间大约15min，认识金属加工过程。

第一单元 金属材料的力学性能

【学习指导】

本单元主要介绍金属材料受到的载荷，金属材料的强度与塑性、硬度、韧性、疲劳等内容。学习重点和要求是：第一，准确理解力学性能的有关概念；第二，在头脑中初步建立力学性能的分类方法；第三，熟悉力学性能指标的应用场合；第四，善于用学到的知识对日常生活中的现象和问题进行分析和解释，如“软硬”、“韧性”、“疲劳断裂”等；第五，为了巩固所学的知识，要学会对所学的知识进行分类、归纳和整理，以提高学习效率。

金属材料的性能通常分为使用性能和工艺性能。所谓使用性能，是指机械零件在使用条件下，其金属材料所表现出来的性能，包括力学性能、物理性能、化学性能等，金属材料使用性能的好坏，决定了它的使用范围与使用寿命；所谓工艺性能，是指机械零件在加工制造过程中，其金属材料在预先制订的热加工和冷加工工艺条件下所表现出来的性能，包括铸造性能、锻造性能、焊接性能、热处理性能及切削加工性能等，金属材料工艺性能的好坏，决定了它在制造过程中对加工成形的适应能力。只有了解金属材料的性能，特别是力学性能，才能科学合理地选用金属材料。

模块一 金属材料受到的载荷

一、载荷的含义

载荷的含义在不同的学科或领域中是不同的。例如，在机械设计中，载荷通常是指施加于机械或结构上的外力；在动力机械中，载荷通常是指完成工作所需的功率；在电动机工程中，载荷则是指电气装置或元件从电源所接受的功率。另外，有时也把某种能引起机械结构内力的非力学因素称为载荷。

二、载荷的类型

载荷可以从不同的角度进行分类。

（1）根据载荷的大小、方向和作用点是否随时间变化分类　可以将载荷分为静载荷和动载荷。其中，静载荷包括不随时间变化的恒载荷（如自重）和加载变化缓慢以至可以略去惯性力作用的准静载荷（如锅炉压力）；动载荷包括短时间快速作用的冲击载荷（如空气锤）、随时间作周期性变化的循环载荷或周期载荷（如空气压缩机的曲轴）和非周期变化的随机载荷（如汽车发动机的曲轴）。

（2）根据载荷对杆件变形的作用分类　可将载荷分为拉伸载荷、压缩载荷、弯曲载荷、剪切载荷和扭转载荷等。

1）拉伸载荷。拉伸载荷是最常见的载荷，其特点是两力的方向与构件的轴线一致，且相互背离（图1-1），如起重机钢丝绳在起吊重物时所受到的载荷就是拉伸载荷。

2）压缩载荷。压缩载荷的方向与构件的轴线一致，且两力的方向是相对的（图1-2），如机床底座承受的自身重量的压力、液压机械中活塞受到的压力等都是压缩载荷。

图1-1　拉伸载荷

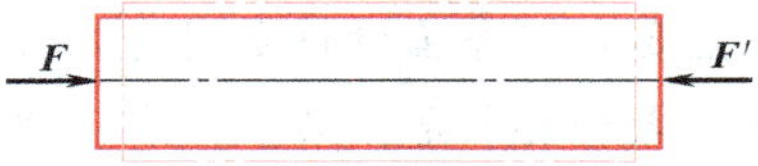

图1-2　压缩载荷

3）弯曲载荷。当物体受到垂直于其轴线的外力的作用时，物体将发生弯曲变形，物体受到的这种载荷就是弯曲载荷。例如，机床在进行切削加工时，工件或机床主轴、刀具会受到弯曲载荷的作用；此外，齿轮传动轴（图1-3）、汽车减振弹簧、飞机的机翼、建筑物大梁等在工作时也会受到弯曲载荷的作用。

4）剪切载荷。被剪切物体受到大小相等、方向相反，作用线不在同一直线上，并且作用距离很近的两力的作用，这种载荷称为剪切载荷。物体受到一对剪切力的作用时，将沿剪切面发生错动而导致其破坏。例如，采用螺栓联接的零件在工作时就受到剪切力的作用（图1-4）；在冲压工序中，利用冲模冲裁板料时，板料也受到剪切力的作用。

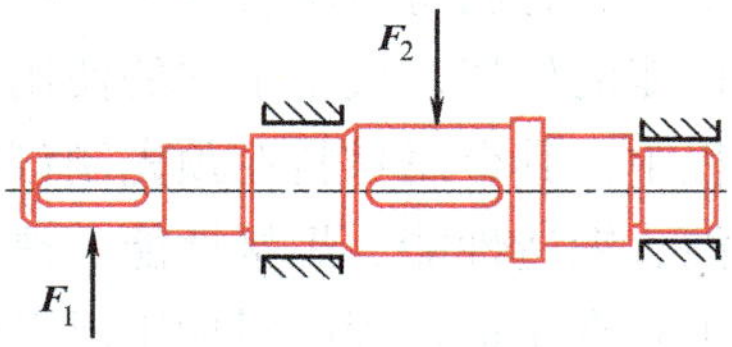

图1-3　弯曲载荷

5）扭转载荷。当物体受到一对大小相等、方向相反、作用面垂直于轴线的外力偶的作用时，这种载荷称为扭转载荷。例如，转动汽车方向盘，方向盘就受到了扭转载荷（图1-5）；此外，传动轴、钻头、丝锥等在工作时也受到扭转载荷的作用。

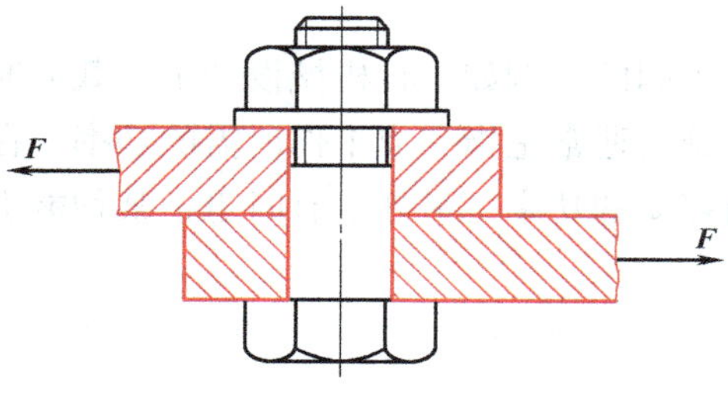

图1-4　剪切载荷

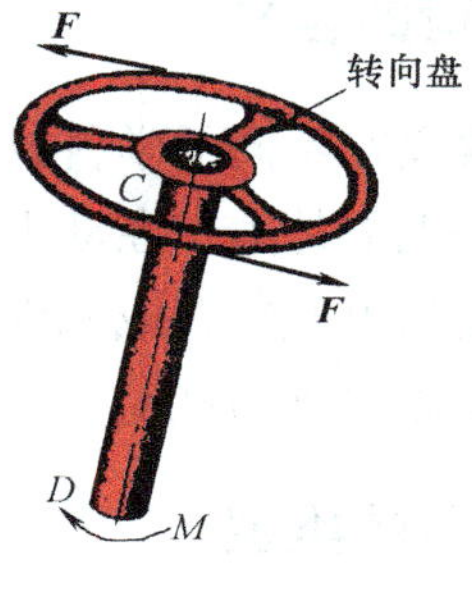

图1-5　扭转载荷

三、载荷的计算

载荷通常可用计算方法或实测方法求得。根据额定功率用力学公式计算出的载荷称为名义载荷（又称额定载荷），它未考虑载荷随时间作用和分布的不均匀性，以及其他零件受力情况等因素。这些因素的综合影响常用载荷系数作修正。载荷系数与名义载荷的乘积称为计算载荷，它是设计计算的依据。

四、金属受力现象

金属在外力的作用下将发生变形和破坏，其一般变化过程是：弹性变形→塑性变形→断裂。

弹性变形是指金属在外力的作用下改变其形状和尺寸，在外力卸除后又回复到原始形状和尺寸的特性。塑性变形是指金属在断裂前发生的不可逆的永久变形。永久变形是指金属在力的作用下产生的形状、尺寸的改变，外力去除后，不能恢复到原来的形状和尺寸的变形。

金属受外力作用后，导致金属内部之间相互作用的力，称为内力。单位面积上的内力，称为应力/(N/mm^2 或 MPa)。金属的强度指标就是用应力来度量的。应变是指由外力所引起的金属原始尺寸或形状的相对变化（%）。

金属材料的力学性能是指金属材料在外力的作用下所表现出来的性能。金属材料的力学性能是评定金属材料质量的主要依据，也是零件设计和选材的主要依据。按外加载荷性质的不同（如拉伸载荷、压缩载荷、扭转载荷、冲击载荷、循环载荷等），金属材料的力学性能指标可分为强度、塑性、硬度、韧性和疲劳强度等。

模块二　金属材料的强度与塑性

一、强度

金属材料在力的作用下，抵抗永久变形和断裂的能力称为强度。金属材料的强度指标可以通过静拉伸试验测得。

1. 力－伸长曲线

图 1-6 所示为退火低碳钢的力－伸长曲线。从力－伸长曲线可以看出，试样从开始拉伸到断裂要经过弹性变形阶段、屈服阶段、变形强化阶段、缩颈与断裂四个阶段。

（1）弹性变形阶段　观察图 1-6 中的力－伸长曲线可以看出，在斜直线 Op 阶段，当拉伸力 F 增加时，试样伸长量 ΔL 也呈正比增加。去除拉伸力 F 后，试样的伸长变形消失，恢复原来的形状，其变形规律符合胡克定律，表现为弹性变形。图 1-6 中的 F_p 是试样保持完全弹性变形的最大拉伸力。

（2）屈服阶段　当拉伸力超过 F_e 时，试样将产生塑性变形，去除拉伸力后，变形不能完全恢复，塑性伸长将被保留下来。当拉伸力继续增加到一定值时，力－伸长曲线将出现一个波动平台，即在拉伸力几乎不变的情况下，试样会明显地伸长，这种现象称为屈服现象。

拉伸力 F_{sL} 称为屈服拉伸力。

（3）变形强化阶段　当拉伸力超过屈服拉伸力后，试样抵抗变形的能力将会提高，产生冷变形强化现象。在力－伸长曲线上表现为一段上升曲线，即随着塑性变形的增大，试样抵抗变形的力也逐渐增大。

（4）缩颈与断裂阶段　当拉伸力达到 F_m 时，试样的局部截面开始收缩，产生缩颈现象。缩颈会使试样的局部截面迅速缩小，单位面积上的拉伸力增大，变形集中于缩颈区，最后延续到 k 点时，试样被拉断。缩颈现象在力－伸长曲线上表现为一段下降曲线。F_m 是试样被拉断前所能承受的最大拉伸力，称为极限拉伸力。

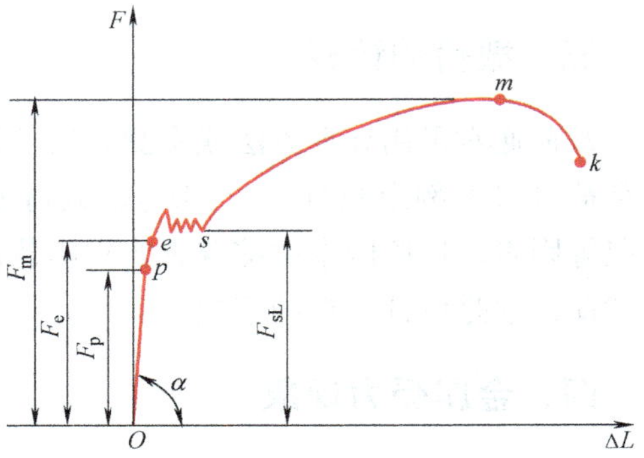

图 1-6　退火低碳钢的力－伸长曲线

2. 强度指标

金属材料的强度指标主要有屈服强度（一般以下屈服强度 R_{eL} 表示）、规定残余延伸强度（如 $R_{r0.2}$）、抗拉强度（R_m）等。

（1）屈服强度　试样在拉伸试验过程中，在力不增加（保持恒定）的情况下仍然能继续伸长（变形）时的应力称为屈服强度。屈服强度包括上屈服强度（R_{eH}）和下屈服强度（R_{eL}），由于下屈服强度的数值较为稳定，因此，一般将下屈服强度作为金属材料的屈服强度。屈服强度的单位是 N/mm^2 或 MPa。屈服强度 R_{eL} 可用下式计算

$$R_{eL} = F_{sL}/S_o$$

式中　F_{sL}——拉伸试样屈服时的拉伸力（N）；

S_o——拉伸试样的原始横截面积（mm^2）。

（2）规定残余延伸强度　工业上使用的部分金属材料，如高碳钢、铸铁等，在进行拉伸试验时，没有明显的屈服现象，也不会产生缩颈现象，这就需要规定一个相当于屈服强度的强度指标，即规定残余延伸强度。

规定残余延伸强度是指试样卸除应力后，残余延伸率等于规定的引伸计标距（L_e）百分率时对应的应力。规定残余延伸强度用符号“R”加角标“r 和规定残余伸长率”表示。例如，$R_{r0.2}$ 表示规定残余伸长率为 0.2% 时的应力，并将此值作为没有产生明显屈服现象金属材料的屈服强度（或条件屈服强度）。

【实践经验】

金属零件及其结构件在工作过程中一般不允许产生塑性变形，因此，屈服强度 R_{eL} 是工程技术上一个重要的力学性能指标，也是大多数机械零件和结构件选材和设计的依据。

（3）抗拉强度　抗拉强度是指拉伸试样拉断前所能承受的最大标称拉应力。抗拉强度用符号 R_m 表示，单位为 N/mm^2 或 MPa。R_m 可用下式计算

$$R_m = F_m / S_o$$

式中 F_m——拉伸试样承受的最大载荷（N）；

S_o——拉伸试样的原始横截面积（mm^2）。

R_m 是表征金属材料由均匀塑性变形向局部集中塑性变形过渡的临界值，也可表征金属材料在静拉伸条件下的最大承载能力。对于塑性金属材料来说，拉伸试样在承受最大拉应力 R_m 之前，其变形是均匀一致的；但超过 R_m 以后，金属材料开始出现缩颈现象，即产生集中变形。

二、塑性指标

塑性是指金属材料在断裂前发生不可逆永久变形的能力。金属材料的塑性可以用拉伸试样断裂时的最大相对变形量来表示。工程上广泛使用的表征材料塑性大小的主要指标是：断后伸长率和断面收缩率。

（1）断后伸长率 拉伸试样在进行拉伸试验时，在力的作用下产生塑性变形，原始试样中的标距会不断地伸长。试样拉断后的标距伸长量与原始标距的百分比称为断后伸长率，用符号 A 或 $A_{11.3}$ 表示。A 或 $A_{11.3}$ 可用下式计算

$$A(A_{11.3}) = (L_u - L_o)/L_o \times 100\%$$

式中 L_u——拉断拉伸试样并对接后测出的标距长度（mm）；

L_o——拉伸试样的原始标距长度（mm）。

圆形横截面比例试样分为长拉伸试样和短拉伸试样，其中，使用长拉伸试样测定的断后伸长率用符号 $A_{11.3}$ 表示，使用短拉伸试样测定的断后伸长率用符号 A 表示。同一种金属材料的断后伸长率 A 或 $A_{11.3}$ 的数值是不相等的，因而，不能直接对 A 和 $A_{11.3}$ 进行比较。一般短拉伸试样的 A 值大于长拉伸试样的 $A_{11.3}$ 值。

（2）断面收缩率 断面收缩率是指圆形横截面比例试样拉断后，其缩颈处横截面积的最大缩减量与原始横截面积的百分比。断面收缩率用符号 Z 表示。Z 值可用下式计算

$$Z = (S_o - S_u)/S_o \times 100\%$$

式中 S_o——拉伸试样的原始横截面积（mm^2）；

S_u——拉伸试样断口处的横截面积（mm^2）。

金属材料塑性的大小，对零件的加工和使用有重要的影响。塑性好的金属材料不仅能顺利地进行锻压、轧制等成形工艺，而且在使用过程中如果发生超载，则会由于其产生的是塑性变形，而可以避免或缓冲突然断裂。所以，大多数机械零件除要求具有较高的强度外，还需要有一定的塑性。铸铁、陶瓷等脆性材料的塑性较差，拉伸时几乎不产生明显的塑性变形，超载时会突然断裂，使用过程中必须注意。

目前，金属材料室温拉伸试验方法推广采用 GB/T 228.1—2010 新标准，本书所涉及的力学性能名词尽量采用新标准。原有的采用旧标准 GB/T 228—1987 进行测定和标注的金属材料力学性能数据仍可沿用。关于金属材料强度与塑性的新、旧标准名词和符号对照见表 1-1。

表 1-1 关于金属材料强度与塑性的新、旧标准名词和符号对照

GB/T 228—2010（新标准）		GB/T 228—1987（旧标准）	
名　词	符　号	名　词	符　号
断面收缩率	Z	断面收缩率	φ
断后伸长率	A 和 $A_{11.3}$	断后伸长率	δ_5 和 δ_{10}
屈服强度	—	屈服点	σ_s
上屈服强度	R_{eH}	上屈服点	σ_{sU}
下屈服强度	R_{eL}	下屈服点	σ_{sL}
规定残余延伸强度	R_r，如 $R_{r0.2}$	规定残余延伸应力	σ_r，如 $\sigma_{r0.2}$
抗拉强度	R_m	抗拉强度	σ_b

【拓展知识——超塑性】

通常情况下，金属的伸长率不超过 90%，而超塑性金属材料的最大伸长率可高达 1000%～2000%，个别金属材料的伸长率可达到 6000%。金属材料只有在特定条件下才显示出超塑性，如在一定的变形温度范围内进行低速加工时可能出现超塑性。

模块三 金属材料的硬度

硬度是金属材料抵抗外物压入的能力。它直接反映金属材料的软硬程度，也反映金属材料的耐磨性和切削加工性。常用的硬度测试方法有布氏硬度（HBW）、洛氏硬度（HRA、HRB、HRC 等）和维氏硬度（HV）。

1. 布氏硬度

目前，金属材料布氏硬度试验方法执行 GB/T 231.1—2009 标准，布氏硬度用符号 HBW 表示，本标准规定的布氏硬度试验范围上限为 650HBW。布氏硬度是用一定直径的硬质合金球，以相应的试验力压入试样表面，经规定的保持时间后卸除试验力，测量试样表面的压痕直径 d（mm），然后根据压痕直径 d 计算其硬度值的方法，如图 1-7 所示。布氏硬度值是用球面压痕单位表面积上所承受的平均压力来表示的。试验时只要测量出压痕直径 d，便可通过查布氏硬度表得出 HBW 值。

布氏硬度值标注在硬度符号“HBW”前面。除了保持时间是 10～15s 的试验条件外，在其他条件下测得的硬度值，均应在符号“HBW”后面用相应的数字写明压头直径、试验力大小和试验力保持时间，如 350HBW10/1000/30 表示用直径 D = 10mm 的硬质合金球，在 1000kgf（9.807kN）试验力的作用下，保持

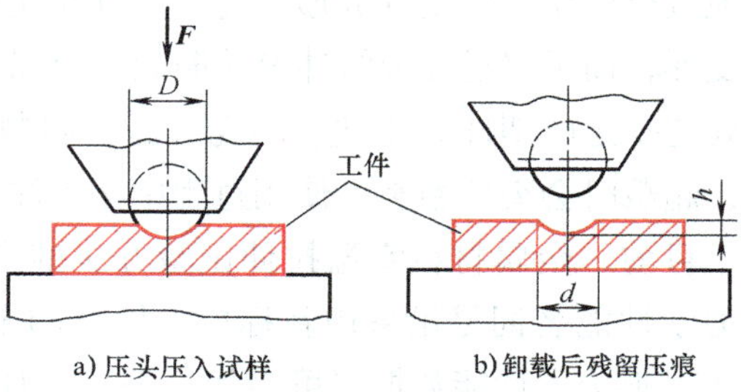

图 1-7 布氏硬度试验原理图

30s 所测得的布氏硬度值是 350；460HBW5/750 表示用直径 $D=5\text{mm}$ 的硬质合金球，在 750kgf（7.355kN）试验力的作用下，保持 10～15s 测得的布氏硬度值是 460。

布氏硬度反映的硬度值比较准确，数据的重复性强。但由于其压痕较大，对金属材料表面的损伤较大，因此，不宜用来测定太小或太薄的试样。通常，布氏硬度适合于测定非铁金属、铸铁及经退火、正火、调质处理后的各类钢材。

2. 洛氏硬度

目前，金属材料洛氏硬度试验方法执行 GB/T 230.1—2009 标准。洛氏硬度是以锥角为 120°的金刚石圆锥体或直径为 1.5875mm 的球（淬火钢球或硬质合金球）压入试样表面，根据试样残余压痕深度的增量来衡量试样硬度的大小，如图 1-8 所示。残余压痕深度 h 的增量越小，金属材料的硬度越高。

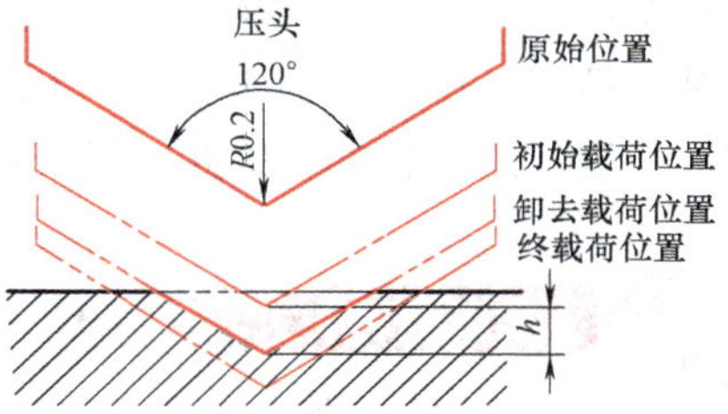

图 1-8　洛氏硬度试验原理图

洛氏硬度计采用不同的压头和载荷，并对应不同的硬度标尺，每种标尺由一个专用字母表示，标注在符号“HR”后面，如 HRA、HRB、HRC 等（表1-2）。不同标尺的洛氏硬度值之间没有直接的换算关系。测定的硬度数值写在符号“HR”的前面，符号“HR”后面写使用的标尺，如 45HRC 表示用“C”标尺测定的洛氏硬度值为 45。

表 1-2　常用洛氏硬度的试验条件、硬度测试范围和应用举例

硬度符号	压头材料	总试验力 F/(N/kgf)	硬度测试范围	应用举例
HRA	120°金刚石圆锥	588.4/60	20～88	硬质合金、碳化物、浅层表面硬化钢
HRB	ϕ1.5875mm 的淬火钢球或硬质合金球	980.7/100	20～100	非铁金属、铸铁、经退火或正火的钢
HRC	120°金刚石圆锥	1471.0/150	20～70	淬火钢、调质钢、深层表面硬化钢

注：采用淬火钢球压头测定的硬度值，需在硬度符号 HRB 后面加“S”；采用硬质合金球压头测定的硬度值，需在硬度符号 HRB 后面加“W”。

洛氏硬度试验操作简便，压痕小，对试样表面的损伤小，硬度值可以直接从试验机上读出。但是，由于压痕小，硬度值的准确性不如布氏硬度高，数据的重复性较差。因此，在测试洛氏硬度时，需要至少测取三个不同位置的硬度值，然后计算这三处硬度的平均值作为被测材料的硬度值。洛氏硬度主要用于直接检验成品或半成品的硬度，特别适合检验经过淬火的零件。

3. 维氏硬度

维氏硬度是用正四棱锥形压痕单位表面积上承受的平均压力表示的硬度值。它以面夹角为 136°的正四棱锥体金刚石为压头（图 1-9），在规定试验力 F（49.03～980.7N）的作用下，压入试样表面，经规定保持时间后卸除试验力，则试样表面上将压出一个正四棱锥形的压痕，测量压痕两对角线 d 的平均长度，查 GB/T 4340.1—2009 就可得出维氏硬度值。

维氏硬度的测量范围为 5～1000HV，用符号“HV”表示，硬度数值写在符号“HV”的前面，试验条件写在符号“HV”的后面。对于钢和铸铁，若试验力保持时间是 10～15s，则可以不标出试验力保持时间。例如，600HV30 表示用 30kgf（294.2N）的试验力，保持 10～15s 测定的维氏硬度值是 600；600HV30/20 表示用 30kgf（294.2N）的试验力，保持 20s 测定的维氏硬度值是 600。

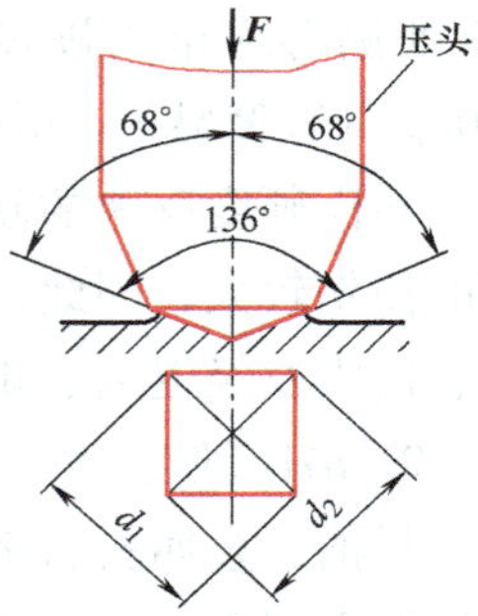

图 1-9 维氏硬度试验原理图

维氏硬度的适用范围广，从软材料到硬材料都可以进行测量，它主要用于材料研究领域，也适用于零件表面层硬度的测量，其测量结果精确、可靠。但进行维氏硬度测试时，对试样表面的质量要求高，测量效率较低，因此，维氏硬度没有洛氏硬度使用方便。

【实践经验】

硬度是一项综合力学性能指标，可以反映出材料的强度和塑性。在工程技术和机械生产方面，常在零件图上标注出相应的硬度指标，并将其作为零件生产和验收的主要依据之一。一般来说，材料的硬度值越高，零件的耐磨性越好。

模块四 金属材料的韧性

部分零件工作时受到的力是冲击载荷，如锻锤锤杆、钢钎、冲压模具、曲轴、压力机连杆等，这些零件除要求具备足够的强度、塑性、硬度外，还应具有足够的韧性。韧性是金属材料在断裂前吸收变形能量的能力。冲击载荷比静载荷的破坏性要大得多，因此，对于承受冲击载荷的金属零件，需要对金属材料规定冲击载荷下的性能指标。金属材料韧性的大小通常采用吸收能量 K（单位是 J）来衡量。金属材料的吸收能量 K 采用 GB/T 229—2007 金属材料夏比摆锤冲击试验方法来测定。

1. 夏比摆锤冲击试样

夏比摆锤冲击试样有 V 形缺口试样和 U 形缺口试样两种。带 V 形缺口的试样，称为夏比 V 形缺口试样；带 U 形缺口的试样，称为夏比 U 形缺口试样。

2. 夏比摆锤冲击试验方法

夏比摆锤冲击试验是在摆锤式冲击试验机上进行的，如图 1-10 所示。试验时，将带有缺口的标准试样安置在冲击试验机的机架上，使试样的缺口位于两支座中间，并背向摆锤的冲击方向。将一定质量的摆锤升高到规定高度 H_1，则摆锤具有势能 A_{KV1}（V 形缺

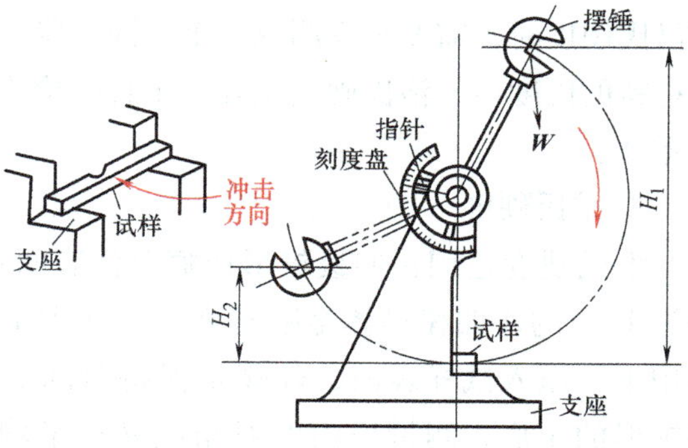

图 1-10 夏比冲击试验原理

口试样）或 A_{KU1}（U形缺口试样）；当摆锤落下将试样冲断后，摆锤继续向前升高到 H_2，此时摆锤的剩余势能是 A_{KV2} 或 A_{KU2}，则冲击试样的吸收能量 K 就等于摆锤冲断试样过程中所失去的势能。其计算公式为

V形缺口试样　　　　KV_2 或 $KV_8 = A_{KV1} - A_{KV2}$

U形缺口试样　　　　KU_2 或 $KU_8 = A_{KU1} - A_{KU2}$

式中　KV_2 或 KU_2——用切削刃半径为2mm的摆锤测定的吸收能量（J）；

KV_8 或 KU_8——用切削刃半径为8mm的摆锤测定的吸收能量（J）。

吸收能量 KV_2 或 KV_8（KU_2 或 KU_8）可以从试验机的刻度盘上直接读出，它是表征金属材料韧性的重要指标。显然，吸收能量越大，表示金属材料抵抗冲击试验力而不破坏的能力越强。

吸收能量 K 对组织缺陷非常敏感，它可灵敏地反映出金属材料的质量、宏观缺口和显微组织的差异，能有效地检验金属材料在冶炼、成形加工、热处理工艺等方面的质量。

3. 冲击吸收能量与温度的关系

冲击吸收能量对温度非常敏感。有些金属材料在室温时可能并不显示脆性，但在较低温度下，则可能发生脆断。如图1-11所示，在进行不同温度的一系列冲击试验时，随试验温度的降低，冲击吸收能量总的变化趋势是随着温度的降低而降低。当温度降至某一数值时，冲击吸收能量急剧下降，金属材料由韧性断裂变为脆性断裂，这种现象称为冷脆转变。金属材料在一系列不同温度的冲击试验中，冲击吸收能量急剧变化或断口韧性急剧转变的温度区域，称为韧脆转变温度区。金属材料的韧脆转变温度越低，说明金属材料的低温抗冲击性越好。非合金钢的韧脆转变温度约为 -20℃，因此，在非常寒冷（低于 -20℃）的地区使用非合金钢构件（如钢轨、车辆、桥梁、输运管道、电力铁塔等）时，其易发生脆断现象。所以，选用金属材料时，一定要考虑金属材料使用条件的最低温度必须高于金属材料的韧脆转变温度。

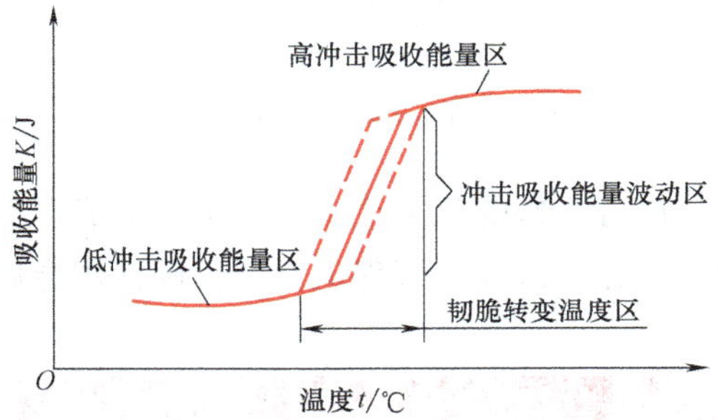

图1-11　吸收能量-温度曲线

模块五　金属材料的疲劳现象

1. 疲劳现象

轴、齿轮、连杆、弹簧等金属零件是在循环应力的作用下工作的。循环应力是指应力的大小、方向都随时间发生周期性变化的应力。常见的循环应力是对称循环应力，其最大值 σ_{max} 和最小值 σ_{min} 的绝对值相等，即 $\sigma_{max}/\sigma_{min} = -1$，如图1-12所示。金属零件在循环应力作用下，在一处或几处产生局部永久性累积损伤，经一定循环次数后产生裂纹或突然发生完全断裂的过程，称为疲劳（或称疲劳断裂）。

金属发生疲劳断裂的主要特征如下：

1）零件工作时承受的实际循环应力值通常低于制作金属材料的屈服强度或规定残余延伸强度，但是零件在这种循环应力的作用下，经过一定时间的工作后会发生突然断裂。

2）金属材料疲劳断裂时不产生明显的塑性变形，断裂是突然发生的。

3）疲劳断裂首先是在零件的应力集中局部区域产生的，先形成微小的裂纹核心，即微裂源。随后在循环应力的作用下，微小裂纹不断扩展长大，形成扩展区。由于微小裂纹不断扩展，使零件的有效工作面积逐渐减小，因此，零件所受应力不断增加，当应力超过金属材料的断裂强度时，则突然发生疲劳断裂，形成最后的瞬断区。因此，金属材料的疲劳断裂断口一般由微裂源、扩展区和瞬断区三部分组成，如图1-13所示。

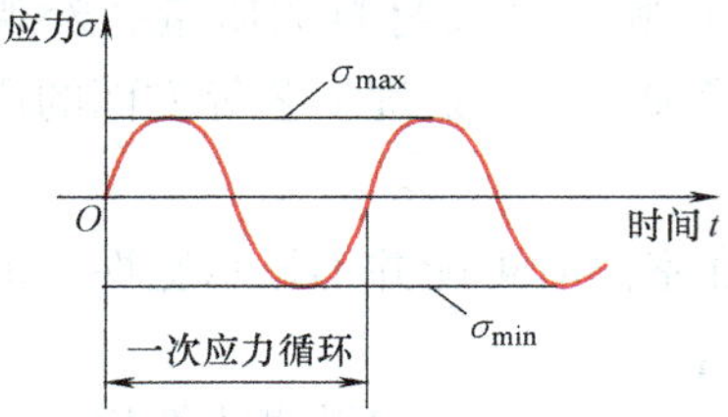

图1-12　对称循环应力

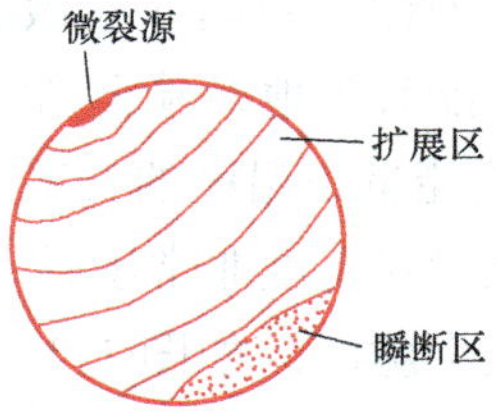

图1-13　疲劳断裂断口示意图

疲劳断裂的危害很大，常常会造成严重事故。据统计，大部分零件的损坏是因疲劳造成的。因此，研究疲劳现象对于正确使用金属材料，合理设计机械构件具有重要意义。

【实践经验】

不使用钢丝钳，仅利用双手掰断一根 ϕ3mm 的细铁丝，应如何操作？断口附近有何物理变化？用双手拉伸细铁丝能将其拉断吗？你得出了什么结论？

2. 疲劳强度

金属材料所受循环应力 σ 与循环次数 N 之间的关系，可用 σ-N 曲线表示，如图1-14所示。由图可见，当金属材料所受循环应力 σ 低于某一数值时，曲线与横坐标几乎平行，表示金属材料可经受无限多次循环应力作用而不断裂，这一应力值称为金属材料的疲劳强度。由于零件不可能承受无限次循环应力的作用，因此在工程实践中，一般是求疲劳极限，即对应于指定的循环基数 N_0 下的中值疲劳强度。钢铁材料的循环基数 $N_0=10^7$，非铁金属的循环基数 $N_0=10^8$。如果金属构件所受应力是对称循环应力，则其疲劳强度用符号 σ_{-1} 表示；如果金属构件所受应力是脉动循环应力（$\sigma_{min}=0$，$\sigma>0$），则其疲劳强度用符号 σ_0 表示。

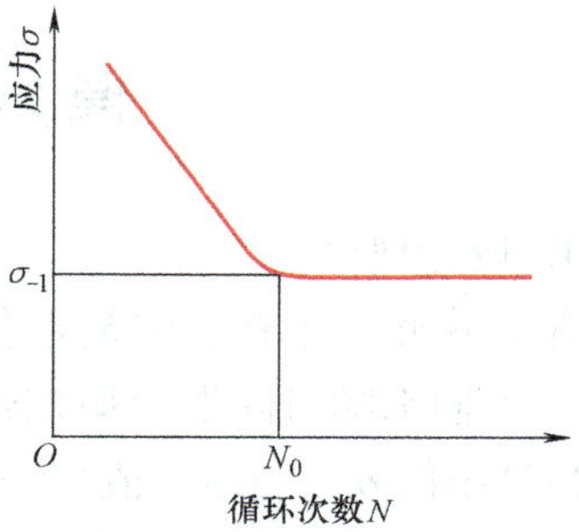

图1-14　σ-N 曲线

【实践经验】

研究表明，疲劳断裂一般是由金属材料内部的气孔、疏松、夹杂、表面划痕、缺口、应力集中等引起的。因此，改善金属材料的内部组织，减小应力集中，减小零件表面粗糙度值等，可提高零件的疲劳强度。例如，对零件表面进行表面强化（如喷丸、滚压、内孔挤压、表面淬火、表面化学热处理等）可改变零件表层的残留应力分布状态，从而提高零件的疲劳强度。

第二单元

常用金属材料

【学习指导】

本单元主要介绍常用钢材、铸铁、非铁金属及其合金的分类、牌号、性能及应用等内容。学习重点和要求是，第一，熟悉金属材料的分类和牌号的命名方法；第二，了解典型金属材料的性能特点和应用范围，同时大致了解典型金属材料的加工工艺过程；第三，了解部分金属材料在典型零件生产中的应用，初步在选材和加工工艺方面建立感性经验；第四，积极对繁杂的金属材料进行分类和归纳，以提高学习效率。

常用金属材料主要包括钢铁材料和非铁金属两大类。其中，钢铁材料包括各类常用钢材和常用铸铁；非铁金属包括铝及铝合金、铜及铜合金、钛及钛合金等。了解金属材料方面的相关知识，对于从事机械装备制造、工程建设及国防建设等方面的人员来说具有重要的指导意义。

模块一 常用钢材

钢材按化学成分可分为非合金钢、低合金钢和合金钢三大类。其中，非合金钢是指以铁为主要元素，碳的质量分数一般在 2.11% 以下，并含有少量其他元素的钢铁材料。为了改善钢的某些性能或使之具有某些特殊性能（如耐腐蚀、抗氧化、耐磨、热硬性、高淬透性等），在炼钢时有意加入的元素称为合金元素。含有一种或数种合金元素的钢，称为合金钢。

一、非合金钢的分类、牌号及用途

1. 非合金钢的分类

非合金钢的分类方法有很多种，常用的分类方法如下。

（1）按碳的质量分数分类　非合金钢可分为低碳钢、中碳钢和高碳钢（表 2-1）。

（2）按主要质量等级分类　非合金钢可分为普通质量非合金钢、优质非合金钢和特殊质量非合金钢三类（表 2-2）。

表 2-1　低碳钢、中碳钢和高碳钢的定义和典型牌号

名　称	定　义	典型牌号
低碳钢	碳的质量分数 w_C <0.25% 的钢铁材料	08、10、15、20 等
中碳钢	碳的质量分数 w_C =0.25% ~0.60% 的钢铁材料	35、40、45、50、55 等
高碳钢	碳的质量分数 w_C >0.60% 的钢铁材料。	65、70、75、80、85 等

表 2-2　普通质量非合金钢、优质非合金钢和特殊质量非合金钢的定义和典型牌号

名　称	定　义	典型牌号
普通质量非合金钢	生产过程中不规定需要特别控制质量要求的非合金钢	Q195、Q215A、Q215B、Q235A、Q235B、Q235C、Q235D、Q275 等
优质非合金钢	生产过程中需要特别控制质量，以达到比普通质量非合金钢特殊的质量要求，但这种钢的生产控制不如特殊质量非合金钢严格	35、40、45、50、55、65、70、75、80、85 等
特殊质量非合金钢	在生产过程中需要特别严格控制质量和性能（如控制淬透性和纯洁度）的非合金钢	T7、T7A、T8、T8A、T9、T10、T10A、T12、T12A 等

（3）按用途分类　非合金钢可分为碳素结构钢和碳素工具钢。

碳素结构钢主要用于制造各种机械零件和工程结构件，其碳的质量分数一般小于0.70%。此类钢常用于制造齿轮、轴、螺母、弹簧、连杆等机械零件，以及桥梁、船舶、建筑等工程结构件。

碳素工具钢主要用于制造工具，如刃具、模具、量具等，其碳的质量分数一般大于0.70%。

（4）其他分类方法　非合金钢还可以从其他角度进行分类，如按专业可分为锅炉用钢、桥梁用钢、矿用钢、造船用钢、铁道用钢、汽车用钢、建筑结构用钢等；按冶炼方法可分为氧气转炉钢、电弧炉钢等；按使用加工方法可分为压力加工用钢、切削加工用钢。

2. 碳素结构钢的牌号及用途

碳素结构钢是非合金钢中应用最多的钢种之一，其牌号由屈服强度字母、屈服强度数值、质量等级符号、脱氧方法四部分按顺序组成。屈服强度用“屈”的汉语拼音首位字母“Q”和一组数字表示；质量等级分 A、B、C、D 四级，从左至右质量依次提高；脱氧方法用 F、Z、TZ 分别表示沸腾钢、镇静钢、特殊镇静钢，在牌号中“Z”可以省略。例如，Q235BF 表示屈服强度大于 235MPa，质量为 B 级的沸腾碳素结构钢。碳素结构钢的牌号、化学成分和力学性能见表 2-3。

Q195 系列和 Q215 系列的塑性好，常用于制作薄板、线材、焊接钢管、铁钉、铆钉、垫圈、地脚螺栓、冲压件（图 2-1）等；Q235 系列常用于制作薄板、中板、型材、钢筋、钢管、铆钉、螺栓、连杆、销、小轴、法兰盘（图 2-2）、机壳、桥梁与建筑结构件、焊接结构件等；Q275 系列的强度较高，常用于制作要求高强度的拉杆、连杆、键、轴、销钉等。

表 2-3　碳素结构钢的牌号、化学成分和力学性能（GB/T 700—2006）

牌　号	质量等级	w_C（%）	R_{eH}/MPa	R_m/MPa	A（%）	脱氧方法
Q195		≤0.12	≥（195）	315～430	≥33	F、Z
Q215	A	≤0.15	≥215	335～450	≥31	F、Z
	B	≤0.15	≥215	335～450	≥31	F、Z
Q235	A	≤0.22	≥235	375～500	≥26	F、Z
	B	≤0.20	≥235	375～500	≥26	F、Z
	C	≤0.17	≥235	375～500	≥26	F、Z
	D	≤0.17	≥235	375～500	≥26	F、Z
Q275	A	≤0.24	≥275	410～540	≥22	Z
	B	≤0.22	≥275	410～540	≥22	Z
	C	≤0.20	≥275	410～540	≥22	Z
	D	≤0.20	≥275	410～540	≥22	Z

注：A、B 级钢属于一般用途碳素结构钢，相当于普通质量碳素结构钢；C、D 级钢属于工程结构用碳素钢，相当于优质碳素结构钢。

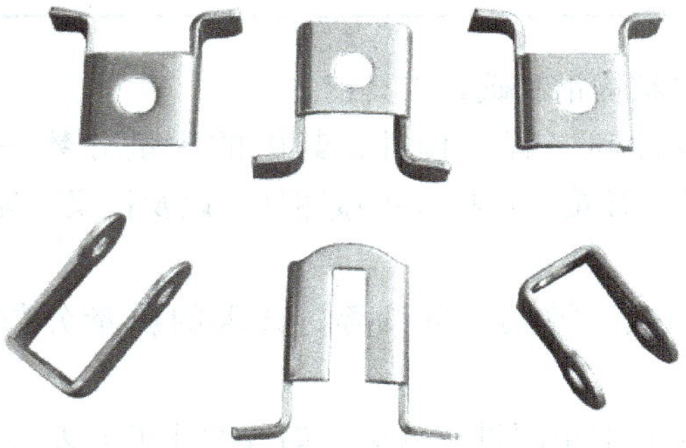

图 2-1　冲压件

图 2-2　法兰盘

3. 优质碳素结构钢的牌号及用途

优质碳素结构钢是优质非合金钢中应用最多的钢种之一。其牌号采用两位数字表示，两位数字表示该钢的平均碳的质量分数的万分之几（以 0.01% 为单位）。例如，55 表示平均碳的质量分数 $w_C=0.55\%$ 的优质碳素结构钢；08 表示平均碳的质量分数 $w_C=0.08\%$ 的优质碳素结构钢。如果是沸腾钢，则在数字后加“F”，如 08F 等。

优质碳素结构钢主要有 08F 钢或 08 钢、10F 钢或 10 钢、15 钢、20 钢、25 钢、30 钢、35 钢、40 钢、45 钢、50 钢、55 钢、60 钢、65 钢、70 钢、75 钢、80 钢和 85 钢。它们可分别归属于冷冲压钢、渗碳钢、调质钢和弹簧钢。

（1）冷冲压钢（08 钢、10 钢和 15 钢等）　冷冲压钢碳的质量分数低，塑性好，强度低，焊接性好，主要用于制作薄板、冷冲压零件和焊接件。

（2）渗碳钢（15 钢、20 钢、25 钢等）　渗碳钢的强度较低，塑性和韧性较高，冲压性能和焊接性好，可以制造各种受力不大但要求高韧性的零件，如焊接容器与焊接件、螺钉、杆件、轴套、冲压件等。这类钢经渗碳淬火后，其表面硬度可达60HRC以上，表面耐磨性较好，而心部具有一定的强度和良好的韧性，可用于制造要求表面硬度高、耐磨，并承受冲击载荷的零件。

（3）调质钢（30钢、35钢、40钢、45钢、50钢、55钢等）　调质钢经过热处理后具有良好的综合力学性能，主要用于制作要求强度、塑性、韧性都较高的零件，如齿轮、套筒、轴（图2-3）等零件。这类钢在机械制造中应用广泛，特别是40钢、45钢在机械零件中应用更广泛。

（4）弹簧钢（60钢、65钢、70钢、75钢、80钢、85钢等）　弹簧钢经热处理后可获得较高的弹性极限，主要用于制造尺寸较小的弹簧（图2-4）、弹性零件及耐磨零件等。

图2-3　齿轮轴

图2-4　弹簧

【史海拾遗】

在古代，士兵在交战（图2-5）间隙常常要重新校直他们的兵器。产生这种现象的原因可能与制作兵器的钢的化学成分和内部组织有关。第一个原因可能是制作兵器的钢材选择不合理，即制作兵器的钢材的碳的质量分数较低，造成钢的强度和硬度低；第二个原因可能是兵器的热处理工艺不合理（如淬火与回火不合理），或者是没有经过淬火，造成兵器的强度和硬度较低。

图2-5　冷兵器时代的战场

4. 易切削钢的牌号及用途

易切削钢是在钢中加入一种或几种元素，利用其本身或与其他元素形成一种对切削加工有利的夹杂物，来改善钢材的切削加工性的钢材。易切削钢中常加入的元素有硫（S）、磷（P）、铅（Pb）、钙（Ca）、硒（Se）、碲（Te）、锰（Mn）等。这些元素可以在钢内形成大量的夹杂物（如 MnS 等），切削时，这些夹杂物可起断屑作用，从而减少动力损耗。另外，硫化物在切削过程中还有一定的润滑作用，可以减小刀具与零件表面的摩擦，延长刀具的使用寿命。

易切削钢的牌号以“Y＋数字”表示，“Y”是“易”字汉语拼音的首位字母，数字是易切削钢中平均碳的质量分数的万分之几，如 Y12 表示平均碳的质量分数 $w_C=0.12\%$ 的易切削钢。常用的易切削钢有 Y12 钢、Y20 钢、Y30 钢、Y35 钢、Y40Mn 钢、Y45Ca 钢等。

易切削钢适合在自动机床上进行高速切削，如 Y45Ca 钢适用于高速切削加工，其生产率比 45 钢高一倍多，可以节省工时。易切削钢主要用于制造受力较小的标准件，如齿轮轴、花键轴（图 2-6）、螺钉、螺母、垫圈、垫片，以及缝纫机、计算机和仪表的零件等；此外，还用于制造炮弹的弹头、炸弹壳等，使之在爆炸时碎裂成更多的弹片来杀伤敌人。

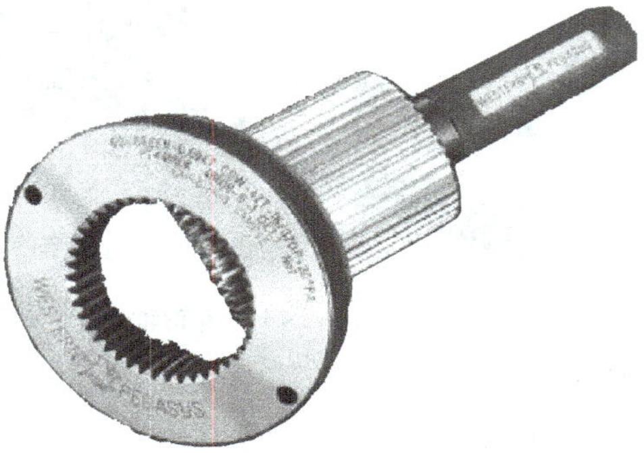

图 2-6　花键轴

5. 碳素工具钢的牌号及用途

碳素工具钢是特殊质量非合金钢中应用最多的钢种之一。碳素工具钢中碳的质量分数 $w_C>0.7\%$，有害杂质元素（S、P）的含量较少，质量较高，属于优质钢或高级优质钢，主要用于制造刃具、模具和量具等。碳素工具钢一般需要经热处理后使用，其淬火后具有高硬度和高耐磨性。

碳素工具钢的牌号以碳的汉语拼音字首“T”开头，其后的数字表示平均碳的质量分数的千分数。例如，T8 表示平均碳的质量分数 $w_C=0.80\%$ 的碳素工具钢。如果是高级优质碳素工具钢，则在钢的牌号后面标以字母“A”，如 T12A 表示平均碳的质量分数 $w_C=1.20\%$ 的高级优质碳素工具钢。碳素工具钢随着碳的质量分数的增加，其硬度和耐磨性提高，塑性和韧性下降。碳素工具钢的牌号、化学成分、硬度和用途见表 2-4。

6. 铸造非合金钢

在生产中，有许多形状复杂的零件很难用锻压等方法成形，用铸铁铸造又难以满足力学性能要求，这时常选用铸钢，并采用铸造成形的方法来获得铸钢件。铸造非合金钢包括一般工程用铸造碳钢和焊接结构用碳素铸钢。铸造非合金钢广泛用于制造箱体、曲轴（图 2-7）、连杆、轧钢机机架、水压机横梁、锻锤砧座等机械结构件。铸造非合金钢中碳的质量分数一般为 0.20%～0.60%，若碳的质量分数过高，则钢的塑性差，且铸造时易产生裂纹。

表 2-4　碳素工具钢的牌号、化学成分、硬度和用途

牌　号	化学成分（%）			退火状态	试样淬火（水冷）	用途举例
	w_C	w_{Si}	w_{Mn}			
T7 T7A	0.65～0.74	≤0.35	≤0.40	≤187HBW	800～820℃ ≥62HRC	用于制作能承受冲击、韧性较好、硬度适当的工具，如錾子、手钳、大锤、旋具、木工工具等
T8 T8A	0.75～0.84	≤0.35	≤0.40	≤187HBW	800～820℃ ≥62HRC	用于制作能承受冲击、要求较高硬度与耐磨性的工具，如冲头、剪刀、风动工具及木工工具等
T10 T10A	0.95～1.04	≤0.35	≤0.40	≤197HBW	760～780℃ ≥62HRC	用于制作不受剧烈冲击、要求高硬度与高耐磨性的工具，如车刀、刨刀、冲头、丝锥、钻头、手锯锯条、拉丝模、冷冲模等
T12 T12A	1.15～1.24	≤0.35	≤0.40	≤207HBW	760～780℃ ≥62HRC	用于制作不受冲击、要求高硬度、高耐磨性的工具，如锉刀、刮刀、精车刀、丝锥、板牙、铰刀、量具等

一般工程用铸造碳钢的牌号由“铸钢”两字的汉语拼音字首“ZG”后面加两组数字组成，第一组数字代表屈服强度的最低值，第二组数字代表抗拉强度的最低值。例如，ZG200—400 表示屈服强度≥200MPa，抗拉强度≥400MPa 的一般工程用铸造碳钢。一般工程用铸造碳钢的常用牌号有 ZG200—400、ZG230—450、ZG270—500、ZG310—570、ZG340—640。

图 2-7　曲轴

焊接结构用碳素铸钢牌号的表示方法与一般工程用铸造碳钢基本相同，不同之处是在数字后面加注字母“H”，如 ZG200—400H、ZG230—450H、ZG275—485H 等。

二、低合金钢和合金钢的分类、牌号及用途

对于要求高强度、高淬透性、高耐磨性或有特殊性能要求的零件，非合金钢是不能满足要求的，因此，必须采用性能优异的低合金钢和合金钢。低合金钢和合金钢中加入的合金元素主要有硅（Si）、锰（Mn）、铬（Cr）、镍（Ni）、钨（W）、钼（Mo）、钒（V）、钛（Ti）、铌（Nb）、钴（Co）、铝（Al）、硼（B）及稀土元素（RE）等。一般来说，在钢中加入合金元素都能提高钢铁材料的强度、硬度、耐磨性、耐回火性。合金元素对钢的有利作用，主要是通过热处理发挥出来的，因此，合金钢大多在热处理状态下使用。

（一）低合金钢和合金钢的分类

1. 低合金钢的分类

低合金钢是指合金元素的种类和含量低于国家标准规定范围的钢。低合金钢是按其主要质量等级和主要性能或使用特性来分类的。

（1）按主要质量等级分类　低合金钢按主要质量等级分类，可分为普通质量低合金钢、优质低合金钢和特殊质量低合金钢（表2-5）。

表2-5　普通质量低合金钢、优质低合金钢和特殊质量低合金钢的定义和种类

名　称	定　义	种　类
普通质量低合金钢	不规定生产过程中需要特别控制质量要求的，供作一般用途的低合金钢	一般用途低合金结构钢、一般低合金钢筋钢、低合金轻轨钢、矿用低合金钢等
优质低合金钢	除普通质量低合金钢和特殊质量低合金钢以外的低合金钢	锅炉和压力容器用低合金钢、造船用低合金钢、汽车用低合金钢、桥梁用低合金钢、输送管线用低合金钢、低合金耐候性钢、低合金重轨钢、矿用低合金结构钢、焊条用钢等
特殊质量低合金钢	在生产过程中需要特别严格控制质量和性能（特别是严格控制硫、磷等杂质的含量和纯洁度）的低合金钢	核能用低合金钢、保证厚度方向性能低合金钢、铁路用低合金车轮钢、汽车用低合金钢、舰船兵器用低合金钢等

（2）按主要性能及使用特性分类　低合金钢按主要性能及使用特性分类，可分为可焊接低合金高强度结构钢、低合金耐候钢、低合金混凝土用钢、铁道用低合金钢、矿用低合金钢和其他低合金钢。

2. 合金钢的分类

合金钢是指合金元素的种类和含量高于国家标准规定范围的钢。合金钢是按其主要质量等级和主要性能或使用特性分类的。

（1）按主要质量等级分类　合金钢按主要质量等级可分为优质合金钢和特殊质量合金钢两类（表2-6）。

表2-6　优质合金钢和特殊质量合金钢的定义和种类

名　称	定　义	种　类
优质低合金钢	在生产过程中需要特别控制质量和性能，但其生产控制和质量要求不如特殊质量合金钢严格的合金钢	一般工程结构用合金钢、合金钢筋钢、不规定磁导率的电工用硅（铝）钢、铁道用合金钢、易切削钢、耐磨钢等
特殊质量合金钢	在生产过程中需要严格控制质量和性能的合金钢，以保证改善综合性能，并使性能严格控制在极限范围内	压力容器用合金钢、热处理合金钢筋钢、矿用合金钢、合金结构钢、合金弹簧钢、不锈钢、耐热钢、合金工具钢、高速工具钢、轴承钢、高电阻钢和合金、无磁钢、永磁钢等

（2）按主要性能及使用特性分类　合金钢按主要性能及使用特性分类，可分为工程结构用合金钢（如一般工程结构用合金钢、合金钢筋钢、高锰钢等）；机械结构用合金钢（如调质处理合金结构钢、表面硬化合金结构钢、合金弹簧钢等）；不锈、耐蚀和耐热钢（如不锈钢、抗氧化钢和热强钢等）；工具钢（如合金工具钢、高速工具钢）；轴承钢（如高碳铬轴承钢、不锈轴承钢等）；特殊物理性能钢，如软磁钢、永磁钢、无磁钢，以及特殊弹性钢、特殊膨胀钢、高电阻钢和合金等；其他合金钢，如铁道用合金钢等。

【拓展知识——稀土元素】

稀土是镧、铈、镨、钕、钷、钇等17种金属的总称。其中，含量最高的是铈，但这些元素总是难分难离地共生在一起。稀土可以显著地提高耐热钢、不锈钢、工具钢、磁性材料、超导材料、铸铁等的使用性能，所以，材料专家称稀土是金属材料的“维生素”和“味精”。我国是世界上稀土矿产资源最丰富的国家之一，其工业储量约为国外已探明总储量的5倍，主要分布在内蒙古、山西、江西、湖南和广东等地区。

（二）低合金钢和合金钢的牌号

1. 低合金高强度结构钢的牌号

低合金高强度结构钢的牌号由代表屈服强度的汉语拼音首位字母“Q”、屈服强度数值、质量等级符号（A、B、C、D、E）三部分按顺序组成。例如，Q420E 表示屈服强度≥420MPa，质量为 E 级的低合金高强度结构钢。如果是专用结构钢，则在低合金高强度结构钢牌号的基础上附加钢产品的用途符号，如 Q345HP 表示焊接气瓶用钢。

2. 合金结构钢（包括部分低合结构钢）的牌号

合金结构钢的牌号是按照合金结构钢中碳的质量分数及所含合金元素的种类（元素符号）及其质量分数来编制的。牌号的首部是表示其平均碳的质量分数的数字，数字的含义与优质碳素结构钢相同，表示平均碳的质量分数的万分之几。当合金钢中某种合金元素（Me）的平均质量分数 $w_{Me} < 1.5\%$ 时，牌号中仅标出合金元素符号，不标明其含量；当 $1.5\% \leq w_{Me} < 2.49\%$ 时，在该元素后面相应地用整数“2”表示其平均质量分数；当 $2.5\% \leq w_{Me} < 3.49\%$ 时，在该元素后面相应地用整数“3”表示其平均质量分数，以此类推。

例如，60Si2Mn 表示 $w_C = 0.60\%$、$w_{Si} = 2\%$、$w_{Mn} < 1.5\%$ 的合金结构钢；09Mn2 表示 $w_C = 0.09\%$、$w_{Mn} = 2\%$ 的合金结构钢。当钢中含有微量的钒、钛、铝、硼、稀土等合金元素时，即使其含量很少，仍然需要在钢中标出合金元素符号，如 20MnVB、40B、40MnVB、25MnTiBRE 等。如果合金结构钢为高级优质钢，则在钢牌号后面加“A”，如 60Si2MnA；如果为特级优质钢，则在钢的牌号后面加“E”。

3. 合金工具钢和高速工具钢的牌号

合金工具钢和高速工具钢牌号的表示方法与合金结构钢类似。当合金工具钢中 $w_C < 1.0\%$ 时，牌号前的“数字”以千分之几（一位数）表示；当合金工具钢中 $w_C \geq 1\%$ 时，为了避免与合金结构钢相混淆，牌号前不标出表示碳的质量分数的数字。例如，9Mn2V 表示

$w_C=0.9\%$，$w_{Mn}=2\%$、$w_V<1.5\%$的合金工具钢；CrWMn 表示钢中 $w_C\geqslant1.0\%$、$w_{Cr}<1.5\%$、$w_W<1.5\%$、$w_{Mn}<1.5\%$的合金工具钢。高速工具钢的 $w_C=0.7\%\sim1.5\%$，其牌号中一般不标出碳的质量分数，如 W18Cr4V 等。

4. 高碳铬轴承钢的牌号

高碳铬轴承钢牌号的前面冠以汉语拼音字母“G”，其后是铬元素符号“Cr”，铬的质量分数以千分之几表示，其余合金元素的含量及表示方法均与合金结构钢牌号的规定相同，如 GCr4、GCr15、GCr15SiMn 等。

5. 不锈钢和耐热钢的牌号

根据 GB/T 20878—2007 规定，不锈钢和耐热钢的牌号表示方法与合金结构钢基本相同，当 $w_C\geqslant0.04\%$ 时，推荐取两位小数，如 10Cr17Mn9Ni4N 钢；当 $w_C\leqslant0.03\%$ 时，推荐取 3 位小数，如 022Cr17Ni7 钢。

（三）钢铁及合金牌号统一数字代号体系（GB/T 17616—1998）

钢铁及合金牌号统一数字代号体系（GB/T 17616—1998）简称“ISC”，它规定了钢铁及合金产品统一数字代号的编制原则、结构分类、管理及体系表等内容。该标准适用于钢铁及合金产品牌号统一数字代号的编制。凡列入国家标准和行业标准的钢铁及合金产品应同时列入产品牌号和统一数字代号，相互对照，两种表示方法均有效。

统一数字代号由固定的六位数组成，如图 2-8 所示。左边第一位用大写的拉丁字母做前缀（一般不使用“I”和“O”），后接五位阿拉伯数字，如“A×××××”表示合金结构钢，“B×××××”表示轴承钢，“C×××××”表示铸铁、铸钢及铸造合金，“L×××××”表示低合金钢，“S×××××”表示不锈、耐蚀和耐热钢，“T×××××”表示工具钢，“U×××××”表示非合金钢。

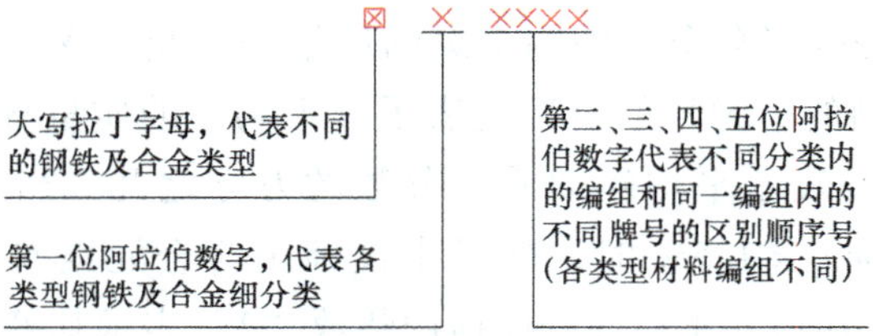

图 2-8　统一数字代号的结构形式

每个数字代号只适用于一个产品牌号；反之，每一个产品牌号只对应于一个统一数字代号。当产品牌号取消后，一般情况下，原对应的统一数字代号不再分配给另一个产品牌号。

第一位阿拉伯数字有 0~9，对于不同类型的钢铁及合金，每一个数字所代表的含义各不相同。例如，在合金结构钢中，如果统一数字代号是“A0××××”，则其中的数字“0”代表 Mn（×）、MnMo（×）系钢；如果统一数字代号是“A1××××”，则其中的数字“1”代表 SiMn（×）、SiMnMo（×）系钢；如果统一数字代号是“A4××××”，则其中的数字“4”代表 CrNi（×）系钢等。

（四）国外钢号表示方法简介

随着全球经济一体化趋势的不断加强，生产中会接触或使用到不同国家的钢材，因此，需要了解一些国外钢号的基本表示方法。国外钢号的表示方法主要有：国际标准化组织（ISO）钢号表示方法、俄罗斯（ГОСТ）钢号表示方法、美国（SAE、AISI、UNS）钢号表示方法、日本（JIS）钢号表示方法、德国（DIN17007）钢号表示方法、英国（BS）钢号表示方法等。

1. 国际标准化组织（ISO）钢号表示方法

国际标准化组织（ISO）钢号的表示方法主要有两种。第一种是以钢的力学性能表示的钢号，其钢号结构是：前缀字母＋力学性能值（数字），必要时附加后缀字母。例如，结构用非合金钢 S235、工程用非合金钢 E235，表示屈服强度≥235MPa。以上两类钢的钢号常采用附加字母 A、B、C、D、E 来表示不同的质量等级。第二种是以钢的化学成分表示的钢号，这类钢相当于我国的优质碳素钢，其钢号结构是：C＋碳的质量分数 $w_C \times 100$。例如，适用于热处理的非合金钢 C25，表示平均碳的质量分数是 0.25%。

其他种类的钢也以钢的化学成分表示，只是在前缀符号和后缀符号上加以区分，如硫易切削钢 10S20、硫锰易切削钢 44SMn28、经热处理的冷镦钢和冷挤压钢 CE20E4（非合金钢）、经热处理的冷镦钢和冷挤压钢 18CrMo4E（合金钢）、高速工具钢 HS2-9-1-8，其中，“2”表示 W 元素质量分数的百分之几、“9”表示 Mo 元素质量分数的百分之几、“1”表示 V 元素质量分数的百分之几、“8”表示 Co 元素质量分数的百分之几等。

2. 其他国家的钢号表示方法

俄罗斯（ГОСТ）钢号表示方法沿用了前苏联的标准代号，其钢铁牌号的表示方法基本上与我国钢铁牌号的表示方法相同，只有少数钢号例外。但俄罗斯钢号中的化学元素名称及用途等均采用俄文字母来表示，如 A40Г 表示平均碳的质量分数 $w_C = 0.4\%$，Mn 的含量较高的易切削钢。

美国从事标准化工作的团体约有 400 多个，钢铁产品的牌号通常采用各团体标准的牌号表示方法。在美国，涉及金属材料的标准化机构主要有：ASE（美国汽车工程师协会）、AISI（美国钢铁学会）、UNS（金属与合金牌号的统一系统）、ASM（美国材料信息学会）。ASE 标准的钢号表示方法是采用四位数字，前两位数字表示钢类，后两位数字表示钢的平均碳的质量分数，如碳素钢可表示为“10××”。AISI 标准的钢号表示方法与 ASE 标准基本相同，只是个别钢号带有前缀字母或后缀字母，如加前缀“C”表示碳素钢，加后缀“F”表示易切削钢。UNS 系统是采用一个代表钢或合金的前缀字母和五位数字组成，如保证淬透性钢表示为“H×××××”。

日本（JIS）钢号表示方法是按钢铁类别进行分类表示，如 SS400 表示普通结构钢，其抗拉强度≥400MPa；碳素工具钢用“SK×”表示，“×”为数字序号。

德国（DIN17007）钢号表示方法由 7 位数字组成，第 1 位数字表示类别（如“0”表示生铁或铁合金、“1”表示钢和铸钢等），第 2～5 位数字表示钢种组别，第 6～7 位数字表示钢的制造方法（如“1”表示碱性转炉沸腾钢、“9”表示电炉钢等）和热处理状态（如“1”表示正火、“5”表示调质等）。

英国（BS）钢号表示方法由 5 位数字和其间的字母组成，第 1 位数字表示类别；第 2～3 位数字表示特性、化学成分或钢组序号；第 4 位是字母，表示供应条件或材料类型；第 5～6 位数字表示钢中碳的质量分数或基本成分相同的钢组中各钢号的区分号，如“4××S××”

表示马氏体和铁素体不锈钢。

我国与其他国家在常用钢铁材料牌号方面的对照见表2-7。

表2-7 我国与其他国家在常用钢铁材料牌号方面的对照

序号	中国		英国	德国	俄罗斯	日本	韩国	美国		国际标准化组织
	GB	ISC	BS	DIN	ГОСТ	JIS	KS	ASM	UNS	ISO
1	Q235A	U12352	080A15	S235JR	CT3KП-2	SM400A	SS400	A570 Gr. A	K02501	E235B (Fe360A)
2	Y40Mn	L20409	212M44	—	A10Г	SUM42	SUM42	1141	G11410	44SMn28
3	45	U20452	080M46	C45E Ck45	45	S45C	SM45C	1450	G10450	C45E4
4	40Cr	A20402	530M40	41Cr4	40X	SCr440	SCr440	5140	G51400	41Cr4
5	50CrVA	A23503	735A51 735H51	50CrV4	50ГФA	SUP10	SPS6	6150	G61500	51CrV4
6	GCr15	B00150	535A99	100Cr6	ЩX15	SUJ2	STB2	E52100	G52986	100Cr6
7	10Cr17	S11710	430S15	X6Cr17	12X17	SUS430	STS430	430	S43000	X6Cr17
8	T12	T00100	CT120 (BW1C)	C125W2	У12-1	SK120	STC2	WIA-11 $\frac{1}{2}$	T72301	C120
9	Cr12	T21200	BD3	X210Cr12	X12	SKD1	STD1	D3	T30403	210Cr12
10	W18Cr4V	T51841	BT1	S18-0-1	P18	SKH2	SKH2	T1	T12001	HS18-0-1
11	YT14	—	444	S2	T14K8	P20	—	C6(JIC标准)		P20
12	ZG270-500	C22750	A2	GS-52	35л	SC480	SC480	485-275	J02501	270-480
13	ZG03Cr18Ni10	C53043	304C12	GX2CrNi18-9	03X18H9л	SCS19A	SCS19A	CF-3	J92500	GX2CrNi8
14	QT450-10	C01451	450/10	—	Вч45	FCD450-10	GCD450	65-45-12	F33100	450-10

（五）低合金钢的用途

低合金钢主要包括低合金高强度结构钢、低合金耐候钢和低合金专业用钢等。此类钢具有良好的焊接性，大多数在热轧或正火状态下使用。

1. 低合金高强度结构钢

低合金高强度结构钢的合金元素以锰、钒、钛、铝、铌等元素为主。与非合金钢相比，低合金高强度结构钢具有较高的强度、韧性、耐蚀性及良好的焊接性，而且其价格与非合金钢接近。低合金高强度结构钢广泛用于制造桥梁、车辆、船舶、建筑等。根据GB/T 1591—2008，低合金高强度结构钢的常用牌号有Q345、Q390、Q420、Q460、Q500、Q550、Q620、Q690。

2. 低合金耐候钢

耐候钢是指耐大气腐蚀的钢，我国目前使用的耐候钢分为焊接结构用耐候钢和高耐候性结构钢两大类。

焊接结构用耐候钢的牌号由Q＋数字＋NH组成。其中，“Q”是“屈”字汉语拼音字母的字首，数字表示钢的最低屈服强度数值，字母“NH”是“耐候”两字汉语拼音字母的字首，牌号后缀为质量等级代号（C、D、E）。例如，Q355NHC 表示屈服强度大于 355MPa，质量等级为 C 级的焊接结构用耐候钢。焊接结构用耐候钢适用于桥梁（图 2-9）、建筑及其他要求耐候性的钢结构。

图 2-9　桥梁

高耐候性结构钢包括铜磷钢和铜磷铬镍钢两类。高耐候性结构钢的牌号由 Q + 数字 + GNH 组成，“GNH”表示“高耐候”三字汉语拼音字母的字首；Cr、Ni 元素含量较高的高耐候性结构钢在其牌号后面加字母“L”，如 Q345GNHL 钢。高耐候性结构钢适用于机车车辆、建筑、塔架和其他要求高耐候性的钢结构，并可根据不同需要制成螺栓联接、铆接和焊接结构件。

3. 低合金专业用钢

低合金专业用钢包括锅炉用钢、压力容器用钢、船舶用钢、桥梁用钢、汽车用钢、铁道用钢、自行车用钢、矿山用钢、工程建设混凝土及预应力用钢和建筑结构用钢等。例如，汽车大梁用钢 370L 钢、420L 钢、09MnREL 钢、16MnL 钢等；钢筋混凝土用预热处理钢筋（20MnSi 钢）和预应力混凝土用热处理钢筋（如 40Si2Mn 钢、48Si2Mn 钢、45Si2Cr 钢）；用于制作重轨的铁道用低合金钢，如 U70Mn 钢、U70MnSi 钢、U75V 钢、U75NbRE 钢等；用于制作轻轨的铁道用低合金钢，如 45SiMnP 钢、50SiMnP 钢、36CuCrP 等；用于制作矿用结构件的矿用低合金钢有高强度圆环链用钢（如 20MnV 钢、25MnV 钢、20MnSiV 钢等）和巷道支护用钢（如 16MnK 钢、20MnVK 钢、25MnK 钢等）。

（六）合金钢的用途

合金钢通常是钢材中冶炼质量最优、强度和硬度较高的钢材，主要用于制造重要的零部件。一般来说，采用合金钢制造的零部件大多数需要经过热处理后才能投入使用。

1. 高锰钢

高锰钢是一种耐磨钢，耐磨钢是具有良好耐磨损性能的钢铁材料的总称。耐磨钢出现于 19 世纪后半叶，英国人哈德菲尔德于 1883 年首先取得了高锰钢的专利，至今已有 100 多年的历史。高锰钢的 $w_C = 1.0\% \sim 1.3\%$，$w_{Mn} = 11\% \sim 14\%$，常用牌号有 ZGMn13—1、ZGMn13—2、ZGMn13—3、ZGMn13—4 和 ZGMn13—5 等。

高锰钢一般需要经过水韧处理后才能投入使用。水韧处理是指将高锰钢加热到 1000 ~ 1100℃，保温一段时间，使碳化物全部溶解到奥氏体中；然后在水中冷却，由于冷却迅速，碳化物来不及从奥氏体中析出，从而使高锰钢获得单一的奥氏体组织。高锰钢经水韧处理后，其韧性与塑性好，硬度低（180 ~ 220HBW），在较大的压应力或冲击力的作用下，由于表面层的塑性变形，迅速产生冷变形强化，同时伴随有形变马氏体的转变，从而使钢的表面硬度急剧提高到 52 ~ 56HRC。高锰钢的耐磨性在高压应力的作用下表现很好，比非合金钢高十几倍；但在低压应力的作用下，其耐磨性较差。

高锰钢不易切削加工，但其铸造性能好，可铸成复杂形状的铸件，故一般需要铸造后再经水韧处理才能投入使用。高锰钢常用于制造拖拉机与坦克的履带板、球磨机的衬板、挖掘机的铲齿与履带板（图2-10）、破碎机的牙板、铁路道岔等。

图2-10 挖掘机

2. 常用机械结构用合金钢

机械结构用合金钢主要用于制造机械零件，如轴、连杆、齿轮、弹簧、轴承等。此类钢按其用途和热处理特点，可分为合金渗碳钢、合金调质钢、合金弹簧钢和超高强度钢等。

（1）合金渗碳钢　合金渗碳钢是指用于制造渗碳零件的合金钢。合金渗碳钢的 $w_C=0.10\%\sim0.25\%$，主要加入的合金元素是Cr、Ni、Mn、B、W、Mo、V、Ti等。常用合金渗碳钢的牌号、热处理规范、性能及用途见表2-8。

表2-8　常用合金渗碳钢的牌号、热处理规范、性能及用途

牌号	渗碳温度/℃	淬火温度/℃	回火温度/℃	R_m/MPa	R_{eL}/MPa	A(%)	Z(%)	KU/J	用途
20Cr	910~950	780~820 水冷或油冷	200	835	540	10	40	47	制造齿轮、小轴、活塞销等
20CrMnTi		870 油冷	200	1080	850	10	45	55	制造汽车和拖拉机的各种变速齿轮、传动件等
20CrMnMo		850 油冷	200	1180	885	10	45	55	制造拖拉机主动齿轮、活塞销、球头销等

（2）合金调质钢　合金调质钢是在中碳钢的基础上加入一种或数种合金元素，以提高钢的淬透性和耐回火性，使之在调质处理后具有良好的综合力学性能的钢。合金调质钢的 $w_C=0.25\%\sim0.50\%$，常加入的合金元素有Mn、Si、Cr、B、Mo等。合金调质钢常用来制造负荷较大的重要零件，如发动机轴、连杆及传动齿轮等。常用合金调质钢的牌号、热处理规范、力学性能及用途见表2-9。

表2-9　常用合金调质钢的牌号、热处理规范、力学性能及用途

牌号	淬火温度/℃	回火温度/℃	R_m/MPa	R_{eL}/MPa	A(%)	Z(%)	KU/J	用途
40Cr	850 油冷	520 水冷、油冷	980	785	9	45	47	制造齿轮、套筒、轴、进气阀等
40MnB	850 油冷	500 水冷、油冷	980	785	10	45	47	制造汽车转向轴、半轴、蜗杆等
40CrMnMo	850 油冷	600 水冷、油冷	980	785	10	45	63	制造重载荷轴、齿轮、连杆等

对于表面要求高硬度、高耐磨性和高疲劳强度的零件，可采用渗氮钢38CrMoAl，其热处理工艺是调质和渗氮处理，主要用于制作精密磨床主轴、精密镗床丝杠、精密齿轮、压缩

机活塞杆等。

（3）合金弹簧钢　合金弹簧钢是用于制造截面尺寸较大、屈服强度较高的弹簧钢。合金弹簧钢的 w_C = 0.45% ~ 0.70%，常加入的合金元素有 Mn、Si、Cr、V、Mo、W、B 等。常用合金弹簧钢的牌号、热处理规范、性能及用途见表 2-10。

表 2-10　常用合金弹簧钢的牌号、热处理规范、性能及用途

牌　号	淬火温度 /℃	回火温度 /℃	R_m /MPa	R_{eL} /MPa	$A_{11.3}$（%）	Z（%）	用　途
60Si2Mn	870，油冷	480	≥1274	≥1176	≥6	≥30	制造汽车、拖拉机、机车车辆的减振板簧和螺旋弹簧
60Mn	830，油冷	540	≥1000	≥800	≥8	≥30	制造冷卷弹簧、阀门弹簧、离合器簧片、刹车弹簧等
50CrVA	850，油冷	500	≥1274	≥1127	≥10（A）	≥40	制造高载荷重要弹簧及工作温度 < 350℃ 的阀门弹簧、活塞弹簧、安全阀弹簧等

【拓展知识——弹簧】

弹簧按加工成形方法分类，可分为冷成形弹簧和热成形弹簧。冷成形弹簧是指弹簧直径小于 10mm 的弹簧（如钟表弹簧、仪表弹簧、阀门弹簧等），它采用钢丝或钢带制作，成形前钢丝或钢带先经过冷拉（或冷轧）或淬火加中温回火，使钢丝或钢带具有较高的弹性极限和屈服强度，然后将其冷卷成形，弹簧冷成形后在 250 ~ 300℃ 的温度下进行去应力退火，以消除冷成形时产生的内应力，稳定弹簧尺寸和形状。热成形弹簧是指弹簧直径大于 10mm 的弹簧，其热成形后进行淬火和中温回火，以提高弹簧钢的弹性极限和疲劳强度。

（4）超高强度钢　超高强度钢一般是指 R_{eL} > 1370MPa、R_m > 1500MPa 的特殊质量合金结构钢。超高强度钢主要用于航空和航天工业。例如，35Si2MnMoVA 钢的抗拉强度可达 1700MPa，用于制造飞机的起落架、框架、发动机曲轴等；40SiMnCrWMoRE 钢在 300 ~ 500℃工作时仍能保持高强度、抗氧化性和抗热疲劳性，用于制造超音速飞机的机体构件。

3. 高碳铬轴承钢

高碳铬轴承钢主要用于制造滚动轴承（图 2-11）的滚动体和内圈、外圈，也可用于制作量具、模具、低合金刃具等。这些零件要求钢具有均匀的组织、高硬度、高耐磨性、高耐压强度和高疲劳强度等。高碳铬轴承钢的 w_C = 0.95% ~ 1.10%，w_{Cr} = 0.4% ~ 1.65%，这样的化学成分可以保证钢获得高淬透性，并使碳

图 2-11　滚动轴承

化物呈均匀而细小的状态，以提高钢的耐磨性。对于大型滚动轴承，还需在钢中加入 Si、Mn 等合金元素，以进一步提高钢的淬透性。最常用的高碳铬轴承钢是 GCr15。

高碳铬轴承钢的热处理方法主要是锻造后进行球化退火，制成滚动轴承后进行淬火和低温回火，得到回火马氏体及碳化物组织，其硬度大于 62HRC。常用高碳铬轴承钢的牌号、化学成分、热处理规范及用途见表 2-11。

表 2-11　常用高碳铬轴承钢的牌号、化学成分、热处理规范及用途

牌　号	w_C（%）	w_{Cr}（%）	w_{Mn}（%）	w_{Si}（%）	淬火温度/℃	回火温度/℃	回火后硬度（HRC）	用　途
GCr15	0.95～1.05	1.4～1.65	0.25～0.45	0.15～0.35	825～845	150～170	62～66	制造内燃机、汽车、机床等设备上的滚动轴承
GCr15SiMn	0.95～1.05	1.4～1.65	0.95～1.25	0.45～0.75	820～840	150～180	≥62	制造大型轴承或特大轴承的滚动体和内外套圈

4. 合金工具钢

合金工具钢是指用于制造量具、刃具、耐冲击工具、模具等的钢种。合金工具钢的牌号较多，在加入的合金元素种类、数量及碳的质量分数方面存在较大的差异，因此，其性能和用途也各有不同。

（1）制作量具及刃具用的合金工具钢　此类合金工具钢主要用于制造金属切削刀具（刃具）、量具和冷冲模等。常用的制作量具及刃具用的合金工具钢是 9SiCr 钢、9Cr2 钢、Cr06 钢、Cr2 钢和 8MnSi 钢等，主要用来制造淬火变形小、精度高的低速切削工具（冷剪切刀、板牙、丝锥、铰刀、搓丝板、拉刀、圆锯）、冷冲模、量具（量规、精密丝杠）和耐磨零件等。

此类合金工具钢中碳的质量分数较高，w_C = 0.95%～1.10%，主要加入的合金元素有 Mn、Si、Cr、V、Mo、W 等，以保证钢材获得高硬度和高耐磨性。制作量具及刃具用的合金工具钢的热硬性比碳素工具钢稍高些，一般仅能在 250℃以下保持高硬度和高耐磨性。

【实践经验】

制作量具及刃具类零件的加工工艺流程是：下料→锻造→毛坯→球化退火→粗加工→精加工→马氏体分级淬火或贝氏体等温淬火→低温回火→磨削加工→检验→投入使用。

（2）制作耐冲击工具的合金工具钢　耐冲击工具主要是指风动工具（图 2-12）、錾、冲裁切边复合模、金属冷剪刀片、铆钉冲头、冲孔冲头及小型热作模具等。此类钢是在铬硅钢的基础上加入 w_W = 2.0%～2.5%，冶炼而成的，目的是使钢获得高淬透性、高温强度和耐回火性。常用的制作耐冲击工具的合金工具钢有 4CrW2Si 钢、5CrW2Si 钢、6CrW2Si 钢等。此类工具不仅要求具有高硬度和高耐磨性，而且要求有良好的冲击韧性，一般需要经过淬火加中温回火后使用。

（3）制作冷作模具的合金工具钢　冷作模具主要是指冷冲模（图2-13）、拉丝模、搓丝板、冷挤压模等。常用的制作冷作模具的合金工具钢有Cr12MoV钢、Cr12钢、CrWMn钢、9Cr06WMn钢等。冷作模具要求具有高硬度和高耐磨性，还要求有一定的冲击韧度和抗疲劳性。制作冷作模具的合金工具钢的碳的质量分数较高，w_C =0.95%～2.0%，主要加入的合金元素有Cr、Mo、W、V等，目的是保证钢材获得高硬度和高耐磨性。此类钢一般需要经过淬火加低温回火后使用，而且热处理后的变形小。

图2-12　风镐

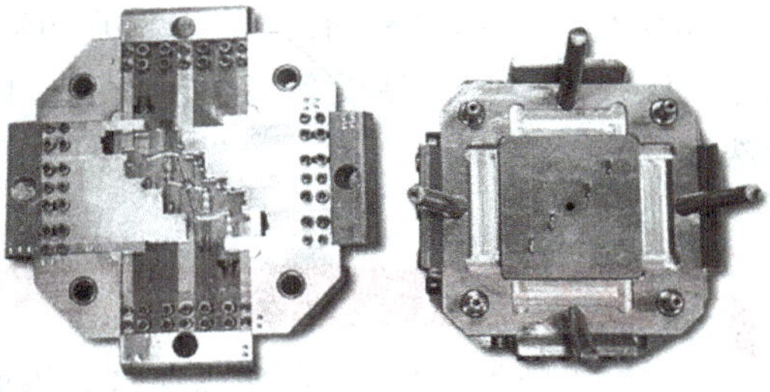

图2-13　冷冲模

（4）制作热作模具用的合金工具钢　热作模具主要是指热锻模、压铸型、热挤压模、精锻模、非铁金属成形模等。此类模具要求具有高强度、较好的韧性和耐磨性，还要求有较高的抗热疲劳性能。制作热作模具的合金工具钢的碳的质量分数 w_C =0.3%～0.6%，主要加入的合金元素有Cr、Mn、Ni、Mo、W、V、Si等，目的是保证钢材获得高的抗热疲劳性能。常用的制作热作模具的合金工具钢有5Cr06NiMo钢、5Cr08MnMo钢、3Cr2W8V钢、8Cr3钢、4Cr3Mo3SiV钢等。此类钢一般需要经过调质处理或淬火加中温回火后使用，而且热处理后的变形小。

（5）高速工具钢　高速工具钢是用于制作中速或高速切削工具（车刀、铣刀、麻花钻头、齿轮刀具、拉刀等）的高碳合金钢。高速工具钢的 w_C =0.7%～1.65%，加入的合金元素是W、Mo、Cr、V、Co等，合金元素的含量达10%～25%，目的是形成大量的碳化物。它主要用于制造各种切削刀具，也可用于制造某些重载冷作模具。高速工具钢经过淬火和回火后，可以获得高硬度、高耐磨性和高热硬性（能够在600℃以下保持高硬度和高耐磨性）。用高速工具钢制作的刀具的切削速度比一般工具钢刀具高得多，而且高速工具钢的强度比碳素工具钢和低合金工具钢高约30%～50%；但高速工具钢的导热性差，热加工工艺复杂，钢价较高，应尽量节约使用。常用高速工具钢的牌号、化学成分、热处理规范及硬度见表2-12。

表2-12　常用高速工具钢的牌号、化学成分、热处理规范及硬度

牌　号	化学成分（%）					热处理温度/℃			回火后硬度
	w_C	w_W	w_{Mo}	w_{Cr}	w_V	预热	淬火	回火	
W18Cr4V	0.73～0.83	17.2～18.7	—	3.80～4.50	1.00～1.20	800～900	1270～1285	550～570（三次）	HRC≥63
W6Mo5Cr4V2	0.80～0.90	5.50～6.75	4.50～5.50	3.80～4.40	1.75～2.20	800～900	1210～1230	540～560（三次）	HRC≥64

5. 不锈钢

不锈钢是指以不锈、耐蚀性为主要特性，且铬的质量分数至少为10.5%，碳的质量分数最大不超过1.2%的钢。不锈钢按使用时的组织特征分类，可分为奥氏体型不锈钢（如12Cr18Ni9钢、06Cr19Ni10钢、022Cr17Ni12Mo2钢等）、铁素体型不锈钢（如10Cr17钢、008Cr30Mo2钢等）、马氏体型不锈钢（如12Cr13钢、06Cr13钢、68Cr17钢等）、奥氏体-铁素体型不锈钢（如022Cr19Ni5Mo3Si2N钢、14Cr18Ni11Si4AlTi钢等）和沉淀硬化型不锈钢（如05Cr17Ni4Cu4Nb钢、07Cr15Ni7Mo2Al钢）五类。不锈钢主要用于制作建筑装饰品、电器、医疗器械、食品设备、化工设备，耐腐蚀部件（如轴、弹簧、容器、刃具、量具、滚珠轴承）等。

【实践经验】

不锈钢化学成分的主要特点是铬和镍的质量分数较高，一般 $w_{Cr} \geq 10.5\%$，这样可以使不锈钢中的铬元素在氧化性介质中形成一层致密的具有保护作用的 Cr_2O_3 薄膜，覆盖住整个不锈钢表面，防止不锈钢被不断地氧化和腐蚀。日常生活中使用的不锈钢主要有两种产品：第一种是含铬多的不锈钢，它具有吸磁性；第二种是含镍多的不锈钢，它不具有吸磁性，具有良好的耐蚀性，价格高。因此，选购不锈钢制品时，可以用磁铁进行鉴别或注意观察含镍多的不锈制品上一般标有“18-8”的标志。

6. 耐热钢

耐热钢是指在高温下具有良好的化学稳定性或较高强度的钢。钢的耐热性包括钢在高温下具有抗氧化性（热稳定性）和高温热强性（蠕变强度）两个方面。高温抗氧化性是指钢在高温下对氧化作用的抗力，热强性是指钢在高温下对机械载荷作用的抗力。钢材的强度随着温度的升高会逐渐下降，而不同的钢材在高温条件下，其强度下降的程度是不同的。在耐热钢中主要加入Cr、Al、Si、Mo、W、Ti等合金元素，这些元素在高温下与氧作用，可在钢材表面形成一层致密的高熔点氧化膜（如 Cr_2O_3、Al_2O_3、SiO_2），能有效地保护钢材在高温下不被氧化，也可以阻碍晶粒长大，提高耐热钢的高温热强性。

耐热钢分为抗氧化钢和热强钢。抗氧化钢是指在高温下能够抵抗气体腐蚀而不会使氧化皮剥落的钢，主要用于长期在高温下工作但强度要求较低的零件，如渗碳炉构件、加热炉传送带料盘、燃气轮机的燃烧室等，常用的抗氧化钢种有26Cr18Mn12Si2N钢、22Cr20Mn10Ni2Si2N钢等。热强钢是指在高温条件下能够抵抗气体腐蚀且强度较高的钢。例如，12CrMo钢、15CrMo钢、15CrMoV钢、24CrMoV钢可制造在350℃以下工作的锅炉钢管件等，14Cr11MoV钢、158Cr12MoV钢可用于制造540℃以下工作的汽轮机叶片、发动机排气阀、螺栓紧固件等，42Cr9Si2钢可用于制造工作温度不高于800℃的内燃机重载荷排气阀等。

7. 特殊物理性能钢

特殊物理性能钢是指在钢的定义范围内具有特殊磁性、电性、弹性、膨胀性等物理特性的钢，包括软磁钢、永磁钢、无磁钢，以及特殊弹性钢、特殊膨胀钢、高电阻钢及合金等。

（1）软磁钢　软磁钢是指钢材容易被反复磁化，并在外磁场去除后磁性基本消失的特殊物理性能钢。软磁钢包括两部分：一部分是指一般电工用硅钢、纯铁；另一部分是指除一般电工用硅钢、纯铁以外的，要求磁导率特性的特殊合金钢，如 $w_{Al}=6\%\sim16\%$ 的铁铝系软磁合金。软磁钢常用于制作电动机的转子与定子（图2-14）、电源变压器、继电器等。软磁钢经去应力退火后不仅可以提高其磁性，而且有利于对其进行冲压加工。

（2）永磁钢　永磁钢是指具有永久磁性的钢，包括变形永磁钢、铸造永磁钢和粉末烧结永磁钢等。永磁钢主要用于制造无线电及通信器材里的永久磁铁（图2-15）装置及仪器仪表中的马蹄形磁铁。

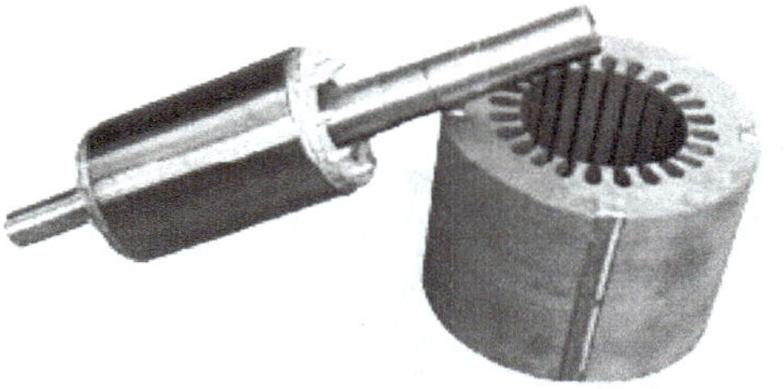

图2-14　转子与定子

图2-15　各种形状的永磁铁

（3）无磁钢（低磁钢）　无磁钢是指在常温状态下不具有磁性（实际是磁导率和剩磁很低）的稳定的奥氏体型合金钢。常见的无磁钢有铬镍奥氏体型钢、高锰铝奥氏体型钢（如45Mn17Al3）等。无磁钢常用于制作无磁模具、无磁轴承、电动机绑扎钢丝绳与护环、变压器盖板、电动仪表壳体与指针等。例如，7Mn15Cr2Al3V2WMo 钢常用于制作无磁模具和无磁轴承。

（4）特殊弹性钢　特殊弹性钢是指具有特殊弹性的合金钢，不包括一般常用的非合金弹簧钢和合金弹簧钢。例如，$w_C=0.05\%$、$w_{Si}=0.8\%$、$w_{Mn}=1.0\%$、$w_{Ni}=35.5\%$、$w_{Cr}=12.5\%$、$w_{Ti}=3.0\%$、$w_{Al}=1.5\%$、$w_{Fe}=45.65\%$ 的特殊弹性钢经过时效后，可获得高弹性和高强度，而且该钢既耐腐蚀又具有弱磁性，可用于制造仪器中的各种膜片、膜盒、波纹管和弹性元件。

（5）特殊膨胀钢　特殊膨胀钢是指具有特殊膨胀性能的合金钢。例如，含铬约28%的特殊膨胀钢，在一定温度范围内具有与软玻璃相近的平均线胀系数，可与相应的软玻璃进行匹配封接。

（6）高电阻钢及合金　高电阻钢及合金是指具有较高电阻值的合金钢或合金，主要有铁铬铝系（如75Fe-20Cr-5Al）高电阻电热合金钢等。

8. 铸造合金钢

铸造合金钢包括一般工程与结构用低合金铸钢、大型低合金铸钢、特殊铸钢三类。

（1）一般工程与结构用低合金铸钢　一般工程与结构用低合金铸钢的牌号表示方法与铸造非合金钢基本相同，所不同的是需要在“ZG”后加注字母“D”，如 ZGD270—480、ZGD290—510、ZGD345—570 等。

（2）大型低合金铸钢　大型低合金铸钢一般应用于较重要的、复杂的且要求具有较高强度、塑性与韧性及特殊性能的结构件，如机架、缸体、齿轮、连杆等。大型低合金铸钢的牌号是在合金钢的牌号前加“ZG”，其后第一组数字表示低合金铸钢的碳的质量分数，随后排列的是各主要合金元素的符号及其质量分数的百分数。例如，ZG35CrMnSi、ZG34Cr2Ni2Mo、ZG65Mn 等。

（3）特殊铸钢　特殊铸钢是指具有特殊性能的铸钢，包括耐磨铸钢（如 ZGMn13-1）、耐热铸钢（如 ZG30Cr7Si2 等）和耐蚀铸钢（如 ZG10Cr13），主要用于铸造成形的耐磨件、耐热件及耐蚀件。

【史海拾遗】

泰坦尼克号（图 2-16）于 1909 年 3 月 31 日起开始建造，1912 年 4 月 10 日从英国南安普敦港出发，计划向美国纽约港航行。泰坦尼克号有两层船底，带 15 道自动水密门隔墙，其中任意 2 个隔舱灌满了水仍能行驶，4 个隔舱灌满了水，也可以保持漂浮状态。在当时，它被认为是一项技术杰作，是“根本不可能沉没的船”。1912 年 4 月 14 日晚 11 点 40 分，泰坦尼克号在北大西洋撞上冰山，仅 2 小时 40 分钟后就沉没了，造成了当时最严重的航海事故。泰坦尼克号迅速沉没的原因有很多，其中之一就是：当时的炼钢技术并不先进和成熟，炼出的钢材按现代的标准根本不能用于造船。泰坦尼克号使用的钢板含有许多化学杂质（如硫化锌等），其强度低、韧性低，再加上泰坦尼克号长时间浸泡在冰冷的海水中，使得钢板更脆。因此，即使泰坦尼克号设计先进，也未能阻止其悲剧的发生。

图 2-16　泰坦尼克号

模块二　常用铸铁

铸铁是碳的质量分数 $w_C > 2.11\%$，在凝固过程中经历共晶转变，硅元素及杂质元素含量较高的铁基合金的总称。铸铁包括白口铸铁、灰铸铁、可锻铸铁、球墨铸铁、蠕墨铸铁、合金铸铁等。从化学成分上看，铸铁与钢的主要区别在于，铸铁比钢含有较多的碳和硅，并且硫、磷杂质的含量较高。

铸铁具有良好的铸造性能、减摩性能、吸振性能、切削加工性能及低的缺口敏感性，其生产工艺简单、成本低廉，经合金化后还具有良好的耐热性和耐蚀性等，广泛应用于农业机械、汽车制造、冶金机械、矿山机械、化工机械、机械装备等行业。但铸铁的强度较低，塑性与韧性较差，不能进行锻造、轧制、拉丝等加工。

一、灰铸铁的牌号、性能及用途

灰铸铁是指碳主要以片状石墨形式析出的铸铁，因其断口呈灰色，故称灰铸铁。灰铸铁在室温下的显微组织状态一般有三种类型：铁素体（F）+片状石墨（G）、铁素体（F）+珠光体（P）+片状石墨（G）、珠光体（P）+片状石墨（G）。

1. 灰铸铁的牌号

灰铸铁的牌号由“HT”及数字组成。其中“HT”是“灰铁”两字汉语拼音的第一个字母，其后的数字表示灰铸铁的最低抗拉强度，如HT150表示最低抗拉强度是150MPa的灰铸铁。

2. 灰铸铁的性能及用途

灰铸铁具有优良的铸造性能、良好的吸振性能、较低的缺口敏感性能、良好的切削加工性能和减摩性能，但其抗拉强度、塑性和韧性比钢低得多。常用灰铸铁的牌号、力学性能及用途见表2-13。

表2-13　常用灰铸铁的牌号、力学性能及用途

类　别	牌号	R_m/MPa	硬度(HBW)	用　途
铁素体灰铸铁	HT100	≥100	≤170	制造承受低载荷和不重要的零件，如盖、外罩、手轮、支架等
铁素体+珠光体灰铸铁	HT150	≥150	125～205	制造承受中等应力的零件及一般工作条件要求的零件，如底座、床身、齿轮箱、工作台、阀体、管路附件
珠光体灰铸铁	HT250	≥250	180～250	制造承受较大应力和重要的零件，如气缸体、齿轮、机座、床身、活塞、制动轮、液压缸等
孕育铸铁	HT350	≥350	220～290	制造床身导轨、压力机等受力较大的床身、机座、主轴箱、卡盘、齿轮等，高压液压缸、泵体、阀体、衬套、凸轮等

二、球墨铸铁的牌号、性能及用途

球墨铸铁是指铁液经过球化处理而不是在凝固后进行热处理，使石墨大部分或全部呈球状，有时少量石墨呈团絮状的铸铁。球墨铸铁是20世纪50年代发展起来的一种新型铸铁，它是由普通灰铸铁熔化的铁液，经过球化处理得到的。球化处理是指在铁液出炉后，浇注前加入一定量的球化剂（稀土镁合金等）和等量的孕育剂，使石墨呈球状析出。球墨铸铁在室温下的显微组织状态一般有五种类型：铁素体（F）+球状石墨（G）、铁素体（F）+珠光体（P）+球状石墨（G）、珠光体（P）+球状石墨（G）、贝氏体（B）+球状石墨（G）、马氏体（M）+球状石墨（G）。

1. 球墨铸铁的牌号

球墨铸铁的牌号用“QT”符号及其后面的两组数字表示。“QT”是“球铁”两字汉语拼音的第一个字母，两组数字分别代表其最低抗拉强度和最低断后伸长率。例如，QT450-10 表示最低抗拉强度是450MPa、最低断后伸长率是10%的球墨铸铁。

2. 球墨铸铁的性能及用途

球墨铸铁与灰铸铁相比，具有较高的强度和良好的塑性与韧性，特别是稀土镁球墨铸铁的出现，使球墨铸铁在某些性能方面可与钢相媲美，如屈服强度比碳素结构钢高，疲劳强度接近中碳钢。同时，球墨铸铁还具有与灰铸铁相似的优良性能。此外，球墨铸铁通过各种热处理，可以明显地提高其力学性能。但是，球墨铸铁的收缩率较大，流动性稍差，对原材料及处理工艺的要求较高。目前，球墨铸铁主要用于制造曲轴、连杆、齿轮、市政工程用井盖（图2-17）等零件。表2-14为部分球墨铸铁的牌号、力学性能及用途。

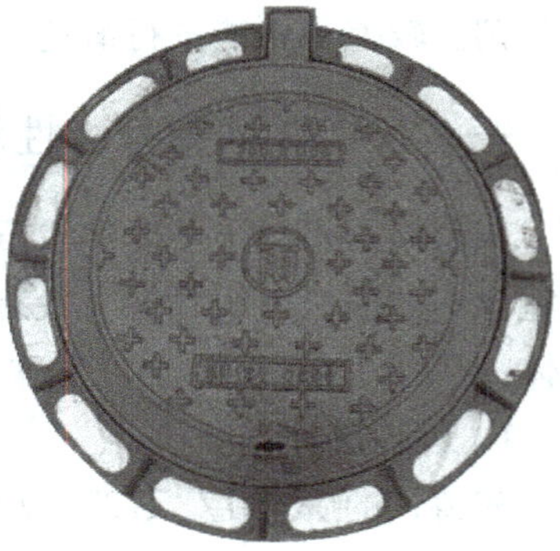

图2-17　球墨铸铁井盖

表2-14　部分球墨铸铁的牌号、力学性能及用途

基体类型	牌　　号	R_m /MPa	$R_{r0.2}$ /MPa	$A_{11.3}$ (%)	硬度 (HBW)	用　　途
铁素体球墨铸铁	QT450-10	≥450	≥310	≥10	160～210	制造阀体、汽车或内燃机车上的零件、机床零件、减速器壳、齿轮壳、低压气缸等
铁素体+珠光体球墨铸铁	QT500-7	≥500	≥320	≥7	170～230	制造液压泵齿轮、水轮机阀门体、铁路机车车辆轴瓦、飞轮、电动机壳、齿轮箱、千斤顶座、市政井盖等
珠光体球墨铸铁	QT700-2	≥700	≥420	≥2	225～305	制造柴油机曲轴、凸轮轴，气缸体、气缸套，活塞环，球磨机齿轴等
贝氏体或马氏体球墨铸铁	QT900-2	≥900	≥600	≥2	280～360	制造汽车的弧齿锥齿轮、联轴器、传动轴，拖拉机减速齿轮，内燃机的凸轮轴或曲轴等

三、蠕墨铸铁的牌号、性能及用途

蠕墨铸铁是指金相组织中石墨的形态主要为蠕虫状的铸铁。蠕墨铸铁是20世纪60年代开发的一种新型铸铁材料。它是用高碳、低硫、低磷的铁液加入蠕化剂（稀土镁钛合金、稀土镁钙合金、稀土硅铁合金等），经蠕化处理后获得的高强度铸铁。蠕墨铸铁在室温下的显微组织状态一般有三种类型：铁素体（F）+蠕虫状石墨（G）、珠光体（P）+铁素体（F）+蠕虫状石墨（G）、珠光体（P）+蠕虫状石墨（G）。

1. 蠕墨铸铁的牌号

蠕墨铸铁的牌号用“RuT”符号及数字表示。“RuT”是蠕铁两字汉语拼音字母，其后的数字表示最低抗拉强度，如 RuT300 表示最低抗拉强度是 300MPa 的蠕墨铸铁。

2. 蠕墨铸铁的性能及用途

蠕墨铸铁的力学性能介于灰铸铁和球墨铸铁之间，但蠕墨铸铁在铸造性能、导热性能等方面要比球墨铸铁好。蠕墨铸铁常用于制造受热、要求组织致密、强度较高、形状复杂的大型铸件，如机床的立柱，柴油机的气缸盖、气缸套和排气管等。常用蠕墨铸铁的牌号与力学性能及用途见表 2-15。

表 2-15　常用蠕墨铸铁的牌号、力学性能及用途

基体类型	牌号	R_m/MPa	$R_{r0.2}$/MPa	$A_{11.3}$（%）	硬度（HBW）	用　途
珠光体	RuT500	≥500	≥350	≥0.5	220～260	制造要求强度或耐磨性的零件，如活塞环、气缸套、制动盘等
珠光体	RuT450	≥450	≥315	≥1.0	200～250	
铁素体+珠光体	RuT400	≥400	≥280	≥1.0	180～240	制造齿轮箱、飞轮、刹车鼓等
铁素体+珠光体	RuT350	≥350	≥245	≥1.5	160～220	制造排气管、气缸盖、钢锭模
铁素体	RuT300	≥300	≥210	≥2.0	140～210	制造增压机废气进气壳体等

四、可锻铸铁的牌号、性能及用途

可锻铸铁是由一定化学成分的白口铸铁经石墨化退火，使渗碳体分解而获得团絮状石墨的铸铁。白口铸铁是碳主要以游离碳化铁形式出现的铸铁，因其断口呈银白色，故称白口铸铁。按退火方法的不同，可锻铸铁可分为黑心可锻铸铁、珠光体可锻铸铁和白心可锻铸铁。

1. 可锻铸铁的牌号

可锻铸铁的牌号是由三个字母及两组数字组成。其中，前两个字母“KT”是“可铁”两字汉语拼音的第一个字母；第三个字母代表类别，“H”表示“黑心”（即铁素体基体），“Z”表示珠光体基体，“B”表示白心（铸件中心是珠光体，表面是铁素体）；后两组数字分别表示可锻铸铁的最低抗拉强度和最低断后伸长率。例如，KTH330-08 表示最低抗拉强度是 330MPa、最低断后伸长率是 8% 的黑心可锻铸铁。

2. 可锻铸铁的性能及用途

可锻铸铁的力学性能比灰铸铁高，具有较高的塑性和韧性，而且低温韧性好。可锻铸铁铁液处理简单，产品质量比球墨铸铁稳定，容易组织流水线生产，广泛应用于汽车、拖拉机、机械制造及建筑行业，用来制造形状复杂、承受冲击载荷的薄壁（厚度<25mm）、中小型铸件，如阀门（图 2-18）、电动机壳、联轴器等。但可锻铸铁的石墨化退火时间较长（几十个小时），能源消耗较大。表 2-16 列出了可锻铸铁的牌号、力学性能及主要用途。

图 2-18　阀门

表 2-16　可锻铸铁的牌号、力学性能及用途

类　型	牌　号	R_m /MPa	$A_{11.3}$ (%)	硬度 (HBW)	用　途
黑心可锻铸铁	KTH300-06	≥300	≥6	≤150	制造管道配件，如弯头、三通、管体、阀门等
	KTH330-08	≥330	≥8		制造钩形扳手、铁道扣板、车轮壳和农具等
	KTH350-10	≥350	≥10		制造汽车、拖拉机的后桥外壳、转向机构、弹簧钢板支座等，以及差速器壳、电动机壳、农具等
	KTH370-12	≥370	≥12		
珠光体可锻铸铁	KTZ550-04	≥550	≥4	180～230	制造曲轴、连杆、齿轮、凸轮轴、摇臂、活塞环、轴套、联轴器头、农具等
	KTZ700-02	≥700	≥2	240～290	
白心可锻铸铁	KTB360-12	≥360	≥12	≤200	制造壁厚小于15mm的铸件和焊接后不需进行热处理的铸件等
	KTB400-05	≥400	≥5	≤220	

五、合金铸铁

常规元素硅、锰的含量高于普通铸铁规定含量或含有其他合金元素，具有较高力学性能或某种特殊性能的铸铁，称为合金铸铁。常用的合金铸铁有耐磨铸铁、耐热铸铁及耐蚀铸铁等。

1. 耐磨铸铁

不易磨损的铸铁称为耐磨铸铁。耐磨铸铁主要通过激冷或加入某些合金元素，在铸铁中形成耐磨损的基体组织和一定数量的硬化相来提高其耐磨性的。耐磨铸铁包括减摩铸铁和抗磨铸铁两大类。

（1）减摩铸铁　减摩铸铁是在润滑条件下工作的耐磨铸铁，如机床导轨、气缸套、活塞环、轴承等。减摩铸铁要求磨损小、摩擦因数小、导热性好、切削加工性好。为了满足上述性能要求，减摩铸铁的组织应为软基体上均匀分布着硬组织。这种组织工作时，在摩擦力的作用下，软基体下凹，保存油膜，均匀分布的硬组织起耐磨作用。例如，珠光体灰铸铁基本上符合上述性能要求，在珠光体基体中铁素体为软基体，渗碳体为硬组织，石墨片本身是良好的润滑剂，并且由于石墨组织具有“松散”特点，所以，石墨所在之处可以储存润滑油，从而达到润滑摩擦表面的效果。其他减摩铸铁还有磷铸铁（制作机床导轨和工作台）和铬钼铜铸铁（用于制作汽车的气缸和活塞环），如 MTCu1PTi-150 等。

（2）抗磨铸铁　具有较好的抗磨料磨损的铸铁，称为抗磨铸铁。抗磨铸铁是在无润滑、干摩擦条件下工作的，如犁铧、轧辊、抛丸机叶片、球磨机磨球、煤粉机锤头、拖拉机履带板、发动机凸轮等。抗磨铸铁要求具有均匀的高硬度组织，其内部组织一般是莱氏体、马氏体、贝氏体等。生产中通常采用激冷或向铸铁中加入铬、钨、钼、铜、锰、磷、硼等元素，在铸铁中形成一定数量的硬化相来提高其耐磨性，如合金白口铸铁、中锰球墨铸铁、冷硬铸铁等，都是较好的抗磨铸铁。

抗磨白口铸铁的牌号由“KmTB”（抗磨白口铸铁）、合金元素符号和数字组成，如

KmTBNi4Cr2-DT、KmTBNi4Cr2-GT、KmTBCr20Mo、KmTBCr26 等。牌号中的“DT”表示低碳，“GT”表示高碳。

2. 耐热铸铁

可以在高温下使用，其抗氧化或抗生长性能符合使用要求的铸铁，称为耐热铸铁。铸铁在反复加热、冷却时产生体积长大的现象称为铸铁的生长。在高温下，铸铁产生的体积膨胀是不可逆的，这是由铸铁内部发生的氧化现象和石墨化现象引起的。因此，铸铁在高温下损坏的形式主要是在反复加热、冷却的过程中，发生相变（渗碳体分解）和氧化，从而引起铸铁生长及产生微裂纹。

为了提高铸铁的耐热性，常向铸铁中加入硅、铝、铬等合金元素，使铸铁表面形成一层致密的 SiO_2、Al_2O_3、Cr_2O_3 氧化膜，阻止氧化性气体渗入铸铁内部产生内氧化，从而抑制铸铁的生长。常用耐热铸铁的牌号有 HTRCr、HTRCr2、HTRSi5、QTRSi4、QTRAl22 等。

3. 耐蚀铸铁

能耐化学、电化学腐蚀的铸铁，称为耐蚀铸铁。耐蚀铸铁中通常加入的合金元素是硅、铝、铬、镍、钼、铜等，这些合金元素能使铸铁表面生成一层致密稳定的氧化物保护膜，从而提高耐蚀铸铁的耐腐蚀能力。常用的耐蚀铸铁有高硅耐蚀铸铁、高硅钼耐蚀铸铁、高铝耐蚀铸铁、高铬耐蚀铸铁、镍铸铁等。耐蚀铸铁主要用于化工机械，如管道、阀门、耐酸泵、离心泵、反应锅及容器等。

常用的高硅耐蚀铸铁的牌号有 HTSSi11Cu2CrR、HTSSi15R、HTSSi15Cr4Mo3R、HTSSi15Cr4R 等。牌号中的“HTS”表示高硅耐蚀铸铁，“RE”是稀土的代号，数字表示合金元素的质量分数的百分数。

【实践经验】

分析与对比铸铁的显微组织状态可以发现，铸铁的显微组织实际上是在钢的基体（如铁素体、铁素体+珠光体、珠光体等基体）上分布着各种形状的石墨形成的。知道了这个特点，就很容易理解钢与铸铁在性能上的差异，也就很容易理解和分析各种类型的铸铁所具有的性能。这种思维方法是学习和工作中需要掌握的基本方法，一定要善于利用。

模块三 常用非铁金属及其合金

非铁金属（也称有色金属）的产量仅占世界金属材料产量的5%，但由于非铁金属具有钢铁材料所不具备的某些物理性能和化学性能，因而非铁金属是国民经济中不可缺少的重要材料，广泛应用于机械制造、航空、航海、汽车、石化、电力、电器、核能及计算机等行业。例如，飞机、导弹、火箭、卫星、核潜艇等尖端武器，以及原子能、电视、通信、雷达、电子计算机等所需的元件大都是由非铁金属中的轻金属和稀有金属制成的。将来非铁金属在人类社会发展中的地位会越来越重要，它不仅是世界上重要的战略储备物资，而且是人类生活中不可缺少的消费物资。目前，工业发达国家都在竞相发展非铁金属工业，增加非铁金属的战略储备。常用的非铁金属主要有铝及铝合金、铜及铜合金、钛及钛合金、滑动轴承合金、硬质合金等。

一、铝及铝合金

铝及铝合金是非铁金属中应用最广的金属材料，广泛用于电器、汽车、车辆、化工、航空等行业。

1. 纯铝的性能、牌号及用途

纯铝分为工业高纯铝（$w_{Al} \geqslant 99.85\%$）和工业纯铝（$99.85\% > w_{Al} \geqslant 99.0\%$）。纯铝的密度是2.7g/cm^3，属于轻金属；其熔点是660℃，无铁磁性，导电和导热性能仅次于银和铜。纯铝与氧的亲合力强，容易在其表面形成致密的Al_2O_3薄膜，该薄膜能有效地防止内部金属继续氧化，故纯铝在非工业污染的大气中具有良好的耐蚀性，但纯铝不耐碱、酸、盐等介质的腐蚀。纯铝的塑性好（$A_{11.3} \approx 40\%$，$Z \approx 80\%$），但强度低（$R_m \approx 80 \sim 100$MPa）；不能用热处理进行强化，冷变形是其提高强度的主要手段，纯铝经冷变形强化后，其强度可提高到$R_m = 150 \sim 250$MPa，而塑性则下降到$Z = 50\% \sim 60\%$。

纯铝的牌号用“1×××”四位数字或四位字符表示，牌号的最后两位数字表示最低铝的质量分数的百分数。当最低铝的质量分数的百分数精确到0.01%时，牌号的最后两位数字就是最低铝的质量分数的百分数中小数点后面的两位。例如，1A97（原工业高纯铝LG4）的$w_{Al} = 99.97\%$，1060（原工业纯铝L2）的$w_{Al} = 99.6\%$。

纯铝主要用于熔炼铝合金，制造电线、电缆、电器元件、换热器件、器皿，以及要求质量小、导热、导电、耐大气腐蚀但强度要求不高的机电构件等。

2. 铝合金

铝合金是以铝为基础，加入一种或几种其他元素（如铜、镁、硅、锰、锌等）构成的合金。铝合金经过冷加工或热处理，其抗拉强度可提高到400MPa以上。铝合金具有高的比强度（抗拉强度与密度的比值）、良好的耐蚀性和可加工性，在航空和航天工业中应用广泛。

（1）铝合金的分类　铝合金可分为变形铝合金和铸造铝合金，如图2-19所示。变形铝合金是指塑性高、韧性好，适合于压力加工的铝合金；铸造铝合金是指塑性差，适合于铸造成形的铝合金。变形铝合金按能否进行热处理强化分类，可分为热处理不能强化的铝合金和热处理能强化的铝合金；按特点和用途分类，又可分为防锈铝、硬铝、超硬铝、锻铝等。

（2）变形铝合金　铝合金的牌号用2×××～8×××系列表示。牌号的最后两位数字没有特殊意义，仅用来区分同一组中不同的铝合金。牌号的第二位字母表示原始合金的改型情况，A表示原始合金，B～Y表示改型合金。

防锈铝属于热处理不能强化的变形铝合金（如Al-Mn系和Al-Mg系合金），它一般通过

- 铝合金
  - 变形铝合金
    - 热处理不能强化的铝合金——防锈铝
    - 热处理能强化的铝合金
      - 硬铝
      - 超硬铝
      - 锻铝
  - 铸造铝合金
    - 铝硅合金
    - 铝铜合金
    - 铝镁合金
    - 铝锌合金

图 2-19　铝合金的分类

冷变形加工来提高强度，如 5A02、5A03、5A05、5B05、3A21 等。防锈铝具有比纯铝更好的耐蚀性，且具有良好的塑性及焊接性，主要用于制造要求具有耐蚀性的油箱、导油管、食品用器皿、装饰件、铆钉（图 2-20）、轻载荷零件、焊条及防锈蒙皮等。

图 2-20　铝铆钉

硬铝属于热处理能强化的变形铝合金（如 Al-Cu-Mg 系合金），它可以通过热处理来提高强度，如 2A01、2A02、2A06、2B11、2A12、2A17 等。硬铝具有很强的时效硬化能力，在室温下具有较高的强度和耐热性，但其耐蚀性比纯铝差，尤其是耐海洋、大气腐蚀的性能较差，焊接性也较差，所以，有些硬铝的板材常在其表面包覆一层纯铝后使用。硬铝主要用于制造中等强度的构件和零件，如飞机的铆钉、螺栓、蒙皮、骨架、螺旋桨叶、翼肋和翼梁（图 2-21）等。

超硬铝属于热处理能强化的变形铝合金（如 Al-Cu-Mg-Zn 系合金），它是在硬铝的基础上添加锌元素而形成的，如 7A03、7A04、7A09、7A10 等。超硬铝经固溶处理和人工时效后，可以获得在室温条件下强度最高的铝合金，但超硬铝的应力腐蚀倾向较大，主要用于制造受力大的重要构件及高载荷零件，如飞机的大梁、桁架、活塞、加强框、起落架、蒙皮等。

锻铝属于热处理能强化的变形铝合金（如 Al-Cu-Mg-Si 系合金），具有良好的热加工性能、焊接性，其力学性能与硬铝相近，切削加工性能较好，但耐蚀性较差，适合于锻造，如 6A02、2A50、2B50、2A80、2A14 等。锻铝可用来制造各种形状复杂的模锻件。

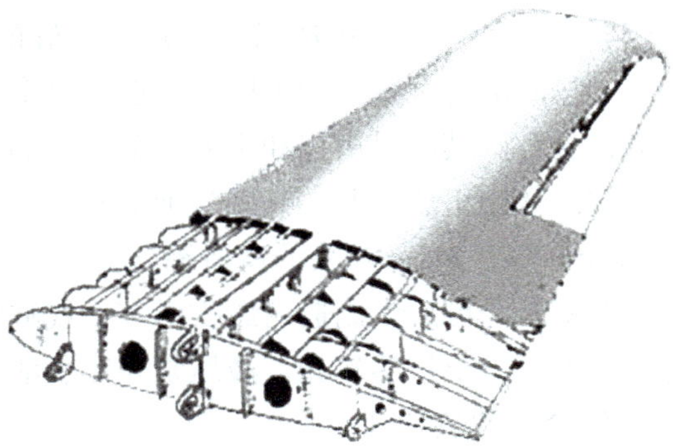

图 2-21　飞机翼肋和翼梁

【拓展知识】

根据 GB/T 16474—1996《变形铝及铝合金牌号表示方法》的规定，我国变形铝及铝合金牌号采用国际四位数字体系牌号和四位字符体系牌号两种命名方法。在国际牌号注册组织中注册命名的铝及铝合金，直接采用四位数字体系牌号；按化学成分在国际牌号注册组织中未命名的，应按四位字符体系牌号命名。两种牌号命名方法的区别仅在第二位。牌号的第一位数字表示变形铝及铝合金的组别，见表 2-17。牌号的第二位数字（国际四位数字体系）或字母（四位字符体系，除字母 C、I、L、N、O、P、Q、Z 外）表示对原始纯铝或铝合金的改型情况。如果第二位是数字，则表示合金元素或杂质极限含量的控制情况，“0”表示其杂质极限含量无特殊控制限制，1 ~ 9 表示对一项或一项以上的单个杂质或合金元素的极限含量进行特殊控制；如果第二位是字母，则“A”表示原始铝或合金，B ~ Y 则表示对原始合金的改型情况。最后两位数字用以标识同一组中不同的铝合金，对于纯铝则表示铝的最低质量分数中小数点后面的两位数。

表 2-17　铝及铝合金的组别分类

组　别	牌号系列
纯铝（铝的质量分数不小于 99.00%）	1×××
以铜为主要合金元素的铝合金	2×××
以锰为主要合金元素的铝合金	3×××
以硅为主要合金元素的铝合金	4×××
以镁为主要合金元素的铝合金	5×××
以镁和硅为主要合金元素并以 Mg_2Si 为强化相的铝合金	6×××
以锌为主要合金元素的铝合金	7×××
以其他合金元素为主要合金元素的铝合金	8×××
备用合金组	9×××

（3）铸造铝合金　铸造铝合金具有良好的铸造性能，但塑性与韧性较差，不能进行压力加工。按所加合金元素的不同，铸造铝合金可分为 Al-Si 系、Al-Cu 系、Al-Mg 系和Al-Zn 系铸造铝合金。其牌号由铝和主要合金元素的化学符号，以及表示主要合金元素名义质量分数百分数的数字组成，并在其牌号前面冠以“铸”字的汉语拼音字首“Z”。例如，ZAlSi12 表示 $w_{Si}=12\%$，$w_{Al}=88\%$ 的铸造铝合金。

铸造铝合金可用来制造内燃机活塞、气缸体（图 2-22）、气缸套、风扇叶片、形状复杂的薄壁零件，以及仪器外壳、液压泵壳体、活塞、支臂、挂架梁等。

3. 铝合金的热处理

能进行热处理强化的铝合金经淬火（固溶处理）后，其硬度和强度不能立即提高，而塑性与韧性却显著提高。但淬火后的铝合金在室温下放置一段时间后，会发生时效现象，导致其硬度和强度显著提高，塑性与韧性则明显下降，如图 2-23 所示。发生时效的主要原因是，铝合金淬火后获得的过饱和固溶体是不稳定的组织，有析出第二相金属化合物的趋势。铝合金的时效分为自然时效和人工时效两种。铝合金经固溶处理后，在室温下进行的时效称为自然时效；铝合金经固溶处理后，在加热条件（一般是 100～200℃）下进行的时效称为“人工时效”。

图 2-22　铸造铝合金气缸体

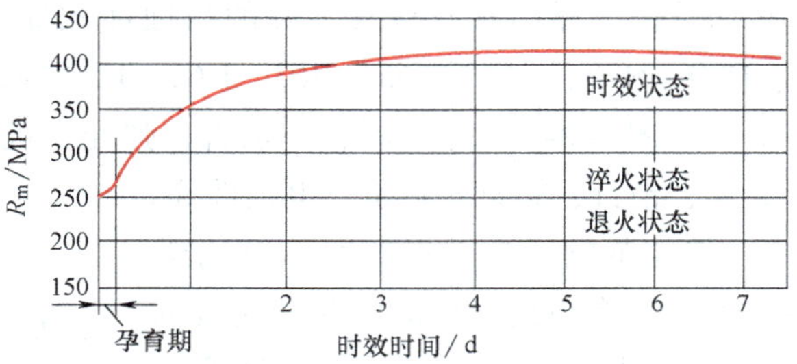

图 2-23　铝合金（w_{Cu}=4%）的自然时效曲线

铝合金常用的热处理方法有退火、淬火加时效处理等。退火可消除铝合金的加工硬化，恢复其塑性变形能力，也可消除铝合金铸件的内应力和化学成分偏析；淬火加时效处理是铝合金强化的主要方法。

二、铜及铜合金

目前，在国民经济生产中使用的铜及其合金主要有加工铜（纯铜）、黄铜、白铜及青铜。

1. 加工铜（纯铜）的性能、牌号及用途

加工铜呈玫瑰红色，其熔点是 1083℃，密度是 8.91g/cm^3，属于重金属。加工铜具有良好的导电性、导热性，无磁性。在含有 CO_2 的湿空气中，加工铜的表面容易生成碱性碳酸盐类的绿色薄膜［$CuCO_3 \cdot Cu(OH)_2$］，俗称铜绿。加工铜在大气、淡水等介质中均有良好的耐蚀性，在非氧化性酸溶液中也能耐腐蚀，但在氧化性酸（如 HNO_3、浓 H_2SO_4 等）溶液及各种盐类溶液（包括海水）中则容易受到腐蚀。加工铜的强度不高（R_m = 200～250MPa），硬度较低（30～40HBW），塑性（$A_{11.3}$=45%～50%）与低温韧性较好，容易进行压力加工。加工铜经冷塑性变形后可提高其强度，但塑性有所下降。

加工铜的牌号用汉语拼音字母“T”加顺序号表示，共有 T1、T2、T3 三种，顺序号数字越大，则纯度越低。由于加工铜的强度低，因此，不宜作为结构材料使用，主要用于制造电线、电缆、电子器件、导热器件、雷管、耐腐蚀器件及作为冶炼铜合金的原料等。

2. 铜合金

在纯铜中加入其他合金元素形成的合金称为铜合金。铜合金按合金的化学成分分类，可分为黄铜、白铜和青铜三类。

（1）黄铜　黄铜是指以铜为基体金属，以锌为主加元素的铜合金。黄铜包括普通黄铜和特殊黄铜。普通黄铜是由铜和锌组成的铜合金；特殊黄铜是在普通黄铜中加入其他合金元素所形成的铜合金，如铅黄铜、锰黄铜、铝黄铜、镍黄铜、铁黄铜、锡黄铜、加砷黄铜、硅黄铜等。根据生产方法的不同，黄铜又可分为加工黄铜与铸造黄铜两类。

1）普通黄铜。普通黄铜的牌号用“黄”字的汉语拼音字首“H”加数字表示，其中，数字表示平均铜的质量分数，如H90表示 $w_{Cu}=90\%$，$w_{Zn}=10\%$ 的普通黄铜。特殊黄铜的牌号用“黄”字的汉语拼音字首“H”加主加元素（Zn除外）符号，加铜及相应主加元素的质量分数表示，如HPb59—1表示 $w_{Cu}=59\%$，$w_{Pb}=1\%$ 的特殊黄铜（或称铅黄铜）。

普通黄铜色泽美观，具有良好的耐蚀性和加工性能。常用的普通黄铜有H96、H90、H85、H80、H70、H68、H65、H63、H62、H59等，主要用于制作导电零件、双金属、艺术品、奖章（图2-24）、散热器、排水管、弹壳、机电零件、各种构件、支架、管接头、油管、垫片、销钉、螺母、弹簧、电镀件等。

2）特殊黄铜。为了提高黄铜的力学性能、工艺性能和化学性能，在普通黄铜的基础上加入铅、铝、硅、锰、锡等元素，可分别形成铅黄铜、铝黄铜、硅黄铜、锰黄铜、锡黄铜等特殊黄铜。加入铅可以改善黄铜的切削加工性；加入铝、镍、锰、硅等元素能提高黄铜的强度和硬度，改善黄铜的耐蚀性、耐热性和铸造性能；加入锡能增加黄铜的强度和在海水中的耐蚀性，因此，锡黄铜也有海军黄铜之称；加入砷可以减少或防止黄铜脱锌。常用特殊黄铜的力学性能和用途见表2-18。

图2-24　奖章

（2）白铜　白铜是指以铜为基体金属，以镍为主加元素的铜合金。白铜包括普通白铜和特殊白铜。普通白铜是由铜和镍组成的铜合金；特殊白铜是在普通白铜中加入其他合金元素所形成的铜合金，如锌白铜、锰白铜、铝白铜等。根据生产方法的不同，白铜又可分为加工白铜与铸造白铜两类。

表2-18　常用特殊黄铜的力学性能和用途

合金类型	牌　号	R_m/MPa	$A_{11.3}$(%)	硬度（HBW）	用　途
铅黄铜	HPb59-1	400/650	45/16	44/80	轴、轴套、螺栓、螺钉、螺母、分流器、导电排
铝黄铜	HAl77-2	400/650	55/12	60/170	室温下工作的高强度零件及耐蚀零件
硅黄铜	HSi80-3	300/600	58/4	90/110	船舶零件、水管零件或耐磨锡青铜的代用材料
锰黄铜	HMn58-2	392/686	40/10	85/175	船舶零件、轴承、耐磨零件、耐蚀零件及弱电用零件
锡黄铜	HSn90-1	275/510	45/5	—	汽车、拖拉机弹性套管，耐蚀零件，耐磨损零件
镍黄铜	HNi65-5	392/686	65/4	—	压力表管、造纸网、船舶用冷凝器管，是锡磷青铜的代用品
铁黄铜	HFe59-1-1	411/686	50/10	88/160	不重要的耐磨零件或耐蚀零件，如衬套、垫圈、齿轮等

注：力学性能中的分子为退火状态数值，分母为硬化状态数值。

1）普通白铜。普通白铜是铜镍二元合金，具有优良的塑性、耐蚀性、耐热性，特殊的电性能和冷、热加工性能。普通白铜是制造精密机械零件、仪表零件、冷凝器、蒸馏器、热交换器（图2-25）、日用水龙头和电器元件所不可缺少的材料。普通白铜的牌号用B+数字表示，其中，“B”是“白”字的汉语拼音字首，数字表示镍的质量分数。例如，B30表示 $w_{Ni}=30\%$，$w_{Cu}=70\%$ 的普通白铜。常用的普通白铜有B0.6、B5、B19、B25、B30等。

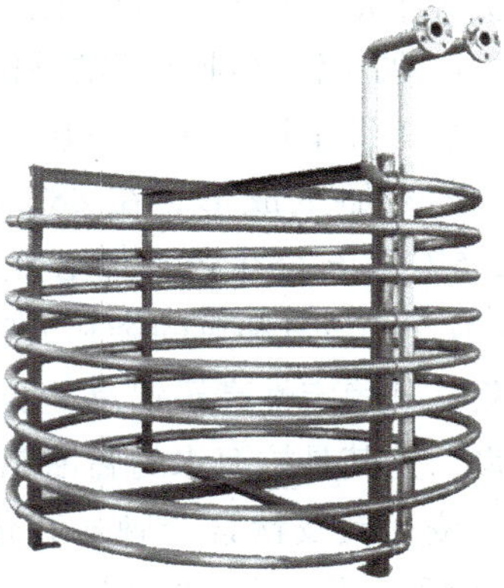

图2-25　热交换器

2）特殊白铜。特殊白铜是在普通白铜中加入锌、铝、铁、锰等元素形成的白铜。加入合金元素是为了改善白铜的力学性能、工艺性能和电热性能及获得某些特殊性能。例如，锰白铜（又称康铜）具有较高的电阻率、热电势，较低的电阻温度系数，良好的耐热性和耐蚀性，常用来制造热电偶、变阻器（图2-26）及加热器等。特殊白铜的牌号用B+主加元素符号+几组数字表示，数字依次表示镍和主加元素的质量分数，如BMn3-12表示平均 $w_{Ni}=3\%$、$w_{Mn}=12\%$ 的锰白铜。常用的特殊白铜有BA16-1.59（铝白铜）、BFe30-1.1（铁白铜）、BMn3-12（锰白铜）等。

（3）加工青铜　青铜是指以除锌和镍以外的合金元素为主添加元素的铜合金（或指除黄铜和白铜以外的铜合金）。例如，以锡为主加合金元素的青铜称为锡青铜，以铝为主加合金元素的青铜称铝青铜，其他如铍青铜、硅青铜、锰青铜等。根据生产方法的不同，青铜可分为加工青铜与铸造青铜两类。

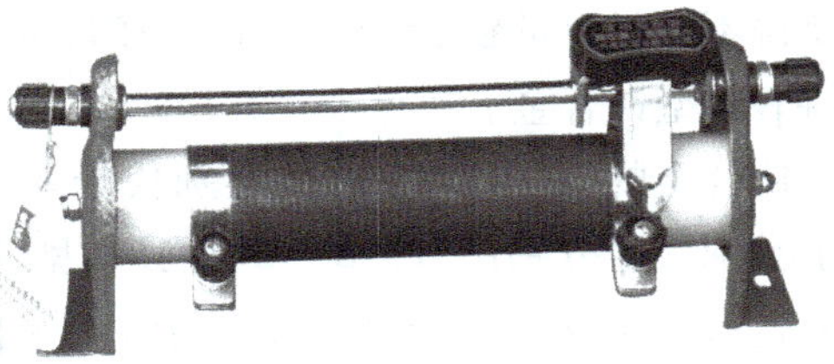

图2-26　变阻器

青铜因其外观呈青灰色而得名。加工青铜的牌号用Q+第一个主加元素的化学符号及数字+其他元素符号及数字的方式表示，“Q”是“青”字的汉语拼音字首，数字依次表示第一个主加元素和其他元素的平均质量分数。例如，QBe2是 $w_{Be}=2\%$ 的铍青铜；QSn4-3是 $w_{Sn}=4\%$，$w_{Zn}=3\%$ 的锡青铜。

3. 铸造铜合金

铸造铜合金是指用以生产铸件的铜合金。铸造铜合金的牌号由ZCu+主加元素符号+主加元素质量分数+其他加入元素符号和质量分数组成。例如，ZCuZn30表示 $w_{Zn}=30\%$ 的铸造铜合金。常用的铸造铜合金有ZCuZn38、ZCuZn16Si4、ZCuZn40Pb2、ZCuZn25Al6Fe3Mn3、ZCuSn10Zn2、ZCuAl9Mn2、ZCuPb30等。

三、钛及钛合金

钛及钛合金是20世纪40年代末发展起来的金属材料，广泛应用于航空、航天、化工、造船、机电产品、医疗卫生、国防、新能源开发等领域。钛及钛合金具有密度小、强度高、比强度（抗拉强度除以密度）高、耐高温、耐蚀和冷、热加工性能良好等优点，而且其矿产资源丰富。钛及钛合金主要用于制造要求塑性高、有适当的强度、耐蚀和可焊接的零件。

1. 加工钛（纯钛）的性能、牌号及用途

加工钛呈银白色，密度为 4.51g/cm^3，熔点为 1668℃，热膨胀系数小，塑性好，强度低，容易加工成形。在 882.5℃的温度下，钛发生同素异构转变：α－Ti↔β－Ti，在 882.5℃以上存在的是体心立方结构的 β－Ti；在 882.5℃以下存在的是密排六方结构的 α－Ti。钛与氧和氮的亲和力较强，非常容易与氧和氮结合形成一层致密的氧化物和氮化物薄膜，其稳定性高于铝及不锈钢的氧化膜。故在许多介质中，钛的耐蚀性比大多数不锈钢更优良，尤其是抗海水的腐蚀能力非常突出。

按《钛及钛合金牌号和化学成分》（GB/T 3620.1—2007）的规定，加工钛的牌号用 TA＋顺序号表示，如 TA3 表示 3 号工业纯钛。工业纯钛有 TA1、TA2、TA3、TA4 四个牌号，顺序号越大，杂质的含量越高。加工钛主要用于制造飞机骨架、蒙皮、发动机部件等；在化工部门主要用于制造热交换器、泵体、搅拌器、蒸馏塔、叶轮、阀门等；在海水净化装置及舰船方面用于制造耐蚀零部件，如阀门、管道等；还可用于制造压缩机气阀、柴油机活塞等。

2. 钛合金

为了提高加工钛的强度和耐热性等，常加入铝、锆、钼、钒、锰、铬、铁等合金元素，以获得不同类型的钛合金。钛合金按退火后的组织形态可分为 α 型钛合金、β 型钛合金和（α＋β）型钛合金。

钛合金的牌号用 T＋合金类别代号＋顺序号表示。“T”是“钛”字的汉语拼音字首，合金类别代号分别用 A、B、C 表示 α 型钛合金、β 型钛合金、（α＋β）型钛合金。例如，TA8 表示 8 号 α 型钛合金，TB4 表示 4 号 β 型钛合金，TC2 表示 2 号（α＋β）型钛合金。

常用的 α 型钛合金有 TA5、TA6、TA7、TA9、TA10 等。α 型钛合金一般用于制造使用温度不超过 500℃的零件，如飞机蒙皮、骨架零件，航空发动机压气机叶片和管道，导弹的燃料缸，超音速飞机的涡轮机匣，火箭和飞船的高压低温容器等。

常用的 β 型钛合金有 TB2、TB3、TB4、TB5 等。β 型钛合金一般用于制造使用温度在 350℃以下的结构零件和紧固件，如压气机叶片、轴、轮盘及航空航天结构件等。

常用的（α＋β）型钛合金有 TC1、TC2、TC3、TC4、TC9、TC10、TC11、TC12 等。（α＋β）型钛合金一般用于制造使用温度在 500℃以下和在低温下工作的结构零件，如各种容器、泵、低温部件、舰艇耐压壳体、坦克履带、飞机发动机结构件和叶片、火箭发动机外壳、火箭和导弹的液氢燃料箱部件等。钛合金中的（α＋β）型钛合金可以适应各种不同的用途，是应用最广的钛合金。

【拓展知识——金属中的骄子（钛）】

钛合金是金属中的佼佼者，它除了具有密度小、强度高、比强度高、耐高温、耐蚀和良好的冷、热加工性能等优点外，还具有特殊的记忆功能。科学家利用 Ni-Ti 合金的形状记忆效应，首先将处于一定状态下的 Ni-Ti 合金丝制成半球形的天线，然后将其压成小卷团状，用火箭送上月球，放置在月球上。当小卷团状天线被阳光晒热后，逐步依靠 Ni-Ti 合金的形状记忆效应恢复原状，从而可实现通信功能。此外，利用 Ni-Ti 合金的记忆功能还可制造牙齿矫形弓丝、人工关节、智能开关、管道连接接头等构件。

四、滑动轴承合金

如图 2-27 所示，滑动轴承一般由轴承体和轴瓦构成。滑动轴承合金是用于制造滑动轴承轴瓦及其内衬的铸造合金，它具有良好的耐磨性、磨合性、抗咬合性、减摩性、导热性和耐蚀性等。滑动轴承合金主要用于制造汽轮机、柴油机、发动机、压缩机、电动机、空压机、减速器中的滑动轴承等。

图 2-27　滑动轴承

1. 滑动轴承合金的组织状态类型

滑动轴承合金的组织状态有两种类型：第一种类型是在软基体上分布着硬质点（图 2-28）；第二种类型是在硬基体上分布着软质点。在滑动轴承工作时，组织中软的部分逐渐被磨损，形成下凹区域并储存润滑油，使磨合表面形成连续的油膜；硬质点则凸出并支承轴颈，使轴与轴瓦的实际接触面积减小，从而减少对轴颈的摩擦和磨损。软基体组织的滑动轴承合金具有较好的磨合性、抗冲击性和抗振动能力，但此类滑动轴承合金的承载能力较差，如锡基滑动轴承合金和铅基滑动轴承合金。硬基体（但其硬度低于轴颈硬度）组织的滑动轴承合金能承受较高的载荷，但磨合性较差，如铜基滑动轴承合金和铝基滑动轴承合金等。

2. 常用滑动轴承合金

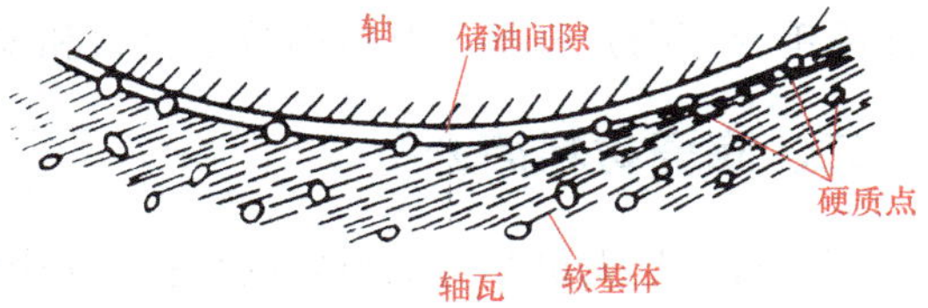

图 2-28　滑动轴承合金的组织状态示意图

常用的滑动轴承合金有锡基、铅基、铜基、铝基等滑动轴承合金，它们一般采用铸造的方式成形。铸造滑动轴承合金的牌号由“Z + 基体金属元素 + 主添加合金元素的化学符号 + 主添加合金元素平均质量分数的百分数 + 辅加合金元素的化学符号 + 辅加合金元素平均质量分数的百分数”组成。如果合金元素的质量分数不小于 1%，则该数字用整数表示；如果合金元素的质量分数小于 1%，则一般不标数字，必要时可用一位小数表示。例如，ZSnSb11Cu6 表示 $w_{Sb}=11\%$、$w_{Cu}=6\%$、$w_{Sn}=83\%$ 的铸造锡基滑动轴承合金；ZPbSb16Sn16Cu2 表示 $w_{Sb}=16\%$、$w_{Sn}=16\%$、$w_{Cu}=2\%$、$w_{Pb}=66\%$ 的铸造铅基滑动轴承合金。除上述滑动轴承合金外，灰铸铁也可以用于制造低速、不重要的滑动轴承，其组织中的钢基体为硬基体，石墨为软质点并起一定的润滑作用。

模块四 新型工程材料简介

材料按使用性能特点分类，可分为结构材料和功能材料。结构材料是指能够承受外加载荷而保持其形状和结构稳定的材料。结构材料具有优良的力学性能，兼备一定的物理性能、化学性能和工艺性能，在结构件中主要起着“力能”作用，主要用于制造工程结构零件和机械零件。功能材料是指以物理性能、化学性能或生物性能等为主要使用性能，用于制造具有特殊功能元器件（如磁性器件、光敏器件、各种传感器等）的材料。功能材料一般具有一种或几种特定的功能，具有优良的物理性能（如电、磁、光、声、热等）、化学性能和生物性能，在工件中起着“功能”作用，一般不用于制作承载工件。功能材料是当代新技术中能源技术、空间技术、信息技术和计算机技术的物质基础，磁记录材料、磁光记录材料、高温超导材料、光电转换材料、形状记忆材料、梯度材料等在高新技术领域都有着广泛的应用。

一、工程材料概述

工程材料主要是指结构材料，是指用于制造机械、车辆、建筑、船舶、桥梁、化工、石油、矿山、冶金、仪器仪表、航空航天、国防等领域的工程结构件的材料。

工程材料可分为传统材料和新型材料。其中，传统工程材料一般是指需求量和生产规模大的材料；新型工程材料是指建立在新思路、新概念、新工艺的基础上，以材料的优异性能为主要特征的材料。严格地说，传统工程材料和新型工程材料之间并无严格的界限，因为传统工程材料也在不断地提高质量、降低成本、增加品种，在加工工艺和性能方面也在不断地得到更新和提高。

工程材料按组成特点可分为金属材料、陶瓷材料、有机高分子材料和复合材料四大类。下面简单介绍陶瓷材料、有机高分子材料和复合材料。

二、陶瓷材料简介

陶瓷材料是无机非金属材料的统称，是用天然的或人工合成的粉状化合物，通过成形和高温烧结而制成的多晶体固体材料。陶瓷材料包括陶瓷、瓷器、玻璃、搪瓷、耐火材料、砖瓦、水泥、石膏等。陶瓷材料具有耐高温、耐蚀、硬度高等优点，不仅用于制造餐具类生活制品，而且在现代工业中得到了越来越广泛的应用。目前，陶瓷材料已同金属材料、有机高分子材料一起，成为现代工程材料的三大支柱。陶瓷按其成分和来源，可分为普通陶瓷（传统陶瓷）和特种陶瓷（近代陶瓷）两大类。

1. 普通陶瓷

普通陶瓷是以天然的硅酸盐矿物，如粘土、长石、石英等原料为主，经过粉碎、成形和烧结制成的产品。它包括日用陶瓷、建筑陶瓷、卫生陶瓷、低压和高压电瓷、化工陶瓷（耐酸碱用瓷）和多孔陶瓷（过滤、隔热用瓷）等。普通陶瓷的制作成本低，成形性好，质地坚硬，不氧化，耐腐蚀，不导电，能耐一定的高温（最高可达1200℃），产量大，用途广，广泛应用于日用、电气、化工、建筑、纺织等行业中要求使用温度不高、强度不高的构件，如铺设地面、输水管道、绝缘件等。

2. 特种陶瓷

特种陶瓷主要是指采用高纯度人工合成化合物，如 Al_2O_3、SiC、Si_3N_4、BN 等，制成的具有特殊性能的新型陶瓷（包括功能陶瓷）。特种陶瓷包括金属陶瓷（如硬质合金）、氧化物陶瓷（如氧化铝陶瓷）、氮化物陶瓷（如氮化硅陶瓷）、硅化物陶瓷（如二硅化钼陶瓷）、碳化物陶瓷（如碳化硅陶瓷）、硼化物陶瓷（如二硼化钛陶瓷）、氟化物陶瓷、半导体陶瓷、磁性陶瓷、压电陶瓷等，其生产工艺过程与传统陶瓷相同。特种陶瓷具有高强度、高硬度、耐蚀、导电、绝缘、导磁性、透光、半导体、压电、光电、超导、生物相容等特性，主要用于制造高温容器、熔炼金属坩埚、热电偶套管、内燃机火花塞（图 2-29）、切削高硬度材料的刀具、轴承、金属拉丝模、挤压模、火箭喷嘴、阀门、密封件等。

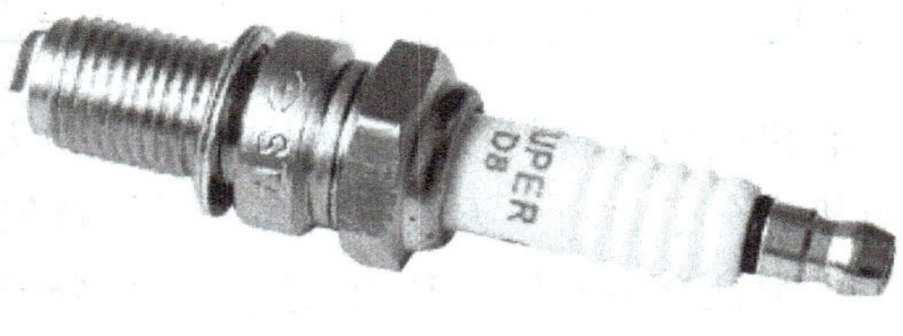

图 2-29　内燃机火花塞

【史海拾遗】

“陶瓷”一词是陶器和瓷器的总称，它们之间有很大的区别。陶器是人类文明的重要里程碑，它是人类第一次利用天然物，按照自己的意志创造出来的物品。陶器在我国的产生距今已有 11700 多年的历史。但是，陶器是文明发展的初级阶段或低级产品，它本身存在的缺陷决定了它会逐渐地被瓷器所替代。瓷器与陶器的主要区别是：第一，瓷器的烧结温度高，一般在 1200℃ 以上，而陶器的烧结温度一般在 1100℃ 以下；第二，瓷器的硬度比陶器高。瓷器是我国古代的一项伟大发明，它是从低级到高级，从原始到成熟逐步发展的。早在 3000 多年前的商代，我国已出现了原始青瓷，再经过 1000 多年的发展，到东汉时期终于摆脱了原始瓷器状态，烧制出了成熟的青瓷器。在清朝康、雍、乾三代时期，瓷器的发展臻于鼎盛，达到了历史上的最高水平。中华民族在陶瓷生产方面给后人留下了珍贵、灿烂和丰富的文化遗产。

三、有机高分子材料简介

高分子化合物是指相对分子质量很大的化合物，通常将相对分子质量大于 5000 的化合物称为高分子化合物（表 2-19）。高分子是生命存在的形式，所有的生命体都可以看作高分子的集合。高分子材料是以高分子化合物或高分子聚合物（简称高聚物）为主要组分所构成的材料，分为有机高分子材料和无机高分子材料。其中，有机高分子材料由相对分子质量大于 10^4，并以碳、氢元素为主的有机高分子化合物（或高聚物）组成。有机高分子材料按用途和使用状态，可分为塑料、橡胶、胶粘剂、合成纤维等。一般说来，有机高分子化合物具有较好的强度、弹性和塑性。

表 2-19　几种常见物质的相对分子质量

分类	低分子物质					高分子物质			
物质名称	水	石英	铁	乙烯	单糖	天然高分子		人工合成高分子	
	H_2O	SiO_2	Fe	$CH_2=CH_2$	$C_6H_{12}O_6$	橡胶	淀粉	聚苯乙烯	聚氯乙烯
分子量	18	60	56	28	180	20000～500000	>200000	>50000	20000～160000

有机高分子材料按来源不同，可分为天然、半合成（改性天然高分子材料）和人工合成有机高分子材料。天然有机高分子材料包括松香、蛋白质、天然橡胶、皮革、蚕丝、木材等。人类社会一开始就利用天然有机高分子材料作为生活资料和生产资料，并掌握了其加工技术。例如，人类利用蚕丝、棉、毛织成织物，用木材、棉、麻造纸等。19 世纪 30 年代末期，人类进入天然有机高分子化学改性阶段，出现了半合成有机高分子材料。到 1907 年，人类研制出了合成高分子酚醛树脂，标志着人类应用合成有机高分子材料的开始。目前广泛使用的有机高分子材料主要是人工合成的，合成有机高分子材料已成为科学技术和经济建设中的重要材料之一。

【拓展知识】

有机高分子材料与日常生活和生产的关系越来越密切，如塑料、橡胶、胶粘剂和纤维制品等在日常中随处可见。如果没有橡胶，就没有充气轮胎，也就不会有发达的交通运输业。交通运输业需要大量的橡胶，例如，一辆汽车（图 2-30）约需要 240kg 橡胶，一艘轮船约需要 70t 橡胶，一架飞机至少需要 600kg 橡胶。在有机高分子材料给我们的生活和生产带来便利的同时，部分有机高分子材料也给环境带来了破坏，如“白色垃圾”、土地污染等问题。因此，在享受现代文明生活时，每一位地球公民都应该有环境保护意识，并应将其落实到日常行动中。

图 2-30　汽车

四、复合材料

复合材料是由两种或两种以上不同性质的材料，通过不同的工艺方法人工合成的多相材料。复合材料既保持了原有材料各自的特点，又具有比原材料更好的性能，即具有“复合”效果。自然界中有许多天然材料都可以看作复合材料，如树木由纤维素和木质素复合而得；纸张是由纤维物质与胶质物质组成的复合材料；动物的骨骼可以看作由硬而脆的无机磷酸盐和软而韧的蛋白质骨胶组成的复合材料。人类很久以前就开始仿制天然复合材料，并在生产和生活中制成了一些初期的复合材料。例如，在建造房屋时，往泥浆中加入麦秸、稻草、麻、毛发等来增加泥土的强度；利用水泥、砂子、石子、钢筋形成钢筋混凝土等。

不同材料复合后，通常是其中一种材料作为基体材料，起粘结作用；另一种材料作为增强剂材料，起承载作用。复合材料按增强剂种类和结构形式的不同，可分为纤维增强复合材料、层叠增强复合材料和颗粒增强复合材料三类，如图 2-31 所示。

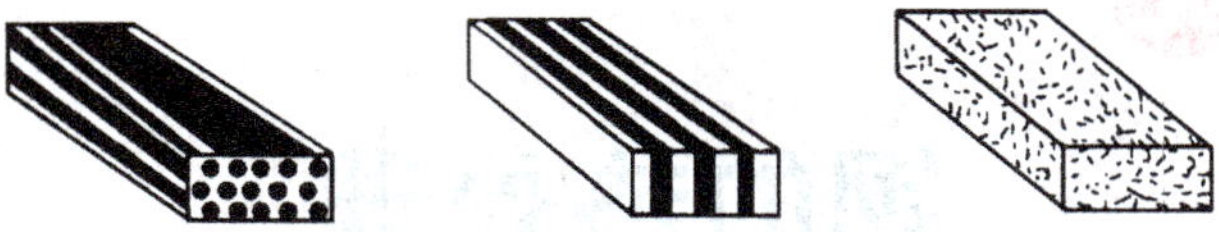

a）纤维增强复合材料　b）层叠增强复合材料　c）颗粒增强复合材料

图 2-31　复合材料结构形式示意图

复合材料一般是由强度和弹性模量较高但脆性大的增强剂，以及韧性好但强度和弹性模量低的基体组成的，它将增强材料均匀地分散在基体材料中，以克服单一材料的某些弱点。例如，汽车上普遍使用的玻璃纤维挡泥板，就是由玻璃纤维与有机高分子材料复合而成的；光导纤维是由石英玻璃纤维与塑料组成的复合材料。

复合材料的最大优点是可根据要求改善材料的使用性能。目前，新型复合材料的研制和应用越来越多，有人甚至预言 21 世纪是复合材料时代。目前，应用最多的复合材料是纤维增强复合材料，如玻璃钢（玻璃纤维增强热固性树脂复合材料）和碳纤维增强树脂基复合材料。

玻璃钢的性能特点是强度较高，接近或超过铜合金和铝合金，密度为 1.5 ~ 2.8g/cm^3，只有钢的 1/4 ~ 1/5。此外，玻璃钢还有较好的耐蚀性。玻璃钢的主要缺点是耐热性差、易老化、易蠕变及弹性模量较小等，玻璃钢的弹性模量只有钢的 1/5 ~ 1/10，用作受力构件时，其刚度较差，容易导致构件变形。玻璃钢主要用于制造各种罐、管道、泵、阀门、储槽、电动机罩、发电机罩、带轮防护罩、风扇叶片、齿轮、轴承、开关装置、高压绝缘子、印制电路、汽车配件、船体（图 2-32）及其部件等。

图 2-32　船体

碳纤维增强树脂基复合材料不仅保持了玻璃钢的许多优点，而且其许多性能优于玻璃钢。例如，其强度和弹性模量都超过铝合金，而接近高强度钢，完全弥补了玻璃钢弹性模量小的缺点，此外，它还具有优良的耐磨性、减摩性、自润滑性、耐蚀性和耐热性。碳纤维增强树脂基复合材料可用于制造承载零件（如连杆、齿轮、发动机外壳）、耐磨零件（如活塞、轴承）、化工机械零件（如容器、管道、泵）、航空航天飞行器构件（如外表面防热层、飞机机身、螺旋桨、尾翼、发动机叶片、人造卫星壳体及天线构架）、运动机械（如羽毛球拍、网球拍及鱼竿）等。

第三单元

钢的热处理

【学习指导】

本单元主要介绍钢的热处理基础知识、退火与正火、淬火、回火与时效处理、表面热处理和化学热处理等内容。学习重点和要求是：第一，了解热处理的概念、目的、原理和分类，了解热处理是通过不同的加热温度、保温时间和冷却速度等方式进行组合，最终使钢材获得所需的组织与性能；第二，理解退火、正火、淬火、回火、调质、时效处理的目的、方法及应用；第三，了解钢的表面热处理和化学热处理的一般方法；第四，熟悉典型热处理工艺在典型零件生产中的应用，如了解弹簧、轴、齿轮等零件的热处理工艺，这样学习可以做到触类旁通，提高学习效率，并尽快建立感性经验；第五，了解热处理的新技术与新工艺。

模块一　热处理基础知识

一、热处理的概念和目的

热处理是采用适当的方式对金属材料或工件进行加热、保温和冷却，以获得预期的组织结构与性能的工艺。热处理是钢铁材料和机械零件制造过程中的中间工序。其目的是改善钢材表面或内部的组织状态，获得需要的工艺性能和使用性能，提高钢制零件的使用寿命，充分发挥钢材的潜力。

二、热处理设备

热处理设备主要包括加热设备、冷却设备和辅助设备等。常用的加热设备主要有箱式电阻炉、盐浴炉、井式炉、火焰加热炉等；常用的冷却设备主要有水槽、油槽、盐浴、缓冷坑、吹风机等。

三、热处理的原理

热处理的基本原理是借助铁碳合金相图（图 3-1），根据钢在加热和冷却时内部组织发生相变的基本规律，使钢材（或零件）获得所需要的组织和使用性能，从而实现改善钢材性能的目的。热处理的工艺过程一般由加热、保温、冷却三个阶段组成，如图 3-2 所示。"加热"和"保温"是为"冷却"提供组织准备；"冷却"是借助不同的冷却速度，使钢材发生不同的相变，从而使钢材获得需要的组织和性能。零件进行热处理的基本过程就是确定科学合理的加热温度、保温时间和冷却介质等参数。

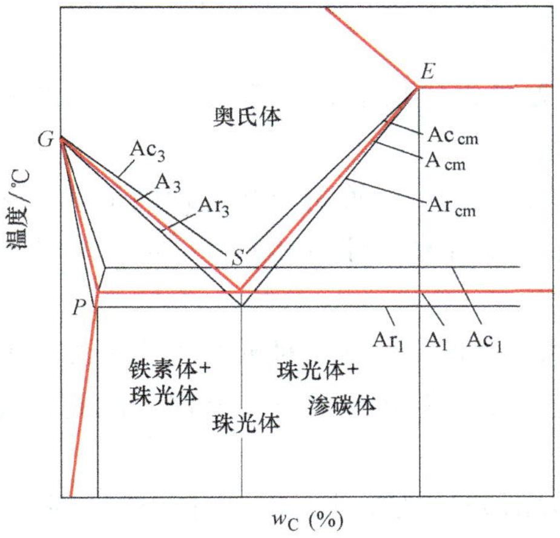

图 3-1　铁碳合金相图

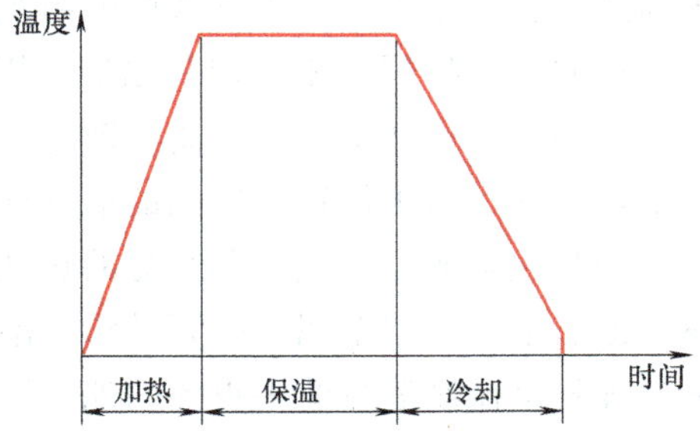

图 3-2　热处理工艺曲线

金属材料在加热或冷却过程中发生相变的温度称为相变点（或临界点）。铁碳合金相图中的 A_1、A_3、A_{cm}是平衡条件下的相变点。铁碳合金相图中的相变点是在缓慢加热或缓慢冷却的条件下测得的，但是在实际生产过程中，由于加热过程或冷却过程并不是非常缓慢地进行的，所以，实际生产中钢铁材料发生相变的温度与铁碳合金相图中所示的理论相变点 A_1、A_3、A_{cm}之间有一定的偏离。在实际生产过程中，钢铁材料随着加热速度或冷却速度的增加，其相变点的偏离程度将逐渐增大。钢铁材料在实际加热时的相变点可标注为 Ac_1、Ac_3、Ac_{cm}；钢铁材料在实际冷却时的临界点可标注为 Ar_1、Ar_3、Ar_{cm}。

大多数零件的热处理都是将其先加热到临界点以上某一温度区间，使其全部或部分得到均匀的奥氏体组织，但奥氏体一般不是人们最终需要的组织，而是在随后的冷却过程中，采用合理的冷却方法（或冷却速度），使零件发生相变，获得预期需要的组织，如马氏体（M）、贝氏体（B）、索氏体（S）、珠光体（P）、铁素体（F）、渗碳体（Fe_3C）等。

【拓展知识】

热处理一般不改变零件的形状，只是通过改变工件内部的显微组织或工件表面的化学成分，使零件获得预期需要的组织和性能。因此，热处理后的结果一般需要借助金相显微镜才能观察到。

四、热处理的分类和应用

根据零件热处理的目的、加热和冷却方法的不同，热处理工艺可分为整体热处理、表面热处理和化学热处理三大类。热处理按其工序位置和目的不同，又可分为预备热处理和最终热处理。预备热处理是指为调整原始组织，以保证工件最终热处理或（和）切削加工质量，而预先进行的热处理工艺，如退火、正火、调质等；最终热处理是指使钢件达到使用性能要求的热处理，如淬火与回火、表面淬火、渗氮等。

整体热处理是对工件整体进行穿透加热的热处理，包括退火、正火、淬火、淬火和回火、调质、固溶处理、水韧处理、固溶处理和时效。

表面热处理是指为改变工件表面的组织和性能，仅对其表面进行热处理的工艺。它包括表面淬火和回火、物理气相沉积、化学气相沉积、等离子体化学气相沉积、激光辅助化学气相沉积、火焰沉积、盐浴沉积、离子镀等。

化学热处理是将工件置于适当的活性介质中加热、保温，使一种或几种元素渗入工件表层，以改变其化学成分、组织和性能的热处理工艺。它包括渗碳、碳氮共渗、渗氮、氮碳共渗、渗其他非金属、渗金属、多元共渗、溶渗等。

热处理是机械制造行业中重要的加工工艺，大部分机械零件都需要进行热处理。例如，齿轮、轴承、轴、连杆、刃具、精密量具、工具、模具、弹簧及耐磨件等都需要经过热处理后才能投入使用。

五、热处理安全文明操作规程

在见习热处理过程中，在车间内会涉及高温、冷却及各种辅助设备，为了保证操作正确和人身安全，见习人员需要熟悉以下的热处理安全文明操作规程。

1）操作人员应穿戴好劳保防护用品。

2）清理好操作场地，检查电源、测量仪表和各种设备是否正常，水源是否通畅。

3）熟悉各类仪器设备的结构和特点，严格按设备操作规程操作。未经指导人员许可，不得擅自开闭电源和使用各类设备及仪器。

4）使用电炉前，必须仔细检查电源开关、插座和导线，保证设备绝缘良好，防止设备漏电。

5）必须在断电的情况下往炉内装料或取工件，并注意轻拿轻放，工件或操作工具不得接触或碰撞加热元件。严禁用手直接接触加热工件，应按操作要求使用专用工具或夹具来取放工件，并戴好防护手套，以防烫伤。

6）严禁在工作场地堆放易燃、易爆物品，并保持工作通道畅通。

7）化学药品要妥善保管，并由指定人员负责领取和登记。

8）使用显微镜时，手和样品要保持清洁，试样上不得有水和腐蚀剂残留。装卸金相显微镜附件时要轻拿轻放，严禁用手或其他物品触摸镜头，更不要用嘴吹镜头。显微镜使用完毕后应关闭照明电源，盖好防尘罩。

9）使用硬度计时，必须按照试验方法规定的测量硬度范围进行，以免压头因使用不当而损坏。若不能确定被测试样的硬度范围，应先采用较小的试验力进行试验。硬度计使用完毕后应将手柄推向后方，压头使用完毕后应用纱布擦拭干净，压头应涂上少许防锈油，以防锈蚀；硬度计应经常保持清洁，使用完毕后应盖好防尘罩。

10）要认真研究图样要求及工艺要求，严格按照工艺规程操作。

11）注意检查热电偶的安装位置。热电偶插入炉内后，应保证其不与工件相碰。

12）操作结束后，要检查各控制开关是否处于关闭状态，然后打扫场地卫生，将工具和仪器放好，并熟识其使用方法及保养方法。

模块二　退火与正火

退火与正火主要用来处理毛坯件（如铸件、锻件、焊件等），为以后的切削加工和最终热处理作组织准备。钢材适宜切削加工的硬度范围一般是 170～270HBW，如果钢铁材料的硬度低于 170HBW，则容易发生“粘刀”现象，并影响工件表面的切削质量和切削效率；如果钢铁材料的硬度高于 270HBW，则不容易进行切削，并会加剧切削刀具的磨损。可以通过选择合理的退火工艺或正火工艺，使钢铁材料获得适宜切削加工的硬度范围。一般来说，选择退火可以降低钢铁材料的硬度，而选择正火则可以提高钢铁材料的硬度。

一、退火

退火是将工件加热到适当温度，保持一定的时间，然后缓慢冷却的热处理工艺。根据钢铁材料化学成分和退火目的不同，退火一般分为完全退火、球化退火、等温退火、去应力退火、均匀化退火等。常用退火工艺曲线如图 3-3 所示。退火的目的是：第一，消除钢铁材料的内应力；第二，降低钢铁材料的硬度，提高其塑性；第三，细化钢铁材料的组织，均匀其化学成分，并为最终热处理作好组织准备。退火广泛应用于机械零件的加工过程中，属于预备热处理工序，一般安排在铸造、锻造、焊接等工序之后，粗切削加工之前，主要用来消除前一工序中所产生的某些组织缺陷或残留内应力。

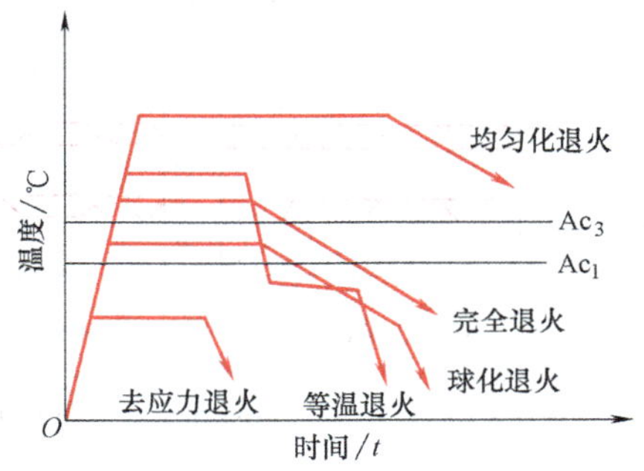

图 3-3　常用退火工艺曲线示意图

1. 完全退火

完全退火是将工件完全奥氏体化后缓慢冷却，获得接近平衡组织的退火工艺。钢件经完全退火后所获得的室温组织是铁素体和珠光体。完全退火的主要目的是细化组织，降低硬度，提高塑性，消除化学成分偏析。

完全退火主要适用于由亚共析钢（$0.0218\% \leqslant w_C < 0.77\%$）制作的铸件、锻件、焊件等，其加热温度是 Ac_3 +（30～50）℃。由过共析钢（$0.77\% < w_C \leqslant 2.11\%$）制作的工件则不宜采用完全退火，因为过共析钢加热到 Ac_{cm}线以上后，二次渗碳体（Fe_3C_{II}）会以网状形式沿奥氏体晶界析出（图 3-4），使过共析钢的强度和韧性显著降低，同时会使工件在淬火

过程中产生淬火裂纹。

2. 球化退火

球化退火是使工件中的碳化物球状化而进行的退火工艺。球化退火得到的室温组织是在铁素体基体上均匀分布着球状（或粒状）碳化物（或渗碳体），即球状珠光体组织，如图3-5所示。在球化退火保温阶段，工件中没有溶解的片状碳化物会自发地趋于球状（球体表面积最小）化，并在随后的缓冷过程中最终形成球状珠光体组织（图3-6）。球化退火的加热温度是在 Ac_1 ±（20～30）℃的温度区间内交替加热及冷却，或者在稍低于 Ac_1 的温度下保温，然后缓慢冷却。球化退火的主要目的是使碳化物（或渗碳体）球化，降低钢材的硬度，改善钢材的切削加工性能，并为淬火作组织准备。球化退火主要用于由过共析钢和共析钢制造的刃具、风动工具、木工工具、量具、模具、滚动轴承件等。

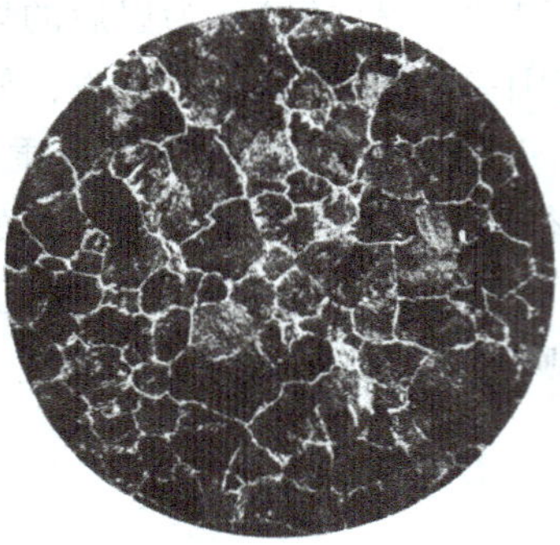

图3-4　T12钢中的网状二次渗碳体显微组织

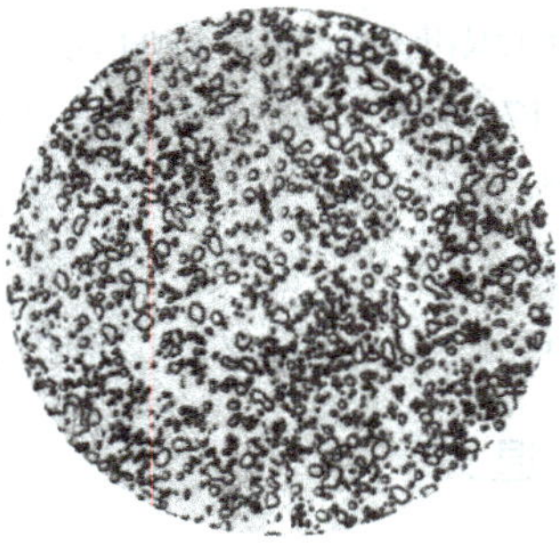

图3-5　球状珠光体显微组织

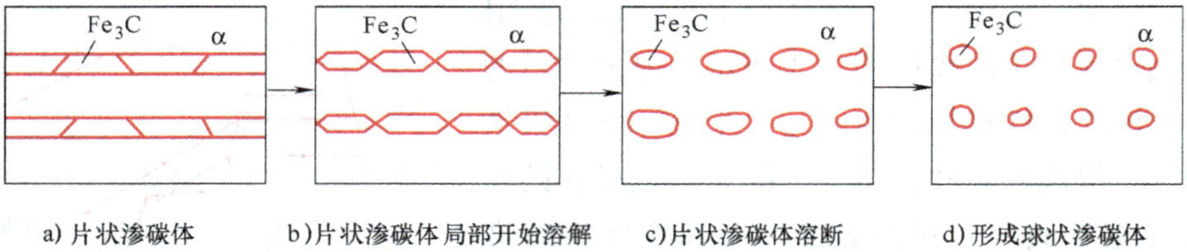

图3-6　片状渗碳体在 Ac_1 附近加热球化过程原理图

【拓展知识】

当物体的体积一定时，球形物体的表面积最小，其表面能也最小。因此，自然界的物体为了降低表面能，会自发地趋向于球形。例如，海滩上的岩石被海浪冲刷到海滩上后，随着时间的推移，岩石会逐渐被海浪磨成美丽的鹅卵石。其实，球化退火中也有类似的过程，如片状的碳化物相当于“岩石”，获得的球状碳化物相当于“鹅卵石”，保温过程则相当于“海浪冲刷”时间。

3. 等温退火

等温退火是指将工件加热到高于 Ac_3（或 Ac_1）的温度，保持适当时间后，较快地冷却到珠光体转变温度并等温保持，使奥氏体转变为珠光体类组织后在空气中冷却的退火工艺。亚共析钢的加热温度是 $Ac_3+(30\sim50)$℃，共析钢和过共析钢的加热温度是 $Ac_1+(20\sim40)$℃。等温退火的目的与完全退火基本相同，但等温退火可以缩短退火时间，获得比较均匀的组织与性能，其应用与完全退火和球化退火相同。

4. 去应力退火

去应力退火是为了去除工件在塑性变形加工、切削加工或焊接过程中造成的内应力及铸件内存在的残留应力而进行的退火工艺。去应力退火的加热温度是 Ac_1 以下的温度区间（一般是 500～600℃），其主要目的是消除工件在切削加工、铸造、锻造、热处理、焊接等过程中产生的残留应力，减小工件的变形，稳定工件的形状尺寸。去应力退火主要用于去除铸件、锻件、焊件及精密加工件中的残留应力。钢铁材料在去应力退火的加热及冷却过程中无相变过程发生。

5. 均匀化退火

均匀化退火是以减少工件化学成分和组织的不均匀程度为主要目的，将工件加热到高温并长时间保温，然后缓慢冷却的退火工艺。均匀化退火的加热温度是 $Ac_3+(150\sim200)$℃，一般为 1050～1150℃。均匀化退火的主要目的是减少钢的化学成分偏析和组织的不均匀性，其主要应用于质量要求高的合金钢铸锭、铸件和锻坯等。

二、正火

正火是将工件加热至奥氏体化后，在空气中冷却的热处理工艺。正火的目的是细化晶粒，提高钢材的硬度，消除钢材中的网状碳化物（或渗碳体），为淬火、切削加工等后续工序作组织准备。

正火与退火相比，具有如下特点：加热温度比退火高；冷却速度比退火快，过冷度较大；正火后得到的室温组织比退火细，强度和硬度比退火稍高些；正火比退火操作简便、生产周期短、生产效率高、生产成本低。

正火主要用于以下场合：

1）用于改善低碳钢（$w_C<0.25\%$）和低合金钢（$w_C<0.25\%$）的切削加工性能。低碳钢和低合金钢退火后铁素体所占的比例较大，硬度偏低，切削加工时有“粘刀”现象，而且表面粗糙度值 Ra 较大，正火能将其硬度提高到 170～270HBW，并改善其切削加工性能。因此，低碳钢、低合金钢一般选择正火作为预备热处理；而 $w_C>0.5\%$ 的中碳钢、高碳钢（$w_C>0.6\%$）、合金钢（$w_C>0.6\%$）一般选择退火作为预备热处理。

2）用于消除钢中的网状碳化物，为球化退火作组织准备。对于过共析钢，正火加热到 Ac_{cm} 以上时可使网状碳化物充分溶解到奥氏体中，空冷时碳化物则来不及析出，这样便消除了钢中的网状碳化物组织，同时也细化了珠光体组织，有利于后续的球化退火和淬火。

3）用于普通结构零件或某些大型非合金钢工件的最终热处理，如铁道车辆的车轴就是用正火工艺作为最终热处理的。

4）对于淬火不合格的返修件，利用正火可消除其淬火应力，细化组织，防止返修件在重新淬火时产生变形与开裂。

模块三 淬 火

淬火是将工件加热至奥氏体化后，以适当方式冷却来获得马氏体或（和）贝氏体组织的热处理工艺。马氏体是碳或合金元素在α-Fe中的过饱和固溶体，是单相亚稳组织，其硬度较高，用符号“M”表示。马氏体中由于溶入了过多的碳原子，使α-Fe晶格发生畸变，而提高了其塑性变形抗力，故马氏体的硬度主要取决于马氏体中碳的质量分数，碳的质量分数越高，则其硬度也越高。

一、淬火的目的

淬火的主要目的是使钢铁材料获得马氏体（或贝氏体）组织，提高钢铁材料的硬度和强度，并与回火工艺合理配合，获得需要的使用性能。一些重要的结构件，特别是在动载荷与摩擦力作用下的零件，以及各种类型的重要工具（如刃具、钻头、丝锥、板牙、精密量具等）和重要零件（销、套、轴、滚动轴承、模具、风动工具、阀等）都要进行淬火处理。

二、淬火加热温度

钢的淬火加热温度一般可由铁碳合金相图确定，如图3-7所示，不同钢种的淬火加热温度也不同。为了防止奥氏体晶粒粗化，淬火温度不宜选得过高，一般仅比临界点（Ac_1 或 Ac_3）高30～50℃。

亚共析钢的淬火加热温度是 Ac_3 +（30～50）℃，在此温度范围内加热时，亚共析钢可获得全部细小的奥氏体晶粒，淬火后又可得到均匀细小的马氏体组织。如果加热温度过高，容易导致奥氏体晶粒粗大，使亚共析钢淬火后的使用性能变差；加热温度过低，则会造成淬火组织中存在未溶的铁素体组织，导致亚共析钢淬火后的硬度降低，不能满足预期的技术要求。

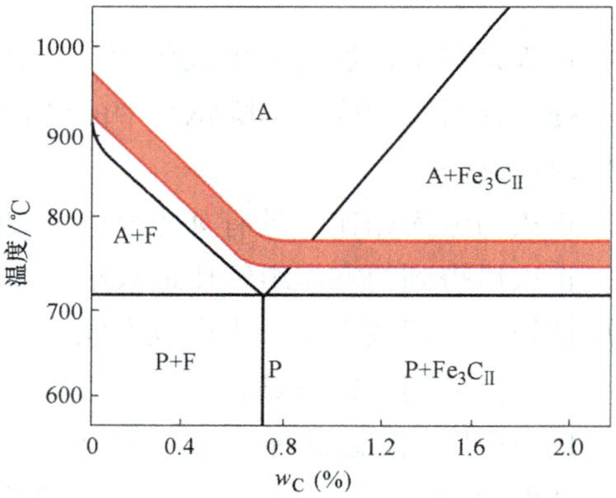

图3-7 非合金钢淬火加热温度范围

共析钢的加热温度可参照亚共析钢或过共析钢的加热温度范围来选择。

过共析钢的淬火加热温度是 Ac_1 +（30～50）℃。在此温度范围内加热时，过共析钢中的组织是奥氏体和碳化物（或渗碳体）颗粒，淬火后可以获得细小的马氏体和球状碳化物（或渗碳体），能够保证过共析钢在淬火后获得高硬度和高耐磨性。如果加热温度超过 Ac_{cm}，将导致过共析钢中的碳化物（或渗碳体）消失，使奥氏体晶粒粗化，淬火后将得到粗大针状马氏体，而且残留奥氏体量增多，硬度和耐磨性降低，脆性增大；相反，如果淬火温度过低，则可能得到非马氏体组织（如铁素体），使过共析钢的硬度达不到预期的技术要求。

三、淬火冷却介质

淬火冷却时所用的物质称为淬火冷却介质。不同的淬火冷却介质具有不同的冷却特性。淬火时，为了保证获得马氏体或贝氏体组织，需要选用合理的淬火冷却介质或冷却速度，以保证钢件在淬火过程中不产生过大的内应力、变形及开裂。常用的淬火冷却介质有水、油、水溶液（如盐水等）、熔盐、熔融金属、空气等。各种常用淬火冷却介质的冷却能力见表3-1。

表3-1　各种常用淬火冷却介质的冷却能力

淬火冷却介质	550～650℃的冷却速度/(℃/s)	200～300℃的冷却速度/(℃/s)
水（18℃）	600	270
水（50℃）	100	270
水（74℃）	30	200
10% NaCl 水溶液（18℃）	1100	300
10% NaOH 水溶液（18℃）	1200	300
全损耗系统用油（18℃）	100	20
全损耗系统用油（50℃）	150	30

淬火时，为了保证钢件获得马氏体组织，同时尽量避免钢件发生变形与开裂，其理想的冷却曲线应如图3-8所示。即淬火冷却介质在冷却曲线的“鼻尖”附近（或高温区550～650℃）应快冷，以使钢件的冷却速度大于临界冷却速度 v_K；而在 M_S 线附近（或低温区200～300℃）应缓冷，以避免钢件在马氏体转变过程中产生较大的淬火内应力。

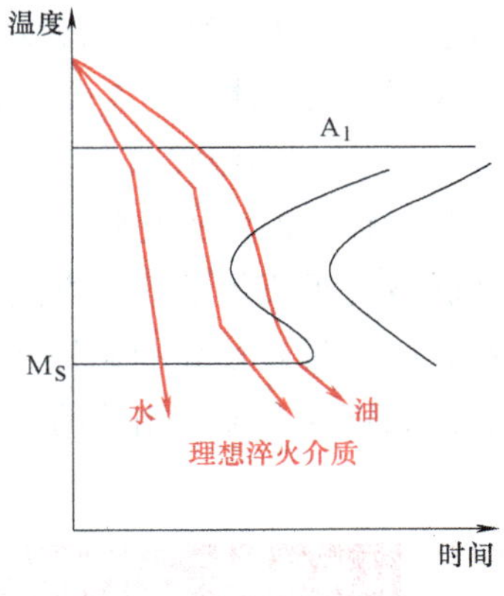

图3-8　理想淬火冷却介质的冷却曲线

生产中使用的水或盐水在高温区的冷却能力较强，但在低温区的冷却速度较快，不利于减少钢件的变形与开裂。因此，水或盐水一般仅适用于形状简单、截面尺寸较大的非合金钢工件。全损耗系统油在低温区具有比较理想的冷却能力，但其在高温区的冷却能力较弱，因此，全损耗系统油一般仅适用于合金钢或小尺寸的非合金钢工件。到目前为止，还很难找到一种完全符合要求的理想淬火冷却介质，在实际生产中，需要根据工件的技术要求、材质及形状科学合理地选择淬火冷却方法，来弥补单一淬火冷却介质的不足。目前，比较理想的淬火冷却介质是以水或油为基，加入各种添加剂以改变水或油的冷却特性。

四、淬火方法

选择淬火方法时，需要根据钢材的化学成分及对组织、性能和钢件尺寸精度的要求，在保证预期技术要求的前提下，应尽量选择简便、经济的淬火方法。目前，常用的淬火方法有单液淬火、双液淬火、马氏体分级淬火和贝氏体等温淬火。常用淬火方法的冷却曲线如图 3-9 所示。

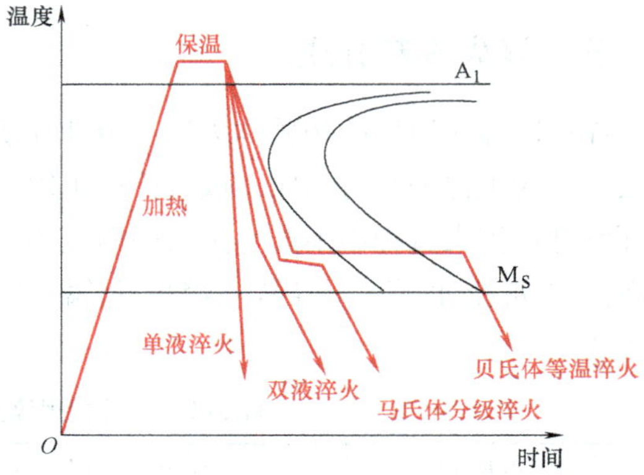

图 3-9　常用淬火方法的冷却曲线

1. 单液淬火

单液淬火是将已奥氏体化的钢件在一种淬火冷却介质中冷却的方法。例如，低碳钢和中碳钢在水或盐水中淬火，合金钢在油中淬火等就是典型的单液淬火方法。单液淬火主要应用于形状简单的钢件。

2. 双液淬火

双液淬火是将工件加热至奥氏体化后先浸入冷却能力强的介质，在组织即将发生马氏体转变时立即转入冷却能力弱的介质中进行冷却的方法。例如，首先将钢件在水中冷却一段时间，然后在油中冷却的方法就是典型的双液淬火方法。此外，将钢件先在油中冷却一段时间，然后在空气中冷却的方法也是常用的双液淬火方法。双液淬火主要适用于中等复杂形状的中碳钢、高碳钢工件及尺寸较大的合金钢工件。

3. 马氏体分级淬火

马氏体分级淬火是指将工件加热至奥氏体化后浸入温度稍高于或稍低于 M_S 点的盐浴或碱浴中，保持适当时间，在工件整体达到淬火冷却介质温度后取出空冷，以获得马氏体组织的淬火方法。马氏体分级淬火能够减小工件中的热应力，并缓和相变过程中产生的组织应力，减少淬火变形。马氏体分级淬火适用于尺寸较小、形状复杂的由高碳钢或合金钢制作的工具模具。

4. 贝氏体等温淬火

贝氏体等温淬火是将工件加热至奥氏体化后快冷到贝氏体转变温度区间等温保持，使奥氏体转变为贝氏体的淬火方法。贝氏体等温淬火的特点是工件在淬火后，其淬火应力与变形较小，工件具有较高的韧性、塑性、硬度和耐磨性。贝氏体等温淬火用于处理由各种中碳钢、高碳钢和合金钢制造的，尺寸较小、形状复杂的模具与刃具等。

【拓展知识——冷处理】

冷处理是将钢件淬火并冷却到室温后，继续在一般制冷设备或低温介质中冷却，使残留奥氏体转变为马氏体的工艺。由于部分高碳钢和合金钢的马氏体转变终止点 M_f 位于0℃以下，钢件淬火后组织中会残留大量的残留奥氏体，从而将影响钢件的使用性能，所以需要采取措施减少残留奥氏体量。采用冷处理可以消除和减少钢中的残留奥氏体，使钢件获得更多的马氏体，提高钢件硬度与耐磨性，稳定钢件的尺寸。例如，量具、精密轴承、精密丝杠、精密刀具、枪杆等工件要求形状精确和尺寸稳定，均应在淬火之后进行冷处理。目前，常用的低温冷却介质有干冰（固体 CO_2），其最低温度是78℃；液氮，用于−130℃以下的深冷处理。

模块四　回火与时效处理

一、回火的概念和目的

回火是将工件淬硬后加热到 Ac_1 以下的某一温度，保温一定时间，然后冷却到室温的热处理工艺。淬火钢的组织主要由马氏体和少量残留奥氏体组成（有时还有未溶碳化物），其中的马氏体和残留奥氏体都是不稳定组织，它们有自发地向稳定组织转变的趋势，如马氏体中过饱和的碳原子要析出、残留奥氏体要分解等。回火的目的就是促进这种转变，因为回火过程是一个由非平衡组织向平衡组织转变的过程，这个过程是依靠原子的迁移和扩散进行的。所以，回火温度越高，则原子扩散速度越快；反之，则原子扩散速度越慢。另外，淬火钢件内部存在很大的内应力，其脆性大，韧性低，一般不能直接使用，如不及时消除内应力，将会引起钢件变形，甚至开裂。回火是安排在淬火之后进行的工序，通常也是钢件进行热处理的最后一道工序。回火的主要目的是消除或减小钢件的内应力，稳定钢件的内部组织，调整钢的性能以获得较好的强度和韧性的配合。

二、回火时的组织转变过程

一般来说，随着回火温度的升高，淬火组织将发生一系列的变化。回火时的组织转变过程一般分为马氏体分解、残留奥氏体分解、碳化物析出，以及碳化物聚集长大与铁素体的再结晶四个阶段（表 3-2）。

表 3-2　淬火组织在回火时发生组织转变的四个阶段

阶　段	回火温度/℃	转变阶段名称	转 变 结 果
第一阶段	≤200	马氏体分解	马氏体转变为回火马氏体组织
第二阶段	200～300	残留奥氏体分解	残留奥氏体转变为回火马氏体组织
第三阶段	250～400	碳化物析出	马氏体转变为回火托氏体组织
第四阶段	>400	碳化物聚集长大与铁素体的再结晶	马氏体转变为回火索氏体组织

淬火钢经过回火后，马氏体中碳的质量分数逐渐降低，残留奥氏体量逐渐减少，残留内应力逐渐减小。随着回火温度的升高，淬火钢的强度与硬度降低，而塑性与韧性提高，如图 3-10 所示。

三、回火方法及其应用

根据淬火钢在回火时加热温度的不同，回火可分为低温回火、中温回火和高温回火三种。工件回火结束后，一般在空气中冷却。对于部分性能要求较高的工件，在保证其不变形和不开裂的前提下，可采用油冷或水冷。

1. 低温回火

低温回火的温度范围在 250℃以下。淬火钢经过低温回火后获得的组织是回火马氏体

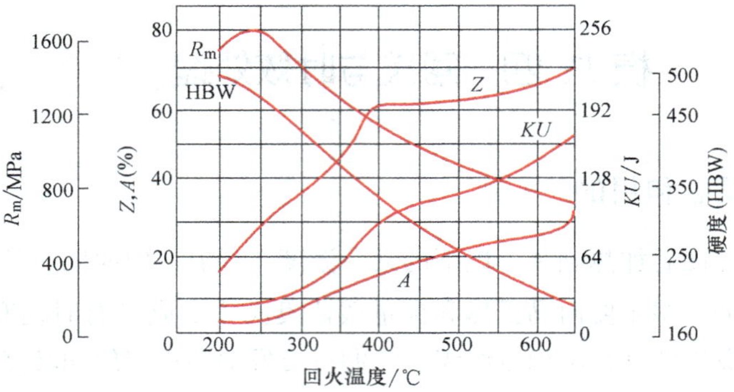

图 3-10　40 钢回火后其力学性能与温度的关系

（M′），回火马氏体是过饱和度较低的马氏体和极细微碳化物的混合组织，它保持了淬火组织的高硬度和耐磨性，降低了钢的淬火应力，减小了钢的脆性。淬火钢经过低温回火后，其硬度一般为 58～64HRC。低温回火主要用于由碳素工具钢、合金工具钢制造的刃具、量具、冷作模具、滚动轴承及渗碳件、表面淬火件等。

2. 中温回火

中温回火的温度范围是 250～450℃。淬火钢经中温回火后获得的组织为回火托氏体（T′），回火托氏体是铁素体基体内分布着细小粒状（或片状）碳化物的混合组织。淬火钢经中温回火后降低了淬火应力，可以使钢获得较高的弹性极限和屈服强度，并具有一定的塑性和韧性，钢的硬度一般为 35～50HRC。中温回火主要用于处理钢制弹性元件，如各种卷簧、板簧、弹簧钢丝等；有些受小能量多次冲击载荷作用的结构件，为了提高强度，增加其抗小能量多次冲击的能力，也采用中温回火进行处理。

3. 高温回火

高温回火的温度范围在 500℃以上。淬火钢经高温回火后获得的组织为回火索氏体（S′），回火索氏体是铁素体基体上分布着粒状碳化物的组织。淬火钢经高温回火后，钢的淬火应力完全消除，其强度较高，塑性和韧性提高，具有良好的综合力学性能，钢的硬度一般为 200～350HBW。

另外，钢件淬火加高温回火的复合热处理工艺又称为调质处理，它主要用于处理重要的轴类、连杆、螺栓、齿轮等工件。钢件经过调质处理后不仅具有较高的强度和硬度，而且其塑性和韧性也明显比经正火处理后高，因此，一些重要的钢制零件一般采用调质处理，而不采用正火处理。

调质处理一般作为最终热处理工序，钢经过调质处理后的硬度不高，便于切削加工，并能得到较好的表面质量，故调质处理也可作为表面淬火和化学热处理的预备热处理。

四、时效处理

时效处理是指合金工件经固溶处理（固溶处理是将工件加热至适当温度并保温，使过剩相充分溶解，然后快速冷却以获得过饱和固溶体的热处理工艺），或者在铸造、冷塑形变

（或锻造）、焊接及机械加工之后，将其在较高的温度下放置或在室温下保持一定时间后，使工件的性能、形状和尺寸等随时间而变化的热处理工艺。进行时效处理的目的是消除工件的内应力，稳定工件的组织和尺寸，改善工件的力学性能等。在时效处理过程中，金属材料的显微组织并不发生明显的变化。常用的时效处理方法有自然时效、人工时效、热时效、变形时效、振动时效和沉淀硬化时效等。

1. 自然时效

自然时效主要用于处理大型钢铁铸件、锻件、焊接件等，其处理方法是将工件在室温下长时间（半年或几年）堆放在户外或室内，使其自然发生时效现象。

2. 人工时效处理

人工时效主要用于处理中小型的钢铁铸件、锻件、焊接件、机械加工件等，其处理方法是将工件放入时效炉加热、保温，使其发生时效现象，经过一定时间后出炉。例如，为了消除精密量具、模具及其他零件在长期使用过程中发生的尺寸、形状变化现象，常在低温回火后（低温回火温度是150～250℃）、精加工前，将工件重新加热到100～150℃，保持5～20h，进行人工时效处理。

3. 热时效处理

热时效处理是指随着温度的不同，α-Fe中碳的溶解度发生变化，使钢的性能发生改变的过程。例如，低碳钢在A_1温度以下加热，并较快冷却时，三次渗碳体（Fe_3C_{III}）来不及析出，而形成过饱和固溶体。但在室温放置过程中，由于碳的溶解度较低，碳则以Fe_3C_{III}的形式存在，使钢的硬度和强度上升，而塑性和韧性下降。

4. 变形时效处理

变形时效处理是指钢在冷变形后进行的时效处理。变形时效处理可以在室温下进行，也可在加热状态下进行。例如，低碳钢冷态塑性变形后在室温下长期放置，其强度会提高，塑性会降低，这种现象称为机械时效。利用变形时效处理可以生产高强度冷拉钢筋，如热轧钢筋经过冷拉或冷拔后，经过变形时效处理（加热温度在300℃左右）即可提高其强度。但变形时效处理会降低钢（尤其是汽车用板材）的锻压加工性能，因此，对于重要的工件，在制造之前需要对所选钢材进行变形时效倾向试验。

5. 振动时效处理

振动时效处理是指通过机械振动（如超声波）的方式来消除、降低或均匀工件内残留应力的工艺，又称为振动消除应力法。振动时效处理在20世纪80年代初逐步进入实用阶段，在振动时效处理过程中，工件不需要加热，也不像自然时效那样需要很长的时效时间，利用一定频率的振动即可使工件内的部分内应力得以释放，从而达到时效目的。

振动时效处理的成本低（仅为热时效处理的8%～10%），生产周期短（一般只需数10min），使用方便（体积小、质量小），操作简便，不受场地限制，适应性强，容易实现自动化，可以避免零件热时效处理产生的翘曲变形、氧化、脱碳及硬度降低等缺陷。振动时效处理主要用于重要的和大型的铸件、锻件和焊接件等，如处理风电设备电动机底座、锻压机床底座焊接构件、矿山起重机支臂焊接构件、船体等。

6. 沉淀硬化时效处理

沉淀硬化时效处理是指在过饱和固溶体中形成或析出弥散分布的强化相，而使金属材料硬化的热处理工艺。它是沉淀硬化型不锈钢、高温耐热合金、高强度铝合金等的重要强化方法。

【拓展知识——时效强化】

20世纪初叶，德国工程师A. 维尔姆研究硬铝时发现，该铝合金淬火后硬度不高，但在室温下放置一段时间后，其硬度会显著提高，这种现象在后来被称为沉淀硬化。这一发现引起了工程界人士的极大兴趣，随后，人们相继发现了一些可以采用时效处理进行强化的铝合金、铜合金和铁基合金，从此开创了一条与一般钢铁材料淬火强化有着本质差异的新的强化途径——时效强化。

模块五　表面热处理

表面热处理是为了改变工件表面的组织和性能，仅对其表面进行热处理的工艺。例如，齿轮、花键轴、活塞销、凸轮等零件的表面所受到的应力和磨损比心部高，这就要求其表面具有高硬度、高耐磨性、高耐蚀性和高抗疲劳性，而心部具备较好的塑性和韧性以承受载荷作用。对于这类零件，要达到上述要求，单从金属材料方面去解决是比较困难的。如果选用高碳钢制作这类零件，经过淬火后虽然表面硬度很高，但其心部韧性不足，不能满足性能要求；相反，如果采用低碳钢制作这类零件，经过淬火后虽然其心部韧性好，但其表面硬度和耐磨性均较差，也不能满足性能要求。因此，针对这类零件就需要考虑对零件进行表面热处理，以满足其“表里不一”的性能要求。

一、表面淬火和回火

表面淬火是仅对工件表层进行淬火的工艺。它是最常用的表面热处理工艺之一，其目的是使工件表面获得高硬度和高耐磨性，而心部保持较好的塑性和韧性，以提高其在扭转、弯曲、循环应力或在摩擦、冲击、接触应力等工作条件下的使用寿命。

表面淬火不改变工件表面的化学成分，只改变工件表面的组织和性能。表面淬火的原理是采用快速加热方式使工件表层迅速达到淬火温度，在热量未传递到工件心部时立即淬火冷却，从而实现表面淬火或局部表面淬火。表面淬火按加热方法的不同，可分为感应淬火、火焰淬火、电接触加热淬火、激光淬火等。目前，应用最广泛的是感应淬火和火焰淬火。

1. 感应淬火

感应淬火是利用感应电流通过工件时所产生的热效应，对工件表面、局部或整体加热并进行快速冷却的淬火工艺，如图3-11所示。感应淬火时，工件表面的加热深度主要取决于交流电流频率，生产上可通过调整交流电流频率获得不同的淬硬层深度。根据交流电流频率的不同，感应淬火分为高频感应淬火、中频感应淬火和工频感应淬火三类。表3-3为感应淬火的主要工艺参数和应用范围。

表 3-3　感应加热表面淬火的主要工艺参数和应用范围

分　类	频率范围/kHz	淬火深度/mm	应用范围
高频感应淬火	50～300	0.3～2.5	用于处理中小型轴、销、套等圆柱形零件，小模数齿轮
中频感应淬火	1～10	3～10	用于处理尺寸较大的轴类，大、中模数齿轮
工频感应淬火	0.05	10～20	用于大型零件（>φ300mm）的表面淬火或棒料的穿透加热

钢件经感应淬火后，一般进行低温回火，但其回火温度比普通低温回火的温度稍低些。生产中有时采用自热回火（或称自回火），即当淬火冷至200℃左右时，停止喷水，利用局部或表层淬硬工件内部的余热使淬硬部分发生低温回火。

感应淬火具有工件加热速度快、时间短（只有几秒钟），变形小，基本无氧化和无脱碳等特点；经感应淬火后，可以有效地提高工件的疲劳强度；其生产率高，易实现机械化、自动化，适于大批量生产。感应淬火主要用于由中碳钢（如 40 钢、45 钢等）和中碳合金钢（如 40Cr 钢、40MnB 钢等）制造的工件（如连杆、钻杆、镗杆、曲轴、主轴、凸轮、齿轮、销等）。

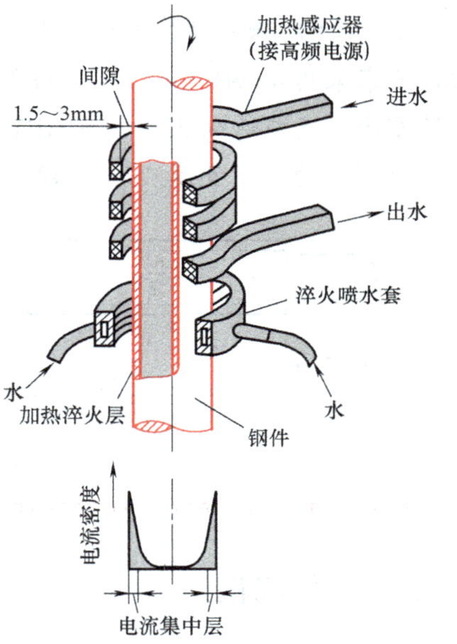

图 3-11　感应淬火原理图

2. 火焰淬火

火焰淬火是利用氧乙炔或其他可燃气体（如煤气、天然气）燃烧的火焰对工件表层进行加热，随之快速冷却的淬火工艺，如图 3-12 所示。火焰淬火的淬硬层深度一般为 2～6mm，如果淬硬层太深，容易导致工件表面产生过热，甚至产生过量的变形与裂纹。火焰淬火操作简便，不需要专用设备，生产成本低，但其质量不稳定，生产率低，主要用于单件或小批量生产各种齿轮、轴、轧辊、机床导轨等。

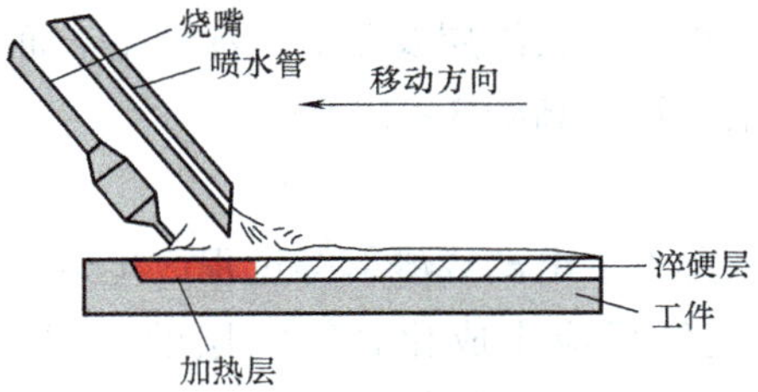

图 3-12　火焰淬火示意图

【实践经验——表面淬火工艺流程】

表面淬火零件的工艺流程一般是：下料→锻造→毛坯→退火或正火→机械加工（粗加工）→调质或正火→机械加工（精加工）→表面淬火→低温回火→机械加工（磨削加工）→时效→机械加工（精磨加工）→检验→投入使用。

【案例】

图 3-13 所示是螺钉定位器零件，通过分析该零件的技术要求可以看出：螺钉定位器零件要求采用 45 钢（$w_C = 0.45\%$）制造；螺钉定位器零件需要进行整体调质处理，调质后的布氏硬度应达到 230～250HBW；螺钉定位器零件尾部需要进行火焰淬火和低温回火，其热处理后的表面硬度应达到 42～48HRC。

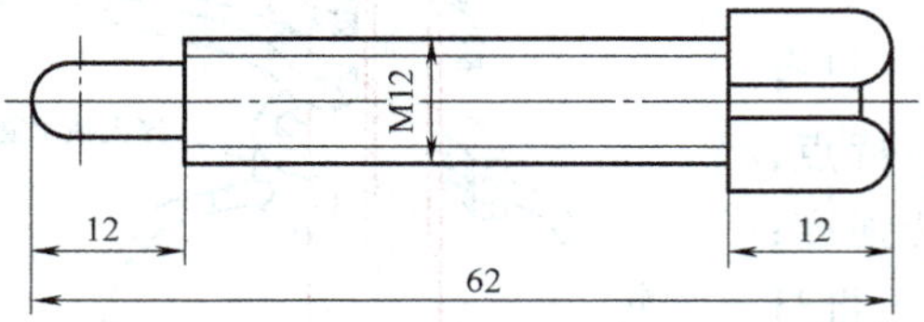

技术要求

1.材料为45钢。

2.整体进行调质处理，硬度为 230～250HBW。

3.尾部进行火焰淬火加低温回火，硬度为 42～48HRC。

图 3-13　螺钉定位器零件

二、气相沉积

气相沉积是利用气相中发生的物理、化学过程改变工件表面成分，在工件表面形成具有特殊性能的金属或化合物涂层的表面处理技术。气相沉积的目的主要是提高工件的耐磨性、耐蚀性、抗咬合性、抗氧化性，得到低的摩擦因数及特殊的物理化学性能等。气相沉积按照过程的本质可分为化学气相沉积和物理气相沉积两大类。

1. 化学气相沉积

化学气相沉积是在一定的温度下，利用气态物质在固体表面进行化学反应，并在其表面生成固态沉积膜的过程。化学气相沉积反应一般在 900～1000℃的真空下进行。目前，该工艺已经在硬质合金刀具涂层、钢制模具涂层及耐磨件涂层等方面得到广泛应用，经化学气相沉积零件的使用寿命较未涂层前可提高约 3～10 倍。

2. 物理气相沉积

物理气相沉积是通过真空蒸发、电离或溅射等过程产生金属离子，并使其沉积在工件表面，形成金属涂层或与反应气体反应生成化合物涂层的过程。物理气相沉积一般在低于 600℃的温度下进行，其沉积速度比化学气相沉积快，适用于钢铁材料、非铁金属、陶瓷、玻璃、塑料等。

物理气相沉积方法有真空蒸镀、真空溅射和离子镀三类。图 3-14 所示是真空蒸镀原理图，将基板置于高真空（10^{-3}Pa）的玻璃容器中，将欲蒸镀的金属放在蒸发源上，通电加热蒸镀金属，就可使镀膜金属的蒸气凝结沉积在基板表面上。铝、铜、镍、银、金等均可做蒸镀金属，真空蒸镀技术可用于制作半导体器件、切削刀具，进行生活用品表面装饰等。

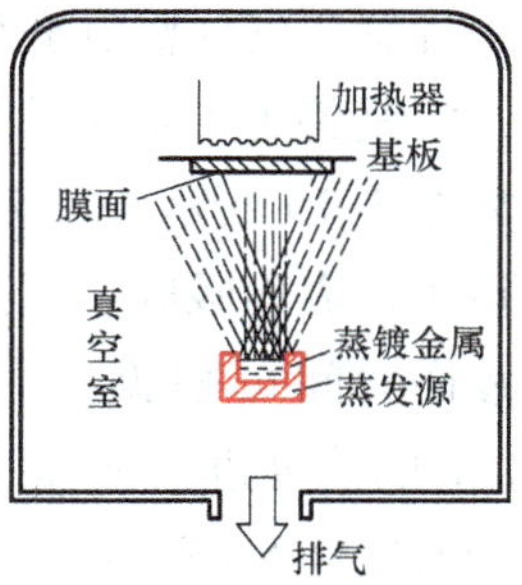

图 3-14 真空蒸镀原理图

模块六 化学热处理

化学热处理是将工件置于适当的活性介质中加热、保温，使一种或几种元素渗入工件表层，以改变其化学成分、组织和性能的热处理工艺。与表面淬火相比，化学热处理的特点是不仅改变表层的组织，而且改变表层的化学成分。

化学热处理由分解、吸收和扩散三个基本过程组成。分解是指渗入介质在高温下通过化学反应进行分解，形成渗入元素的活性原子；吸收是指渗入元素的活性原子被钢件表面吸附，进入钢件内形成固溶体或化合物；扩散是指被吸附的渗入原子由工件表层逐渐向内扩散，形成一定深度的扩散层。

化学热处理方法主要有渗碳、渗氮、碳氮共渗、渗硼、渗硅、渗金属等。由于渗入元素不同，工件表面处理后获得的性能也不相同。渗碳、碳氮共渗的主要目的是提高工件的表面硬度、耐磨性和疲劳强度；渗氮的主要目的是提高工件表层的硬度、耐磨性、热硬性、耐蚀性和疲劳强度；渗金属的主要目的是提高工件表面的耐蚀性和抗氧化性等。目前，在机械制造业中，最常用的化学热处理是渗碳和渗氮。

1. 渗碳

渗碳是为了提高工件表层碳的质量分数并在其中形成一定的碳含量梯度，将工件在渗碳介质中加热、保温，使碳原子渗入的化学热处理工艺。渗碳层的深度一般为0.5～2.5mm，碳的质量分数一般控制在 w_C =1%左右。

渗碳所用的钢种一般是碳的质量分数为0.10%～0.25%的低碳钢和低合金钢，如15钢、20钢、20Cr钢、20CrMnTi钢、20CrMnMo钢等。工件经渗碳后，其表面硬度和耐磨性等并不能达到技术要求，还需要进行淬火和低温回火，才能使工件表面获得高硬度（56～64HRC）、高耐磨性和高疲劳强度，而心部仍保持一定的强度和良好的韧性。渗碳工艺被广泛用于要求表面硬而心部韧的工件，如齿轮、凸轮轴、活塞销、铁道车辆滚动轴承、模具、量具等。

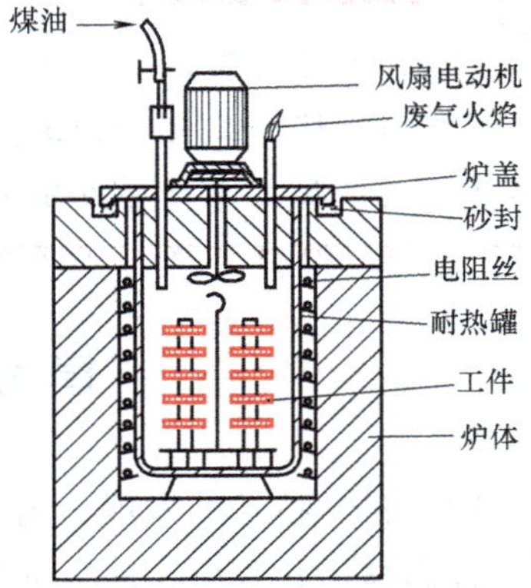

图 3-15 气体渗碳炉

根据渗碳介质物理状态的不同，渗碳可分为气体渗碳、固体渗碳和液体渗碳，其中气体渗碳应用最广泛。气体渗碳是将工件置于气体渗碳介质（甲烷、丙烷、煤油、丙酮、甲醇、天然气等）中进行渗碳的工艺。它是将工件放入密封的加热炉中（如井式气体渗碳炉），通入气体渗碳剂进行渗碳的，如图 3-15 所示。渗碳时，渗碳剂在炉内高温（920 ~ 930℃）的作用下分解出的活性碳原子被工件表面吸收，通过碳原子的扩散最终在工件表面形成一定深度的渗碳层。

渗碳时间可根据工件所要求的渗碳层深度来确定。生产中一般按每小时渗 0.2 ~ 0.25mm 的速度进行估算。实际生产中，常用检验试棒来确定渗碳的时间的长短。一般气体渗碳的时间在 8h 左右，固体渗碳的时间在 10h 左右。

【实践经验——渗碳零件工艺流程】

渗碳零件的工艺流程一般是：下料→锻造→毛坯→正火→机械加工（粗加工、半精加工）→渗碳→淬火→低温回火→机械加工（磨削加工）→检验→投入使用。

2. 渗氮

渗氮是在一定温度下于一定渗氮介质中，使氮原子渗入工件表层的化学热处理工艺。目前常用的渗氮方法主要有气体渗氮和离子渗氮两种。渗氮介质有无水氨气、氨气与氢气、氨气与氮气。渗氮层深度一般为 0.6 ~ 0.7mm。常用渗氮钢有 38CrMoAlA、38CrWVA、25CrNi3MoAl 等。

渗氮广泛用于处理各种高速传动的精密齿轮、精密模具、高精度机床主轴与丝杠、受循环应力作用要求具有高疲劳强度的零件（如高速柴油机曲轴），以及要求变形小和具有一定耐热、耐蚀能力的耐磨零件（如阀门）等。但是渗氮层薄而脆，不能承受较大的冲击和振动，而且渗氮工艺周期长（气体渗氮一般需要 70h，离子渗氮约需 17h），生产成本较高。钢件渗氮后一般不需进行热处理（如淬火），渗氮后的表面硬度可达 68 ~ 72HRC。

对于零件上不需要渗氮的部分可以采用镀锡或镀铜进行保护，也可以预留 1mm 的加工余量，在渗氮后磨去。

【实践经验——渗氮零件工艺流程】

渗氮零件的工艺流程一般是：下料→锻造→毛坯→退火或正火→机械加工（粗加工）→调质→机械加工（精加工）→去应力退火→机械加工（粗磨）→镀锡（非渗氮面）→渗氮→机械加工（精磨或研磨）→去应力退火→检验→投入使用。

模块七　热处理新技术与新工艺

随着科学技术的发展，为了进一步提高零件的性能和质量，达到节省能源，降低生产成本，提高自动化程度，减少环境污染等目的，科技人员开发出了一些成熟的热处理新技术和新工艺，如清洁热处理、精密热处理、真空热处理、可控气氛热处理、形变热处理、电解热处理、离子化学热处理、激光淬火、电子束淬火等。同时，随着计算机技术的普及与发展，计算机技术正逐步应用于热处理的生产与管理中，在提高热处理质量和效率方面发挥了越来越大的作用。

1. 清洁热处理

清洁热处理是在整个热处理过程中实现少污染或无污染产生，以及没有有毒、有害物质排放的热处理。传统的热处理过程会产生废水、废气、废盐、有毒物、粉尘、电磁波和噪声等污染。清洁热处理则可以最大限度地避免产生上述污染，并且可实现机械化生产，减轻劳动强度。

2. 精密热处理

精密热处理是严格控制热处理产品质量的热处理。它的主要优点是：第一，能够准确预测零件热处理后的组织、性能和残留应力、形状和尺寸等；第二，能够自动优选工艺，分析其他工序对热处理结果的影响，合理控制各种工艺，使热处理变形和质量的分散度减小到最小程度。精密热处理技术主要包括热处理信息技术、热处理传感技术和热处理计算机技术。

3. 真空热处理

真空热处理是在低于一个大气压（一般是 $10^{-1} \sim 10^{-3}$Pa）的环境中进行的热处理。它包括真空退火、真空淬火、真空回火、真空渗碳等。真空热处理的特点是：工件变形小；可以避免氧化、脱碳，实现光亮处理和提高工件表面的疲劳强度；节约能源，污染小，劳动条件好；真空热处理设备造价较高，主要用于处理工模具、精密零件和特殊零件。

4. 可控气氛热处理

可控气氛热处理是在炉气成分可控制在预定范围内的热处理炉中进行的热处理。它的主要目的是减少和防止工件加热时的氧化和脱碳，提高工件的尺寸精度和表面质量。可控气氛热处理设备通常由制备可控气氛的发生器和进行热处理的加热炉两部分组成。

5. 形变热处理

形变热处理是将塑性变形与热处理工艺有机结合，获得形变强化和相变强化综合效果的复合热处理工艺，如工件锻后余热淬火、热轧淬火等。这种工艺既可提高钢的强度，改善其塑性和韧性，又可节能，广泛用于由结构钢和工具钢制作的工件。

6. 电解热处理

电解热处理是将工件和加热容器分别接在电源的负极和正极上，容器中装有渗剂，利用电化学反应使欲渗元素的原子渗入工件表层的热处理工艺。利用该工艺可以进行电解渗碳、电解渗硼和电解渗氮等。

7. 离子化学热处理

离子化学热处理是在真空中通入少量与热处理目的相适应的气体，在高压直流电场的作用下，稀薄的气体放电、启辉并加热工件，与此同时，需要渗入的元素从通入的气体中离解出来，渗入工件表层的热处理工艺。离子化学热处理的渗入速度比一般化学热处理快，在渗层较薄的情况下尤其显著，如离子渗氮、离子渗碳、离子碳氮共渗、离子渗硫和离子渗金属等。

8. 激光淬火

激光淬火是以激光为能源，以极快的速度加热工件表面，依靠工件自冷淬火的热处理工艺。激光淬火具有工件处理质量高，表面光洁，变形极小，无工业污染，易实现自动化等特点，适用于各种复杂工件的表面淬火，如内燃机缸套、曲轴、活塞环、换向器、齿轮等。

9. 电子束淬火

电子束淬火是以电子束为热源，以极快的速度加热工件，依靠工件自冷淬火的热处理工艺。电子束的能量远高于激光，而且其能量利用率也高于激光热处理，可达 80%。此外，电子束淬火质量高，淬火过程中工件基体性能几乎不受影响，因此是很有前途的热处理新技术。

【拓展知识——热处理工序分析】

机械零件的加工是按照一定的加工工艺流程进行的。合理安排热处理工序，对保证零件的加工质量和改善其性能具有重要作用。下面以机床齿轮（图 3-16）为例分析热处理的工序及其作用。

机床齿轮是传递力矩和转速的重要零件，它主要承受一定的弯曲力和周期性冲击力的作用，转速中等，一般选择 45 钢制造。机床齿轮的性能要求是：齿表面耐磨，硬度适当，运行平稳，噪声小。机床齿轮的热处理技术要求是：整体进行调质，硬度为 220～250HBW；齿面表面淬火，硬度为 50～54HRC。机床齿轮的加工工艺流程是：下料→锻造→退火或正火→机械加工（粗加工）→调质→机械加工（精加工）→高频感应加热表面淬火→低温回火→机械加工（精磨）→检验→投入使用。

图 3-16　机床齿轮

退火或正火的主要目的是消除齿轮锻造时产生的内应力，细化组织，改善切削加工性。调质的主要目的是保证齿轮心部有足够的强度和韧性，能够承受较大的弯曲应力和冲击载荷，并为表面淬火作好组织准备。高频感应加热表面淬火的目的是提高齿表面的硬度、耐磨性和疲劳强度。低温回火的目的是消除淬火应力，防止齿轮磨削加工时产生裂纹，并使齿面保持高硬度（50～54HRC）和高耐磨性。

第四单元 铸造

【学习指导】

本单元主要介绍铸造基础知识、砂型铸造、特种铸造等内容。学习重点和要求是：第一，了解铸造的特点、分类、应用及安全文明操作规程，以具体铸件为例分析其结构特点和铸造工艺特点，加深对铸造基础知识的认识和理解；第二，本单元内容的实践性强，学习时要利用现场教学、模型、挂图、实物、电子教学片等，对砂型铸造工艺过程，特种铸造的方法、工艺及设备，铸造新技术、新工艺等进行直观的对照学习；第三，对所学内容进行仔细分类、归纳和总结，以提高学习效果。

铸造是将液态金属浇入与零件形状、尺寸相适应的铸型型腔中，冷却凝固后得到毛坯或零件的一种成形工艺。铸造是制造毛坯或零件的主要成形方法之一，在机械装备制造中占有重要地位。

模块一 铸造基础知识

一、铸造的特点

铸造广泛用于生产机械设备，一般来说，铸造具有如下特点：

1）铸造既可生产形状简单的铸件，又可生产复杂形状的铸件。对于具有复杂内腔的零件来说，铸造是最佳的成形方法，如机械设备中的箱体、缸体、床身、机架等结构件都采用铸造成形。

2）铸造的适应性强，工业生产中经常使用的金属材料，如铸铁、铸钢、铜合金、铝合金、镁合金、锌合金等都可以进行铸造生产，其中应用最广的是铸铁。

3）铸造的生产成本相对低廉，设备比较简单。铸造生产所用的金属材料可以是金属废料，所使用的设备一般也不是高精密的设备，而且获得的铸件形状和尺寸与合格零件的形状和尺寸比较接近，甚至有些精密铸造技术生产的铸件可以直接获得零件，这样就可节省大量的机械加工工时及生产组织和半成品运输等费用，可大大降低铸件的生产成本。

4）砂型铸造生产的铸件的力学性能较差，质量不够稳定，铸件中会产生气孔、缩松、偏析、夹渣、组织粗大等缺陷，废品率较高，铸件的力学性能也比相同材料的锻件低。

5）砂型铸造生产过程中，工人的劳动强度较大，生产过程中产生的废气、粉尘、噪声等容易对环境造成污染，生产条件相对较差。随着铸造技术的发展，一些成熟的铸造新技术、新工艺和新设备会逐渐得到应用，使铸造生产的劳动条件进一步得到改善，环境污染也会逐渐得到控制。

二、铸造方法的分类

铸造方法很多，通常分为砂型铸造和特种铸造两大类。砂型铸造是在砂型中生产铸件的铸造方法，该方法是一种历史悠久的铸造方法，具有生产成本低、灵活性大、适应性广等优点。特种铸造是指与砂型铸造不同的其他铸造方法，它在铸造生产中占有重要地位，随着科技的发展，特种铸造正逐步得到广泛的应用。

用铸造方法得到的金属毛坯称为铸件（图 4-1）。铸件一般作为零件的毛坯，需要经过切削加工后才能成为零件。

a) 铸造铝合金铸件　　b) 铸造铜合金铸件　　c) 球墨铸铁铸件

图 4-1　铸件

三、铸造的应用

铸造在机械装备的生产中应用广泛。按铸件的质量计算，在一般机械设备中，铸件占 40% ~90%；在重型机械（如机床、内燃机、水泵等）中，铸件占 80% 以上；在农业机械中，铸件约占 40% ~70%。随着成熟的铸造新技术与新工艺的不断出现与发展，铸造的应用范围将不断扩大，铸件的质量和精度也会越来越高。

四、铸造安全文明操作规程

在见习铸造生产过程中，在车间内会涉及高温、粉尘及各种辅助设备，为了保证操作正确和人身安全，见习人员应熟悉以下铸造安全文明操作规程。

1）在铸造生产车间要穿好工作服，同时不能穿塑料底或胶底鞋，以免被钉子扎伤。

2）砂箱堆放要稳固，防止倒塌伤人。

3）场地要经常保持干净，砂箱、砂子堆放整齐，留出浇注道路及人行通道。

4）桥式起重机吊物时，下面不允许有人工作或行走。

5）吊物时要吊牢，吊持时要先试吊，平稳后再进行吊运。

6）造型时不准用嘴吹型砂和芯砂，造型用具不用时，不要堆放在通道上。

7）浇注时，必须穿戴好工作鞋、手套和眼镜，以防液态金属伤人。

8）浇注时，扒渣等工具不得生锈或沾有水分，浇包必须烘干；不操作的同学要与浇包保持一定的安全距离，以防铁液飞溅伤人。

9）浇注时要对准浇口，以免铁液飞溅烧人，并应按浇注技术要求进行操作。

10）剩余铁液不允许倒在湿地上。

11）取拿铸件时应注意观察铸件是否已经冷却，以免烫伤。

12）清理铸件（打浇冒口或飞翅）时，不要对准其他人，以免物件伤人。

13）未经许可不得乱动车间中的机器。

14）工作结束时，应及时清理场地，保持工作场地清洁有序。

模块二　砂型铸造

铸件的形状与尺寸主要由造型、造芯、合型、浇注等工序确定，铸件的化学成分则由金属熔炼过程确定。因此，造型、造芯、合型、金属熔炼、浇注是铸造生产中的重要工序。图 4-2 是齿轮毛坯的砂型铸造工艺流程简图。

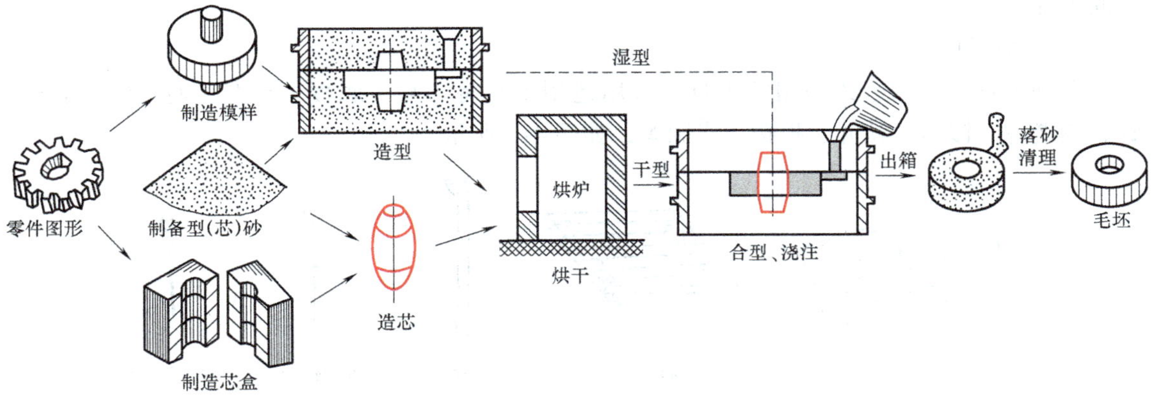

图 4-2　齿轮毛坯的砂型铸造工艺流程简图

一、造型

造型是指用型砂及模样等工艺装备制造砂型的方法和过程。铸型由型砂、金属或其他耐火材料制成，包括形成铸件形状的空腔、型芯和浇冒口系统的组合。当砂型由砂箱支承时，砂箱也是铸型的组成部分。砂型形成铸件的型腔，其形状和大小与铸件的形状和大小相适应，液态合金经过浇注系统充满型腔后，经冷却即可形成铸件。

（一）造型材料与造型工具

1. 造型材料

造型材料是制造铸型（芯）所用的材料，一般是指砂型铸造所用的材料。它主要包括水洗砂（型砂和芯砂）、粘结剂（粘土、膨润土、水玻璃、植物油、树脂等）、各种附加物（煤粉或木屑等）、旧砂和水。造型材料的好坏，对铸件的质量起着决定性的作用。为了获得合格的铸件，造型材料应具有一定的强度、可塑性、耐火性、透气性、退让性等。

强度是型砂（或芯砂）在造型后能够承受外力作用而不被破坏的能力。如果型砂（或芯砂）的强度不足，容易造成塌箱、冲砂和砂眼等缺陷。

可塑性是指为了在铸型中得到清晰的模样轮廓，型砂（或芯砂）所具有的塑造能力。砂本身是不具有良好的可塑性的，但在砂中加入粘结剂后，砂就具有了良好的可塑性。例如，砂中加入的粘土越多，型砂（或芯砂）的可塑性就越高。

耐火性是指型砂（或芯砂）在高温液体金属注入时，不软化、不易熔融烧结以致粘附在铸件表面上的性能。型砂（或芯砂）耐火性差，容易粘附型砂（或芯砂），导致清理困难和切削困难。

透气性是指型砂（或芯砂）由于砂粒之间存在空隙，能够通过气体的能力。型砂（或芯砂）的透气性差，容易造成部分气体残留在铸件中而产生气孔缺陷。

退让性是指铸件冷却收缩时，型砂（或芯砂）的体积可以被压缩的能力。型砂（或芯砂）的退让性差会阻碍铸件收缩，造成铸件产生内应力，甚至产生开裂等缺陷。为了提高型砂（或芯砂）的退让性，可在型砂（或芯砂）中加入木屑、草灰和煤粉等，使砂粒之间的间隙加大。

2. 造型工具

造型工具是指制造铸型用的工具。常用造型工具有砂箱、底板、砂舂、通气针、起模针、皮老虎、镘刀、秋叶、提钩、半圆等，如图 4-3 所示。

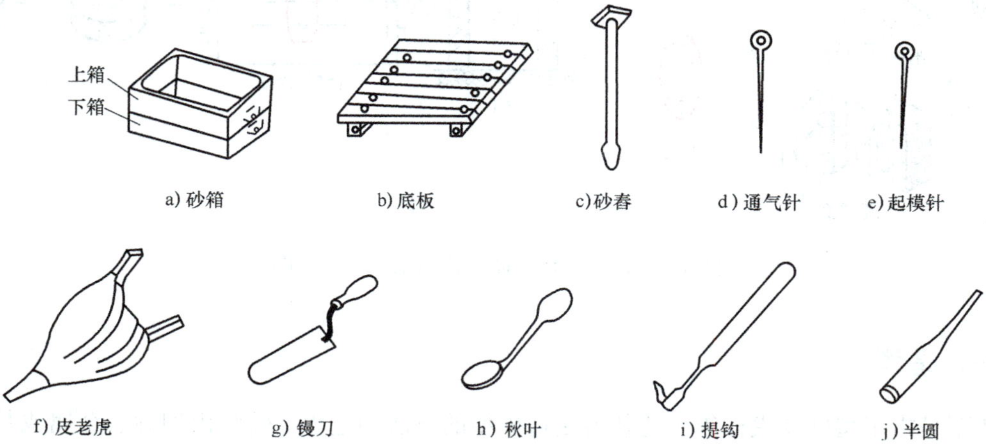

图 4-3　造型工具

（二）砂型的各组成部分

在造型过程中，将型砂舂紧在上砂箱和下砂箱中，连同砂箱一起，可分别形成上砂型和下砂型，如图 4-4 所示。型腔是模样从砂型中取出后形成的空腔，利用型腔在浇注后可形成铸件的外部轮廓。分型面是铸型组元间的接合面，即上砂型与下砂型的分界面。

型芯用于形成铸件的孔或内部轮廓。芯头是指模样上的突出部分，是在铸型内形成芯座并放置芯头的部分。芯头不形成铸件的轮廓，只是对型芯进行准确定位和支承，并使型芯落入型芯座内。型芯中设有通气孔，用于排出型芯在受热过程中产生的气体。

为了使模样容易从铸型中取出或使型芯自芯盒中脱出，在模样上需要设置起模斜度（图 4-5）。起模斜度是平行于起模方向，在模样或芯盒壁上设置的斜度。

型腔上方设有出气口，用于排出型腔中的气体。另外，利用通气针也可在砂型中扎多个通气孔，用于排出型腔中的气体。浇注位置是指浇注时铸型分型面所处的位置，金属液从浇口杯中浇入，经直浇道、横浇道、内浇道平稳地流入型腔中。

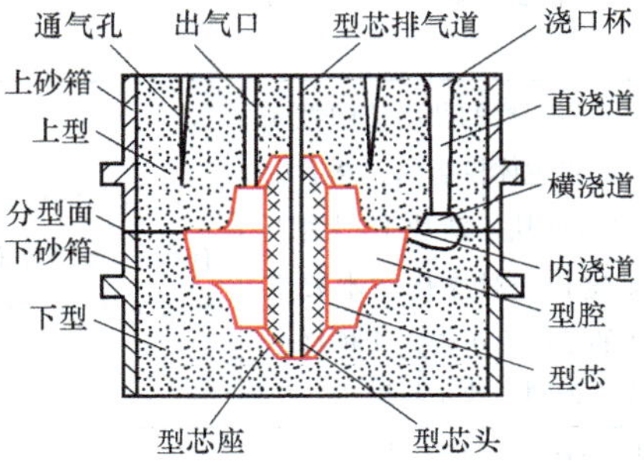

图 4-4　砂型组成示意图

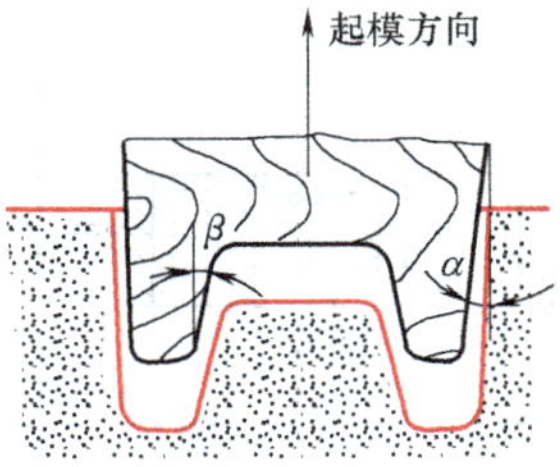

图 4-5　起模斜度

（三）造型方法

对于砂型铸造来说，造型方法通常分为手工造型和机器造型两大类。

1. 手工造型

手工造型是全部用手或手动工具完成的造型工序。常用手工造型方法的示意图、主要工艺特点和应用范围见表 4-1。手工造型具有操作灵活，适应性强，模样制作成本低、生产准备时间短等优点；但手工造型的效率低，劳动强度大，劳动环境差，主要用于单件小批量生产。造型过程中如何将木模顺利地从砂型中取出，而不损坏型腔的形状，是造型的关键。因此，围绕如何起模这一问题，就形成了各种具有不同工艺特点的造型方法。

表 4-1　常用手工造型方法的示意图、主要工艺特点和应用范围

造型方法	示　意　图	主要工艺特点	应 用 范 围
整箱造型	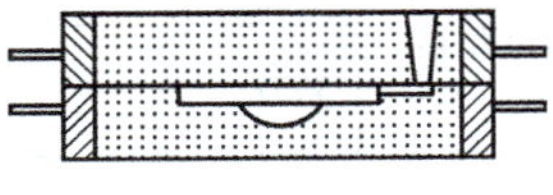	模样是整体的，铸件型腔在一个砂箱内，分型面一般是平面，造型过程简单，不易产生错型	适用于形状简单、横截面依次减小、不允许有错箱缺陷的铸件，如盘、盖类铸件
分模造型	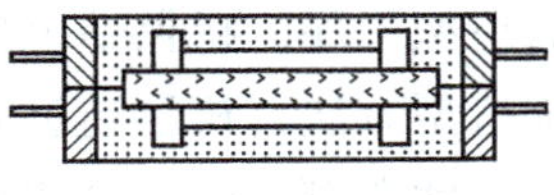	模样在最大截面处分开，成为两部分，分别在上砂箱和下砂箱中形成铸件型腔。分模造型操作简单，但模样制造稍为复杂，合型时可能产生错型	适用于制造形状比较复杂、最大截面在中间的铸件，以及带孔的铸件，如套筒、阀体、管件、箱体等铸件

（续）

造型方法	示 意 图	主要工艺特点	应 用 范 围
挖砂造型	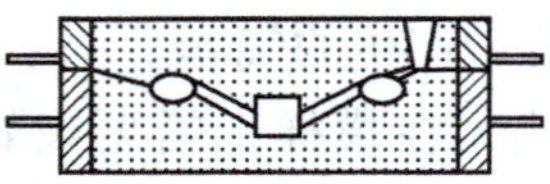	模样是整体的，但铸件的分型面是曲面。为了能起出模型，造型时需要通过手工操作挖去阻碍起模的型砂。挖砂造型费工时，生产率低，对操作技术要求较高	适用于单件或小批生产模样是整体模但分型面不是平面的铸件，如开闭阀门的手轮铸件
假箱造型	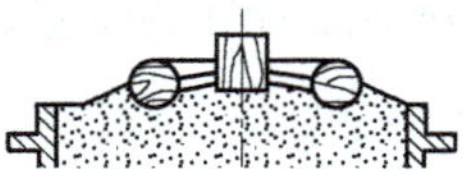	造型前先预制好一个底胎（假箱），然后在底胎上造下型，底胎不参与浇注。假箱造型的操作比挖砂造型简单，操作效率高，不需要挖砂操作，容易分开分型面	适用于小批或成批生产模样是整体模，且分型面不是平面的铸件，如开闭阀门的手轮铸件
活块造型	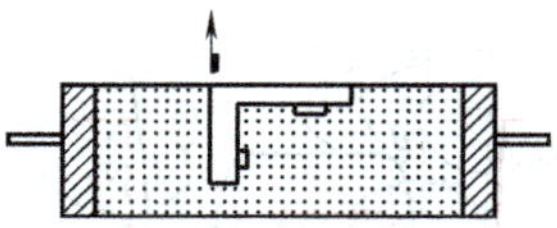	在模样上将妨碍起模的凸出结构做成活块，起模时先将主体模起出，然后用工具从侧面取出活块。活块造型费工时，活块不易定位，对操作技术要求高，而且活块的总厚度不得大于模样主体部分的厚度，否则活块不易取出	适用于单件或小批量生产带有小凸台等妨碍起模的铸件，如支架类铸件等
刮板造型	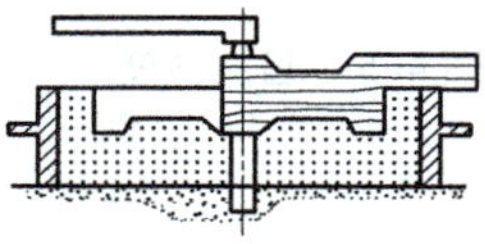	造型时采用与铸件截面形状相同的刮板逐渐刮制出砂型。刮板造型可降低模样制作成本，缩短生产准备时间；但是生产效率低，操作技术要求高，铸件精度低	适用于具有等截面的大、中型回转体铸件的单件或小批量生产，如带轮、飞轮、齿轮、弯管等
三箱造型	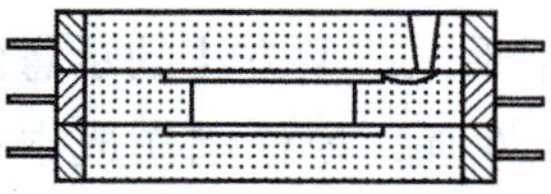	模样由上、中、下三部分组成，中箱的上、下两端面均为分型面，而且中箱高度与中箱中的模样高度相适应。三箱造型操作比较繁琐，生产效率低，需要合适的中砂箱，对操作技术要求高	适用于单件或小批量生产具有两个分型面的铸件
地坑造型	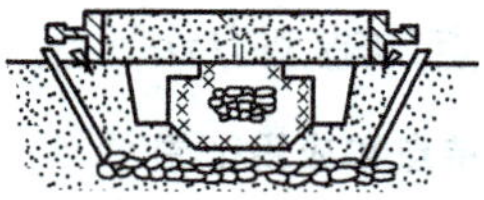	利用地坑作为下砂箱，上砂箱及造型方法与其他造型方法一样。地坑造型节约生产成本，但造型费工时，生产效率低，对操作技术要求高	适用于单件或小批量生产质量要求不高的铸件
组芯造型	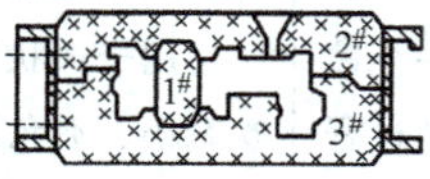	主要特点是采用砂芯组成铸型。组芯造型可实现机械化，提高铸件精度，但生产成本高	适用大批量生产形状复杂的铸件

2. 机器造型

机器造型是指用机器全部地完成或至少完成紧砂操作的造型工序。机器造型的实质是用机器代替手工紧砂和起模过程，它是现代化铸造车间的基本造型方法。机器造型具有生产率高，铸件尺寸精度高和表面质量好，改善了劳动条件等优点，此造型方法适合于成批或大量生产铸件。

机器造型常用的紧砂方法有震实、压实、震压、抛砂、射压等，其中，以震压和射压造型方式应用最广。机器造型常用的起模方法有顶箱、漏模和翻转三种方式。

二、造芯

造芯是指制造型芯的过程。型芯的主要作用是获得铸件的内腔，有时也可作为铸件难以起模部分的局部外形。由于型芯的表面被高温熔融金属所包围，受到的冲刷和烘烤最大，因此，要求型芯具有更高的强度、透气性、耐火性和退让性。型芯可以采用手工造芯，也可以采用机器造芯。单件或小批生产大、中型回转体型芯时，可采用刮板造芯。手工造芯时主要采用型芯盒造芯。根据芯盒结构不同，手工造芯方法可分为整体式芯盒造芯（图4-6）、可拆式芯盒造芯（图4-7）和对开式芯盒造芯（图4-8）三种。

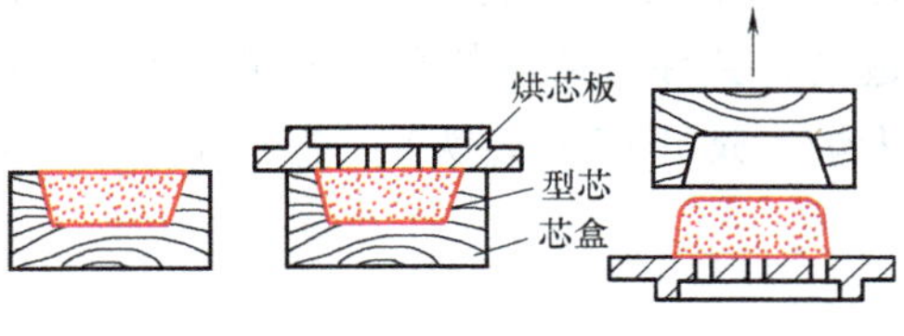

图4-6　整体式芯盒造芯

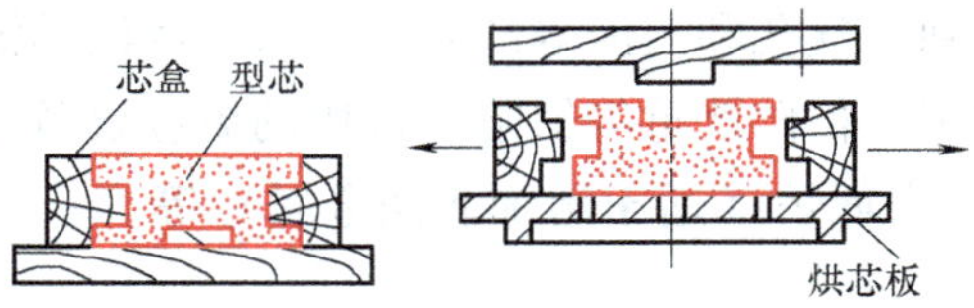

图4-7　可拆式芯盒造芯

三、浇注系统

浇注系统是指浇注时为了使熔融金属顺利平稳地填充型腔和冒口而在铸型中开设的一系列通道。浇注系统一般由浇口杯、直浇道、横浇道和内浇道组成，如图4-9所示。浇注系统按内浇道在铸件上的位置，可设计成顶注式浇注系统、中注式浇注系统、底注式浇注系统、阶梯式浇注系统等。

浇注系统的主要作用是保证熔融金属均匀、平稳地流入型腔，避免熔融金属冲坏型腔；防止熔渣、砂粒或其他杂质进入型腔；调节铸件的凝固顺序或补给铸件冷凝收缩时所需的液态金属。如果浇注系统设计不合理，则铸件容易产生冲砂、砂眼、夹渣、浇不到、气孔和缩孔等缺陷。

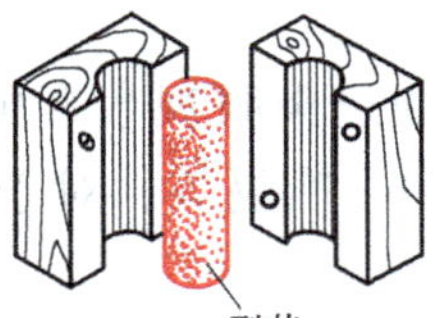

图4-8　对开式芯盒造芯

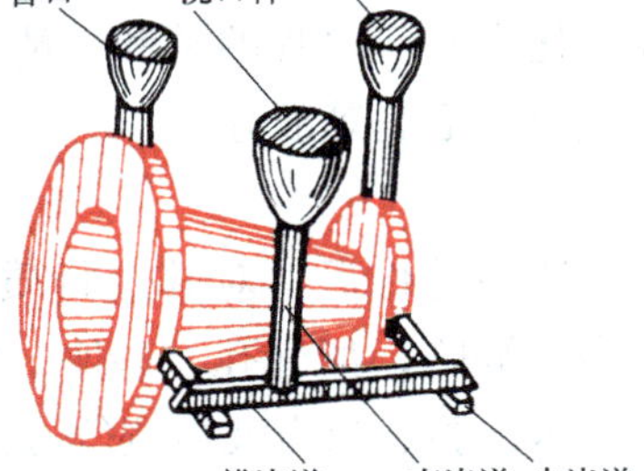

图4-9　浇注系统组成示意图

四、合型

合型是指将铸型的各个组元（如上砂型、下砂型、型芯、浇口杯等）组合成一个完整铸型的操作过程。合型后要保证铸型型腔的几何形状和尺寸准确，保证型芯稳固。型芯放好后，需要仔细检验型芯是否定位准确，只有在确定其准确无误后，方可扣上上砂箱和放置浇口杯。

五、金属熔炼

金属熔炼是铸造生产的重要环节，对铸件的质量有直接影响。如果金属液的化学成分不合格，则会降低铸件的力学性能和物理性能。如果金属液的温度过低，会使铸件产生冷隔、浇不到、气孔和夹渣等缺陷；如果金属液的温度过高，会导致铸件的总收缩量增加、吸收气体过多，粘砂严重等缺陷。常用的熔炼设备有冲天炉（适于熔炼铸铁）、电炉（适于熔炼铸钢）、坩埚炉（适于熔炼非铁金属）等。

六、浇注

浇注是将熔融金属从浇包注入铸型的操作过程。熔融金属应在合理的温度范围内按规定的速度注入铸型。如果浇注温度过高，则熔融金属会吸气多，金属液收缩大，铸件容易产生气孔、缩孔、裂纹及粘砂等缺陷；如果浇注温度过低，则熔融金属的流动性变差，铸件会产生浇不足、冷隔等缺陷。

七、落砂、清理和检验

1. 落砂

落砂是用手工或机械使铸件和型砂（芯砂）、砂箱分开的操作过程。浇注后，必须经过充分的冷却和凝固才能分型。如果落砂时间过早，则铸件内部将产生较大的应力，导致铸件变形或开裂。此外，还会使铸铁表面产生白口组织，从而使切削加工变得困难。

2. 清理

清理是指落砂后从铸件上清除表面粘砂、型砂（芯砂）、多余金属（包括浇注系统、冒口、飞翅和氧化皮）等过程的总和。清理的主要任务是去除铸件上的浇注系统、冒口、型芯、粘砂及飞边、毛刺等部分。

3. 检验

检验是指清理铸件后，对其进行质量检验的过程。可通过肉眼观察（或借助尖嘴锤）找出铸件的表面缺陷，如气孔、砂眼、粘砂、缩孔、浇不到、冷隔等；对于铸件内部的缺陷，可采用耐压试验、超声波检测等方法进行检验。

【拓展知识】

零件、模样和铸件三者之间是有差别的。零件是铸件经过加工后获得的最终合格产品；模样和铸件在形状和尺寸上接近，但它们在尺寸上不仅比零件多一定的加工余量，而且在形状上与零件有较大的差异，如铸件有铸造圆角、起模斜度、浇注系统等。

模块三　特种铸造简介

特种铸造是为了适应现代化生产而发展起来的一种高质量、高效率的铸造方法。特种铸造包括金属型铸造、熔模铸造、压力铸造、离心铸造和低压铸造等。在特定条件下，采用特种铸造能提高铸件的尺寸精度，降低铸件的表面粗糙度 *Ra* 值，可以实现铸件少切削或无切削加工要求；提高铸件的物理性能及力学性能；提高金属的利用率，减少原砂消耗量；改善劳动条件，减少环境污染，生产过程有利于实现机械化和自动化；部分特种铸造方法更适合于高熔点、低流动性、易氧化的合金铸件的生产。

一、金属型铸造

金属型铸造是在重力的作用下，将熔融金属浇入金属型获得铸件的方法。金属型铸造的特点是：第一，金属型可"一型多用"，反复使用几百次至几万次，从而可以节省造型材料和工时，提高生产率，改善劳动条件；第二，可提高铸件的尺寸精度，减少加工余量；第三，金属型导热快，铸件结晶组织细，力学性能高。但由于金属型的制作周期长，费用高，故金属型铸造不适合于单件、小批量生产。同时，由于铸型冷却快，铸件形状不宜太复杂，壁厚也不宜太薄，否则铸件容易产生浇不足、冷隔、裂纹等缺陷。

金属型铸造主要用于大批量生产非铁金属铸件，如内燃机活塞、气缸体、气缸盖、液压泵体、轴瓦、衬套等。图 4-10 所示是制造铝合金活塞的金属型。

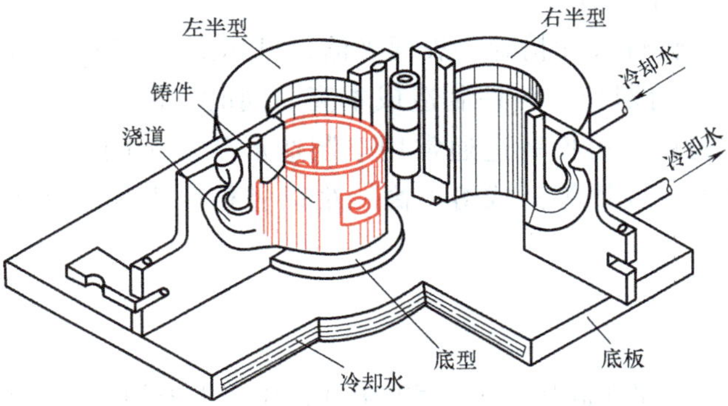

图 4-10　制造铝合金活塞的金属型

二、熔模铸造

熔模铸造是用易熔材料（如蜡料）制成模样，在模样上包覆若干层耐火涂料，制成型壳，熔出模样后经高温焙烧即可进行浇注的铸造方法。熔模铸造的铸型是一个整体，无分型面，它是通过熔化模样起模的，所以，它可以铸造出各种形状复杂的小型零件。

熔模铸造的生产工艺流程（图4-11）如下：

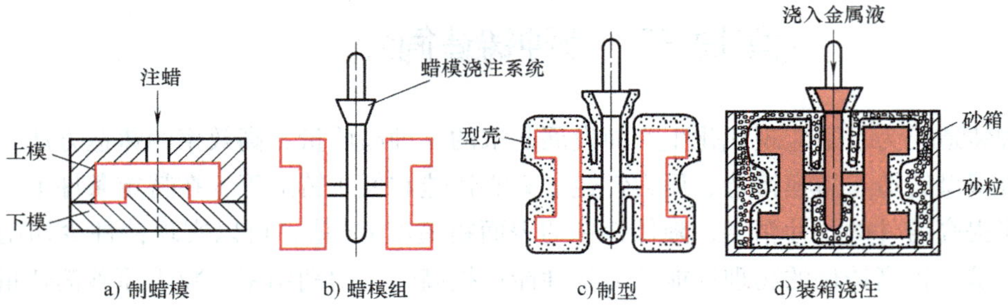

图4-11　熔模铸造的主要生产工艺流程

1）将配制好的蜡模材料（50%石蜡和50%硬脂酸）熔化，并将其浇入铸型中，获得单个蜡模。

2）将若干个蜡模粘合在蜡模浇注系统上，形成蜡模组。

3）将蜡模组浸入用水玻璃与石英粉配成的涂料中，取出后再撒上石英砂并在氯化铵溶液中硬化，重复数次直到结成5～10mm的型壳。

4）将结成型壳的蜡模组放入85℃左右的热水中，使蜡模熔化并流出型壳，形成铸型型腔。

5）为了提高铸型的强度及排除铸型型腔内的残蜡和水分，将铸型放入850～950℃的炉内焙烧。

6）将铸型装在砂箱内，在周围填砂加固。

7）浇注、冷却、出箱、清理。

熔模铸造的优点是铸件尺寸精确、表面光洁，可达到少切削或无切削加工。但熔模铸造工艺过程复杂，生产周期长，铸件制造成本高。同时，由于铸型型壳的强度不高，故不能制造尺寸较大的铸件。熔模铸造通常用于制造形状复杂的中、小型精密铸件（如汽轮机叶片、叶轮、活塞、壳体等）或熔点高、难以进行压力加工或难以进行切削加工的金属件。

三、压力铸造

压力铸造是将液态金属在高压（5～150MPa）、高速下充填入金属型腔，并使其在压力下凝固的铸造方法。压力铸造的特点是：第一，可得到形状复杂的薄壁铸件；第二，铸件尺寸精度高、表面质量好、铸件晶粒细、组织致密、强度较高、生产率高。但是，铸件易产生气孔与缩松，设备投资较大，而且压型的制造费用高。压力铸造主要应用于汽车、拖拉机、仪表、电信器材、医疗器械、纺织机械等领域，适用于大批量生产薄壁、复杂的非铁金属小型铸件，如气缸体、箱体、化油器等铸件。

压力铸造一般在压铸机上进行，图 4-12 所示是卧式压铸机工作原理图。

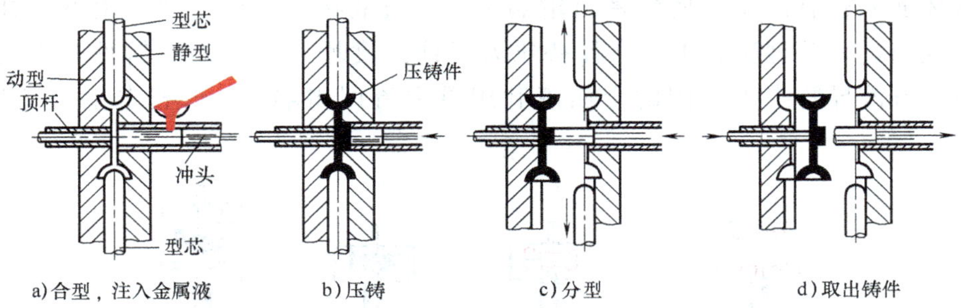

图 4-12　卧式压铸机工作原理图

四、离心铸造

离心铸造是使液态金属在离心力的作用下充型、凝固并获得铸件的铸造方法。离心铸造的铸型可以是金属型，也可以是砂型。铸型在离心铸造机上可根据需要绕垂直轴或水平轴旋转，如图 4-13 所示。

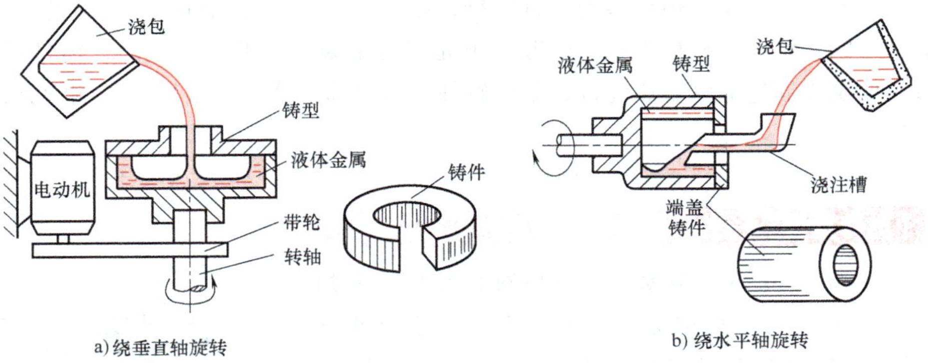

图 4-13　离心铸造原理图

离心铸造的特点是：第一，在离心力作用下，金属液中的气体、熔渣都集中于铸件的内表面，并使金属铸件呈定向结晶（由铸件的外表面向内表面结晶），因而铸件组织致密，力学性能较好，但其内表面质量较差，需要增加内表面的加工余量；第二，离心铸造可以省去芯型，可以不设浇注系统，因此，减少了金属液的消耗量；第三，可制造双金属铸件，如在钢套上镶铸铜合金薄层，制造滑动轴承。离心铸造主要用于生产空心旋转体铸件，如各种管件、缸套、滑动轴承轴套、圆环、活塞环等。

五、低压铸造

低压铸造是将金属液在较低压力下（一般是 0.02 ~ 0.08MPa）注入铸型，冷却凝固，以获得铸件的铸造方法。实际上，低压铸造是一种介于压力铸造和重力铸造之间的铸造方法。

低压铸造的工作原理如图 4-14 所示。由进气管道将具有一定压力的干燥压缩空气或惰性气体通入盛有液态金属的密封坩埚中，金属液在气体压力的作用下沿升液导管上升，经浇口进入铸型型腔中，在保持压力（或适度增压）状态下铸件完全凝固。撤除压力后，升液导管中未凝固的金属液利用重力流回坩埚中。经冷却后，开启铸型，取出铸件。

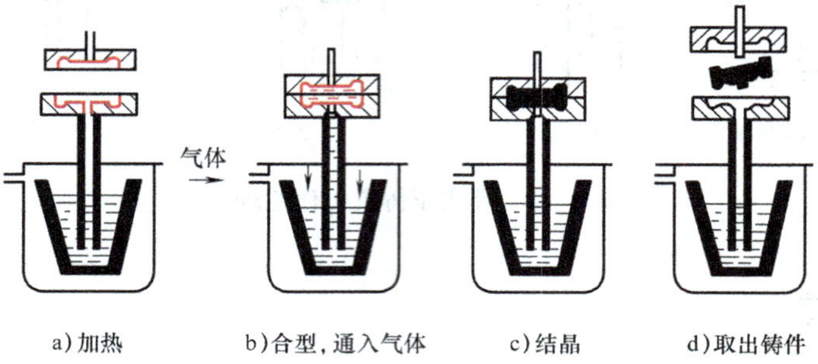

图 4-14　低压铸造的工作原理

低压铸造的特点是：第一，铸造设备简单，操作简便，容易实现机械化和自动化；第二，适用于金属型、砂型、熔模型等多种铸型；第三，省去了补缩冒口，金属的利用率高达 90% 以上；第四，浇注时充型平稳，能够避免充型时金属液的冲刷和飞溅，铸件质量较好。低压铸造主要用于制造非铁金属铸件，如气缸体、气缸盖、活塞、气缸套、铜螺旋桨、球墨铸铁曲轴等。

【史海拾遗——古代铸造技术分析】

出土于湖北宁乡的四羊方尊是一件商代时期的青铜酒器（图 4-15），其中间部分铸有四只羊身，空隙处有龙。四羊方尊均以精细的云雷纹作为底纹，纹饰精美，造型稳健、挺拔，风格雄奇，审美价值独特，是目前发现的商代最大的一件方尊。这件器物融线雕、浮雕、圆雕于一身，集动物造型和器皿形状于一体，是我国古代青铜器中的瑰宝和杰作。

在四羊方尊制作工艺的推断上，开始曾有人认为它是用先进的熔模铸造方法铸造的，后经进一步的考察，才断定出它是用分铸技术铸造的。即先将羊角和龙头单个铸好，然后将其分别配置在铸型内，再进行整体浇铸。

图 4-15　四羊方尊青铜器

模块四 铸造新技术与新工艺

目前，铸造技术正不断地革新传统的、落后的铸造工艺方法，使铸造技术和工艺向着精确化、自动化、清洁化和智能化的方向发展，并注重将多种新技术和新工艺相互融合，发展复合铸造技术，如挤压铸造、熔模真空吸铸、压铸柔性加工系统（FMS）和压铸柔性加工单元（FMC）等，不断拓展着已有的和成熟的铸造方法的应用范围。目前，成熟的铸造新技术和新工艺主要有真空密封铸造、悬浮铸造、半固态铸造和挤压铸造等，计算机技术在铸造生产中的应用也越来越广泛。

一、真空密封铸造

真空密封铸造简称真空铸造，又称 V 法铸造、减压铸造、负压铸造。该方法是利用真空使密封在砂箱和塑料薄膜中的无水、无粘结剂的干石英砂紧实在模样板上成形，从而形成浇注用的铸型。在保持真空的状态下，经过下芯、合箱、浇注、凝固和冷却，然后在失去真空的状态下使型砂自行溃散，最终生产出需要的铸件。

真空密封铸造的优点是：第一，与机器造型相比，其设备简单，初期投资及运行和维修费用低，模样和砂箱的使用寿命长，金属的利用率高；第二，铸件质量高，可铸出 3mm 厚的薄壁件。真空密封铸造的主要缺点是造型操作比较复杂，对于小铸件的生产，其生产率不易提高。

二、悬浮铸造

悬浮铸造是在浇注时向液态金属中添加金属粉末或合金液，使组元之间发生化学反应产生固相质点，成为凝固结晶时的核心，从而加快铸件凝固，细化铸件组织，提高铸件质量的一种铸造方法。由于所添加的粉末材料称为悬浮剂，故因此而得名。常添加的材料有铁粉、铸铁丸、铁合金粉、钢丸等。

悬浮铸造的优点是：第一，可显著地提高铸钢、铸铁的力学性能，减少金属的体收缩、缩孔和缩松，提高铸件的抗热裂性能；第二，减少铸锭和厚壁铸件中化学成分不均匀的现象，提高铸件和铸锭的凝固速度。悬浮铸造的缺点是对悬浮剂及浇注温度的控制要求较高。悬浮铸造不仅适用于金属铸件，而且适用于金属基复合材料铸件。

三、半固态铸造

半固态铸造是将既非全液态，又非全固态的固态－液态的金属混合浆料，经压铸机压铸，形成铸件的铸造方法。半固态铸造的优点是：第一，能够大大减少热量对压铸机的热冲击，延长压铸机的使用寿命；第二，可显著提高铸件的质量，降低能量消耗；第三，便于进行自动化生产。目前，该方法主要用于汽车轮毂的生产。

四、挤压铸造

挤压铸造是用铸型的一部分直接挤压金属液，使金属液在压力的作用下成形和凝固，从而获得铸件的铸造方法，又称为液态模锻。挤压铸造的工作原理如图 4-16 所示，在铸型（下型）中浇入一定量的液态金属，上型随即向下运动，使液态金属自下而上充型，从而完成铸造过程。挤压铸造所用的铸型大多是金属型。挤压铸型一般由两扇铸型组成，一扇铸型固定，另一扇铸型活动。

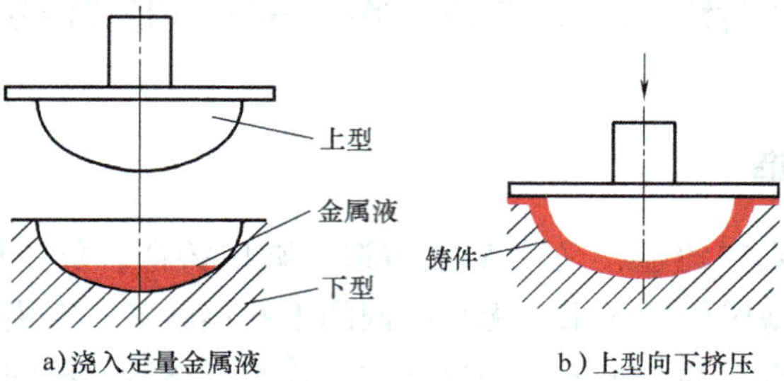

图 4-16　挤压铸造的工作原理

挤压铸造的优点是：第一，挤压的压力和速度较低，无金属液飞溅现象；第二，铸件成形时有局部塑性变形，铸件致密无气孔；第三，挤压铸件的表面质量和尺寸精度高；第四，无需开设浇冒口系统，金属利用率高；第五，工艺简单，机械化程度高，适应性强，多种金属可以采用挤压铸造。

目前，挤压铸造主要用于生产强度要求高、气密性好、薄壁类的铸件，如各种阀门体、活塞、机架、轮毂、耙片及铸铁锅等。

五、计算机技术在铸造生产中的应用

随着计算机技术的发展和广泛应用，将计算机应用于铸造生产中，已取得了越来越好的效果。利用计算机数值模拟技术可以对极为复杂的铸造过程进行定量描述和仿真，模拟出铸件充型、凝固及冷却中的各种物理过程，并可依此对铸件的设计结构和质量进行综合评价，达到简化和方便设计过程，提高设计速度，优化设计方案，降低设计成本的目的。此外，计算机在生产管理、检测、数据处理、铸造机械控制等方面正得到广泛的应用，也在逐步地改善着铸造的生产面貌。

第五单元 锻压

【学习指导】

本单元主要介绍锻压基础知识、自由锻造、模锻与胎模锻、板料冲压、锻压新技术与新工艺等内容。学习重点和要求是：第一，了解锻压基础知识，如变形实质、冷变形强化、回复、再结晶等；第二，了解自由锻造、模锻与胎模锻、板料冲压等的工艺特点及应用范围；第三，在学习过程中，要善于结合实例，从工艺特点与应用范围两方面对所学知识进行认识；第四，本单元内容的实践性强，学习时要利用模型、挂图、实物、电子教学片等资料进行对照学习，必要时可以到现场参观；第五，要善于对所学内容进行分类、归纳和总结，以提高学习效率。

模块一 锻压基础知识

锻压是利用金属材料塑性变形的特点对坯料施加外力，使坯料获得具有一定形状、尺寸和性能要求的零件、毛坯或原材料（如型材、棒材、板材、线材等）的加工方法。

一、锻压的特点

（1）改善金属的内部组织，提高金属的力学性能　因为经过锻压加工后，金属毛坯内部的晶粒可以变得细小，而且可以将原始铸造组织中的内部缺陷（如微裂纹、气孔、缩松等）压合，从而提高了金属的力学性能。

（2）节省金属材料　由于锻压加工提高了金属的强度等力学性能，因此，可相应地缩小零件的截面尺寸，减小零件的质量。如果采用精密锻压技术，还可使锻件的尺寸精度接近成品零件，从而实现锻件或冲压件的少切削或无切削加工。

（3）具有较高的生产率　除自由锻造外，其他几种锻压加工方法都具有较高的生产率，如齿轮模锻成形、轮箍辊锻成形、板料冲压成形等方法均比机械加工的生产率高几倍甚至几十倍。

（4）锻件在固态下成形，其外形和结构比较简单　与液态金属成形加工相比，锻件或冲压件都是在固态下成形的，其成形的难度相对较大，因此，锻件或冲压件的外形和结构相对铸件来说比较简单。

（5）应用范围广　锻压加工可以生产各种不同类型与不同质量的产品，从质量不足1g的冲压件，到重达数百吨的大型锻件等都可以采用锻压进行生产。

（6）锻压加工的不足　不能获得形状很复杂的制件，一般制件的尺寸精度、形状精度和表面质量还不够高。与铸造相比，其加工设备较昂贵，制件的加工成本也较高。另外，锻压加工过程中会对金属的内部组织和性能产生不利影响，需要在加工过程中进行退火或正火等，使其发生恢复与再结晶，以消除锻压加工过程中产生的不良影响。

二、锻压的分类

金属压力加工包括锻造、冲压、挤压、轧制、拉拔等加工工艺方法，其中的锻造和冲压属于机械制造行业，而挤压、轧制、拉拔等则属于冶金行业。但是，目前两个行业又相互交叉和渗透，并逐渐产生了许多新工艺，如轧制和锻造相结合产生了辊锻工艺。锻压是锻造和冲压的统称，其中的锻造包括自由锻造、模锻、胎模锻等加工方法，冲压包括剪切、冲裁、弯曲、成形、翻边和拉深等加工方法。

1. 锻造的分类

锻造是以金属的塑性变形为基础的，因此，塑性好的金属材料可以在冷态或热态下进行锻造加工，而脆性材料（如灰铸铁、铸造铜合金、铸造铝合金等）则不能进行锻造加工。

自由锻（或称自由锻造）是指只使用简单的通用性工具，或者在锻造设备的上、下砧铁之间直接对坯料施加外力，使坯料产生变形而获得所需几何形状及内部质量的锻件的加工方法。

模型锻造（简称模锻）是利用模具使毛坯变形而获得锻件的锻造方法。

胎模锻是在自由锻设备上，使用可移动模具生产模锻件的一种锻造方法。

2. 冲压的分类

板料冲压是使坯料经成形或分离而得到制件的工艺的统称。

挤压是使坯料在封闭模腔内受三向不均匀压应力的作用，从模具的孔口或缝隙挤出，使其横截面积减少，成为所需制品的加工方法。

轧制是使金属材料（或非金属材料）在旋转轧辊的压力作用下产生连续塑性变形，获得所要求的截面形状并改变其性能的方法。按轧辊轴线与轧制线和轧辊转向关系的不同，轧制可分为纵轧、斜轧和横轧三种。

拉拔是指坯料在牵引力的作用下通过模孔拉出，使其产生塑性变形而得到截面减小、长度增加的工件的工艺。

三、锻压的应用

锻压在机械装备、汽车、拖拉机、农业机械、电气、仪表、化工机械、电子产品、船舶、冶金及国防等工业中占有重要地位，广泛用于制造主轴、连杆、曲轴、齿轮、法兰盘、销、容器、硅钢片、枪械、弹壳等，如汽车上约70%的零件是采用锻压加工成形的。

四、锻压安全文明操作规程

在见习锻压过程中，在车间内会涉及高温及各种辅助设备，为了保证操作正确和人身安全，见习人员应熟悉以下锻压安全文明操作规程：

1）实习时要穿戴好工作服、鞋、帽等劳动保护用品，做好安全防护工作。

2）锻造前要仔细检查设备（如锤头、砧座等）和工具，查看其有无损坏、松动、裂纹、卡壳等现象。手工锻时要检查锤头是否松动，以防锤头飞出伤人。

3）锻锤开动后，应思想集中，按照掌钳工的指令准确地进行操作，严禁在操作过程中谈笑打闹。

4）钳口形状必须与坯料断面形状与尺寸相符，夹牢工件，并在下砧中央放平、放稳、放正，先轻打后重打。

5）手钳或其他工具的柄部应靠近身体的侧面，不能对着腹部，也不允许将手指放在钳柄之间，以免伤害腹部和手指。

6）踩空气锤、压力机等设备的踏杆时，脚跟不允许悬空，以便稳定地操作踏杆，保证操作安全。

7）锤头应做到“三不打”。即工模具或锻坯未放稳不打，过烧或低于终锻温度的锻坯不打，砧上没有锻坯不打。

8）不要直接用手去触摸未冷却的锻件和钳口。

9）锻造时，非操作人员不要在易飞出毛刺、料头、火星、铁渣的危险区内停留，砧座上的氧化皮必须用长柄扫把清除，严禁在工作台面上放置物品。

10）车间内的电器、设备及重要工具等未经指导老师允许，不得随意乱动。

11）开动设备前必须检查离合器及控制装置是否可靠，安全防护装置是否安全有效；多人共同操作一台设备时，须明确分工，协调配合，如果未明确好分工，则不得起动设备。

12）锤头工作时严禁将手及头部伸入锤头行程中；清理坯料、废料或成品时，须戴好手套，以免划伤手指。

13）严禁连冲；单冲时，严禁将脚一直放在离合器踏板上进行操作，应每冲一次，踩一下踏板，随即脚脱离踏板。

14）坯料、工具、锻件等要摆放整齐，操作结束后要及时清理场地，做到文明生产。

五、锻压加工原理简介

可锻性是金属在锻造过程中经受塑性变形而不开裂的能力。一般来说，金属的塑性好，变形抗力小，则金属的可锻性就好；反之，金属的塑性差，变形抗力大，则金属的可锻性就差。

1. 金属的塑性变形

金属在外力的作用下会产生塑性变形，而塑性变形会导致金属的组织和性能发生变化。因此，了解金属的塑性变形规律对于认识金属压力加工的原理具有重要的指导意义。

（1）金属单晶体的塑性变形　金属单晶体的变形方式主要有滑移和孪晶两种，在大多数情况下金属塑性变形的主要方式是滑移。如图 5-1 所示，在切应力的作用下，金属单晶体的一部分会相对于另一部分沿着一定晶面上的某一方向产生运动，这种现象称为滑动。产生滑动的晶面称为滑移面，产生滑移的方向称为滑移方向。一般来说，滑移面是原子排列密度最大的平面，滑移方向是原子排列密度最大的方向。

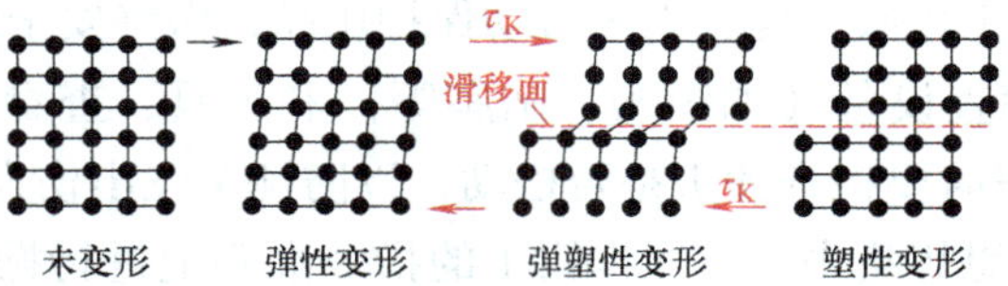

图 5-1　单晶体滑移变形过程示意图

从理论上分析，理想的金属单晶体产生滑移运动时需要很大的变形力，但实验测定的金属单晶体滑移时的临界变形力却只有理论计算数值的百分之一。这说明金属的滑移并不是晶体的一部分沿滑移面相对于另一部分作刚性的整体位移，而是通过晶体内部的位错运动实现的，如图 5-2 所示。

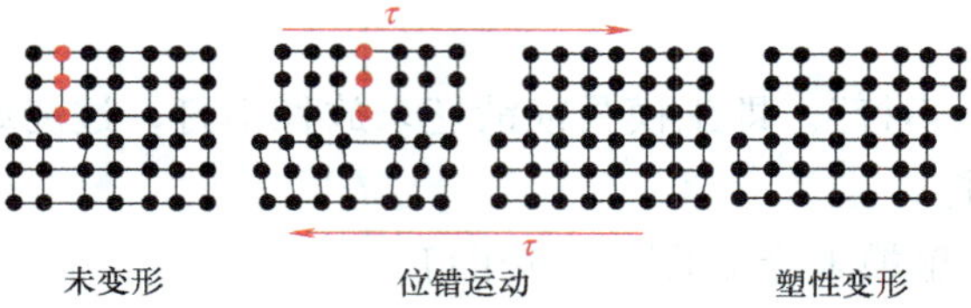

图 5-2　位错运动过程示意图

【拓展知识】

金属在滑移变形过程中，部分旧的位错逐渐消失，同时产生大量新的位错，但金属内部总的位错数量是增加的。金属内部大量位错运动的宏观表现就是金属的塑性变形过程。位错运动观点认为：金属内部的晶体缺陷会与位错相互纠缠并阻碍位错运动，从而导致金属产生强化，即产生冷变形强化现象。

（2）金属多晶体的塑性变形　实际的金属材料是由多晶体杂乱地组合而成的，因此，金属多晶体的塑性变形过程可以看成许多单晶体塑性变形的总和。另外，金属多晶体塑性变形过程还存在着晶粒与晶粒之间的滑移和转动，即晶间变形，如图 5-3 所示。但金属多晶体的塑性变形一般以晶内变形为主，晶间变形很小。由于金属多晶体内部存在晶界，而晶界处的原子排列紊乱，各个晶粒的位向也不同，因此，位错在晶界处的运动较难。所以，金属内部的晶粒越细，晶界面积越大，金属的变形抗力就越大，金属的强度也越高；另外，金属内部的晶粒越细，金属的塑性变形也就更容易分散在更多的晶粒内进行，应力集中较小，金属

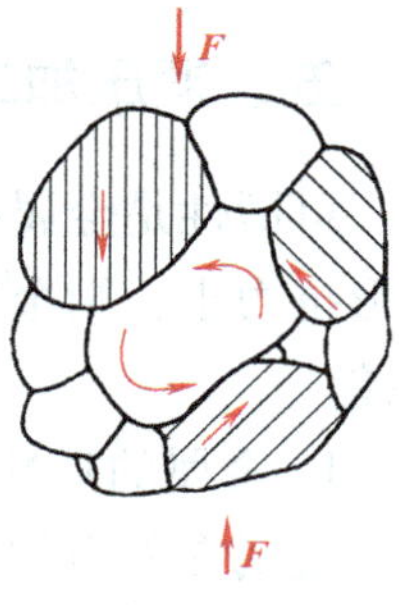

图 5-3　金属多晶体塑性变形示意图

的塑性变形能力也越好。因此，生产中都希望金属材料尽量获得细晶粒组织。

（3）金属的冷变形强化 随着金属冷变形程度的增加，金属的强度和硬度指标逐渐提高，而塑性和韧性指标逐渐下降的现象称为冷变形强化。金属经冷变形后，其晶格结构会产生严重畸变，形变金属内部的晶粒会被压扁或拉长，形成纤维组织（图 5-4）。此时金属内部的位错密度提高，变形抗力增大，变形难度加大，导致金属的可锻性恶化。图 5-5 所示是低碳钢塑性变形时力学性能的变化规律，从图中可以看出，低碳钢的强度与硬度会随着变形量的增大而提高，塑性与韧性则明显下降。

图 5-4 金属冷轧后形成的纤维组织

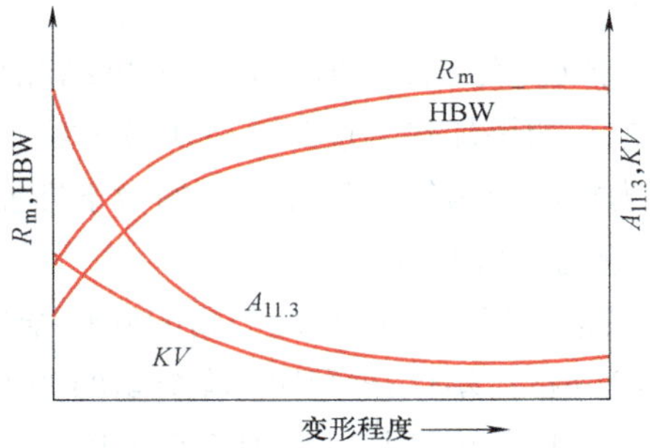

图 5-5 低碳钢塑性变形时力学性能的变化规律

2. 回复、再结晶和晶粒长大

冷变形金属是不稳定的组织状态，它具有自发地向稳定组织状态转变的趋势。但在室温下，由于多数金属原子的活动能力很差，这种转化趋势难以实现，因此，生产中常采用加热的方式促使这种转变趋势发生。对冷变形后的金属进行加热时，金属将相继发生回复、再结晶和晶粒长大三个变化，如图 5-6 所示。

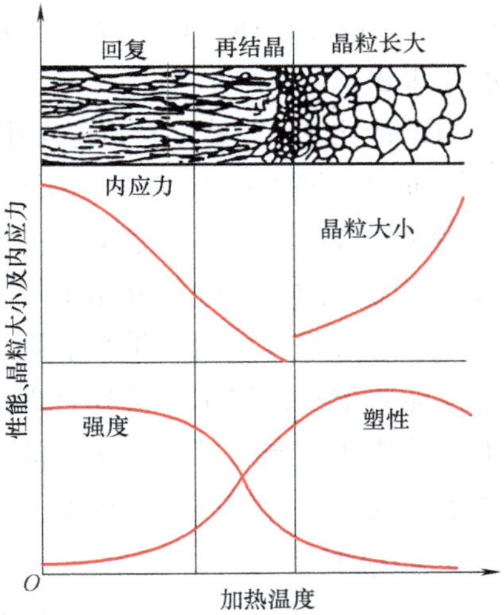

图 5-6 冷变形金属加热时组织与性能的变化规律

（1）回复 它是将冷变形后的金属加热至一定温度后，使原子回复到平衡位置，晶粒内的残留应力大大减少的现象。冷变形金属经过回复后，其强度和硬度基本保持不变，但塑性和韧性略有提高，残留内应力被部分消除。例如，采用冷拔弹簧钢丝绕制弹簧后常进行低温退火处理（或定形处理），这就是利用回复过程保持冷拔钢丝的高强度，同时消除冷卷弹簧时产生的内应力。

（2）再结晶 它是指当加热温度较高时，塑性变形后的金属中被拉长了的晶粒重新生核、结晶、变为等轴晶粒的过程。再结晶提高了金属的塑性与韧性，降低了金属的硬度和强度，恢复了变形金属的可锻性。再结晶是在一定的温度范围内进行的，开始产生再结晶现象的最低温度称为再结晶温度。纯金属的再结晶温度与其熔点的关系是

$$T_{再} \approx 0.4T_{熔}$$

式中　$T_{熔}$——纯金属的热力学温度熔点（K）。

再结晶退火是指将在常温下经过塑性变形的金属加热到再结晶温度以上，使其发生再结晶的处理过程。再结晶退火可以消除金属的冷变形强化现象，提高金属的塑性和韧性，从而提高其可锻性。例如，金属在冷轧、冷拉、冷冲压过程中，需在各工序中穿插再结晶退火对金属进行软化，以保证金属可以继续进行塑性变形。部分金属如铅（Pb）和锡（Sn）的再结晶温度低于室温，约为0℃，因此，它们在室温下不会产生冷变形强化现象，总是让人感觉很软。

（3）晶粒长大　冷变形金属经过再结晶后，一般都能得到细小、均匀和无变形的等轴晶粒。但是，如果加热温度过高或加热时间过长，则再结晶后形成的细小等轴晶粒会明显地长大，成为粗晶粒组织，导致金属的力学性能下降和可锻性恶化。

3. 锻造流线与锻造比

（1）锻造流线　锻造时，金属的脆性杂质会被打碎，并顺着金属的主要伸长方向呈碎粒状或链状分布；塑性杂质则随着金属的变形沿主要伸长方向呈带状分布，且在再结晶过程中不会消除。通常将金属在热锻后其杂质沿一定方向分布的组织称为锻造流线。设计和锻造机械零件时，要尽量使锻件的锻造流线与零件的轮廓相吻合。如图5-7所示曲轴中的锻造流线的分布状态是合理的。

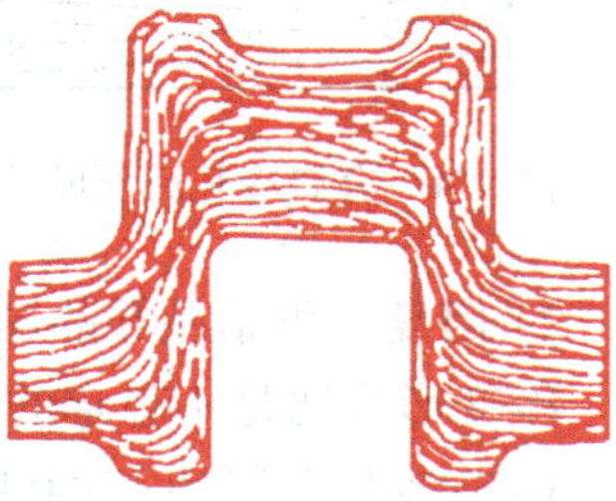

图5-7　锻造流线的合理分布

（2）锻造比　在锻造生产中，金属的变形程度常用锻造比Y来表示。锻造比通常以金属变形前后的截面积比、长度比或高度比来表示。

当锻造比$Y=2$时，原始铸态组织中的疏松、气孔被压合，组织被细化，锻件各个方向的力学性能均有显著的提高；当$Y=2\sim5$时，锻件中的锻造流线组织明显，锻件将产生显著的各向异性，即沿锻造流线方向的力学性能略有提高，但垂直于锻造流线方向的力学性能开始下降；当$Y>5$时，锻件沿锻造流线方向的力学性能不再提高，垂直于锻造流线方向的力学性能则急剧下降。例如，以钢锭为坯料进行锻造时，可按锻件的力学性能要求和锻造工序选择合理的锻造比。对于盘类零件，锻造比一般取$Y=2\sim2.5$；对于沿锻造流线方向有较高力学性能要求的锻件（如拉杆），锻造比一般取$Y=2.5\sim3$；对于垂直于流线方向有较高力学性能要求的锻件（如吊钩），锻造比一般取$Y=2\sim2.5$。

4. 坯料加热

（1）坯料加热的目的　加热的目的是提高金属的塑性和韧性，降低金属的变形抗力，以改善金属的可锻性和获得良好的锻后组织。金属加热后，使用较小的锻打力量就能使坯料产生较大的变形而不破裂。

（2）锻造温度范围　它是指始锻温度与终锻温度之间形成的温度间隔。始锻温度是开始锻造时坯料的温度，也是锻造允许的最高加热温度；终锻温度是坯料经过锻造成形，在停止锻造时锻件的瞬时温度。

始锻温度不宜过高，否则可能导致锻件过热（或过烧）；但始锻温度也不宜过低，因为过低会使锻造温度范围缩小，缩短锻造操作时间，增加锻造过程的复杂性。所以，确定始锻温度的原则是：在锻件不出现过热（或过烧）的前提下，应尽量提高始锻温度，以增加金属的塑性和韧性，降低金属的变形抗力，以利于锻造成形加工。

如果终锻温度过高，则停锻后晶粒会在高温下继续长大，造成锻件内部的晶粒粗大；如果终锻温度过低，则锻件的塑性和韧性较低，锻件变形困难，容易产生冷形变强化。所以，确定终锻温度的原则是：在保证锻造结束前锻件还具有足够的塑性和韧性，以及锻造后能获得再结晶组织的前提下，终锻温度应稍低一些。

常用金属材料的锻造温度范围见表 5-1。

表 5-1　常用金属材料的锻造温度范围

金属材料类型	始锻温度/℃	终锻温度/℃	金属材料类型	始锻温度/℃	终锻温度/℃
低碳钢	1200～1250	800	耐热钢	1100～1150	850
中碳钢	1150～1200	800～850	高速工具钢	1100～1150	900～950
碳素工具钢	1100	770	铜及铜合金	850～900	650～700
机械结构用合金钢	1150～1200	800～850	铝合金	450～500	350～380
合金工具钢	1050～1200	800～850	钛合金	950～970	800～850
不锈钢	1150～1180	825～850			

模块二　自由锻造

一、自由锻的特点和应用

自由锻造简称自由锻，是只用简单的通用工具，或者在锻造设备的上、下砧间直接使坯料变形而获得所需几何形状及内部质量锻件的方法。其具有工艺灵活，所用设备及工具的通用性强，加工成本低等特点；但自由锻的生产率较低，锻件精度低，劳动强度大。自由锻一般分为手工自由锻和机器自由锻两种，其中，手工自由锻一般用于生产小型锻件。自由锻采取逐步成形的方式对金属材料进行成形加工，所需变形力较小，是生产大型锻件（如冷轧辊、水轮机主轴等）的唯一方法，在重型机械生产中占有重要地位。自由锻多用于单件或小批量生产形状较简单、精度要求不高的锻件。采用自由锻方法生产的锻件，称为自由锻件（图 5-8），简称锻件。锻件的形状和尺寸是靠锻工翻动坯料及控制机器对坯料施加压力来保证的。

【温馨提示】

自由锻是历史最悠久的一种锻造方法。由于锻造时金属在变形过程中只有部分表面受工具限制，其余表面为自由变形，故称自由锻。

二、自由锻基本工序

自由锻的基本工序包括镦粗、拔长、冲孔、扩孔、切割、弯曲、锻接、错移、扭转等。

1. 镦粗

镦粗是使毛坯的高度减小，横截面积增大的锻造工序，如图5-9a所示。镦粗时，由于坯料两端面与上、下砧铁间会产生摩擦力，而阻碍了金属流动，因此，圆柱形坯料经镦粗后呈鼓形，这种形状可以在后续工序中进行修整。对坯料上某一部分进行的镦粗，称为局部镦粗。图5-9b所示是使用专用模具局部镦粗凸肩齿轮的示意图。镦粗工序主要用于制造高度小、截面大的盘类锻件，如齿轮、法兰盘、凸缘等，在锻制环、套筒等空心锻件时，镦粗可作为预备工序。

图5-8 偏心轴锻件

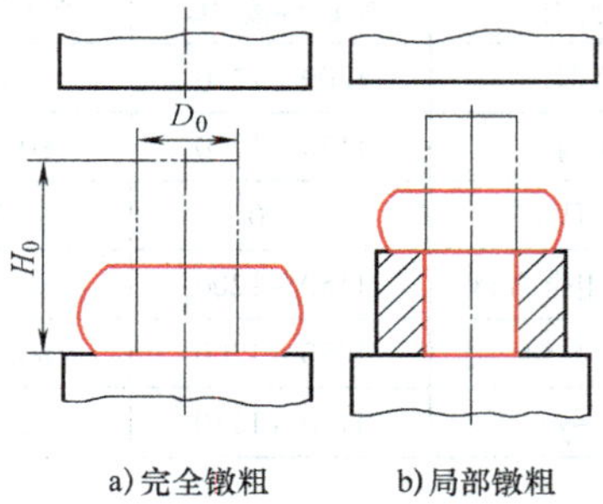

图5-9 镦粗

2. 拔长

拔长是使毛坯的横断面积减小，长度增加的锻造工序。拔长时可采用先顺着锻件轴线锻完一面翻转90°后，再依次锻另一面的方法，也可采用将锻件反复左右转动90°的方法对锻件进行锻打，如图5-10所示。拔长操作可以在平砧上进行，也可以在型砧上进行，如图5-11所示。拔长主要用于制造截面积小而长度大的杆类锻件，如光轴、阶梯轴、拉杆、连杆、曲轴等。

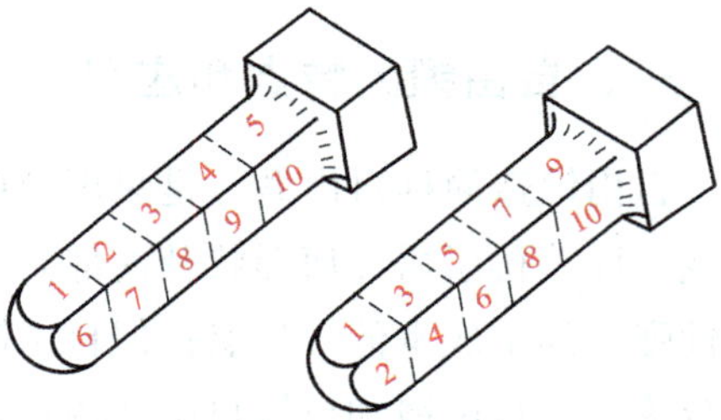

图5-10 拔长时翻转锻件的方法

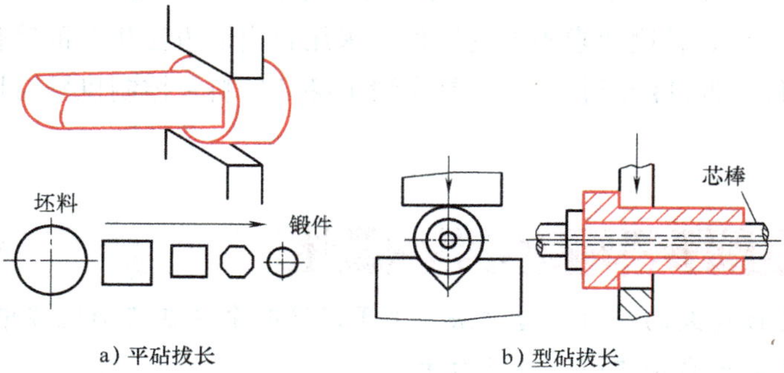

图5-11 拔长方法

3. 冲孔

冲孔是在坯料上冲出通孔或不通孔的锻造工序。冲孔包括双面冲孔和单面冲孔两种，如图 5-12 所示。较厚的锻件可采用双面冲孔，较薄的锻件则采用单面冲孔。冲孔的基本方法分为实心冲孔和空心冲孔两种。冲孔主要用于制造空心锻件，如齿轮、圆环、套筒等。

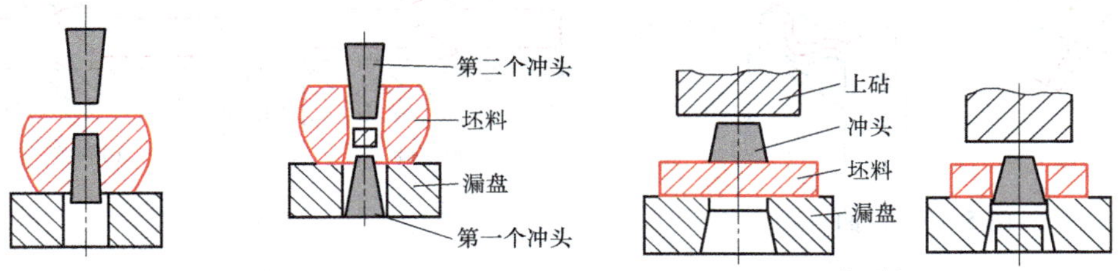

a) 双面冲孔　　b) 单面冲孔

图 5-12　冲孔

4. 扩孔

扩孔是减小空心毛坯的壁厚而增加其内、外径的锻造工序。扩孔的基本方法有冲头扩孔和马杠扩孔（也称心轴扩孔），如图 5-13 所示。

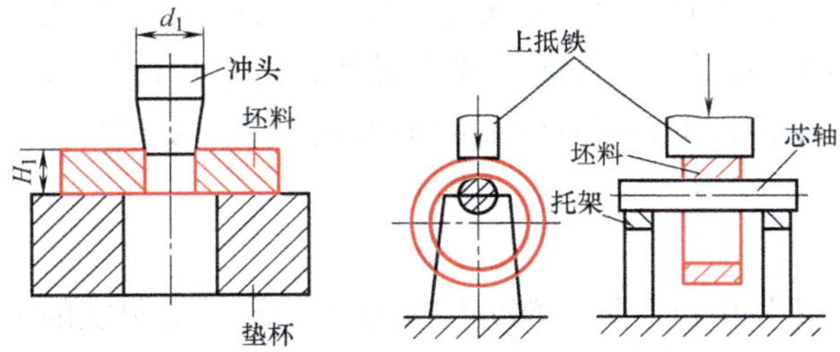

a) 冲头扩孔　　b) 心轴扩孔

图 5-13　扩孔

5. 切割

切割是将坯料切断或部分割开的锻造工序，如图 5-14 所示。切割常用于切除锻件的料头、分段、劈缝或切割成所需形状、下料、切除钢锭冒口等。

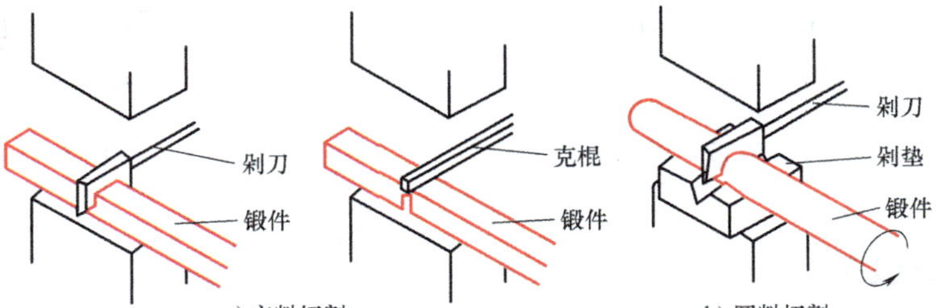

a) 方料切割　　b) 圆料切割

图 5-14　切割

6. 弯曲

弯曲是使用一定的工具将坯料弯成所需要形状的锻造工序，如图 5-15 所示。弯曲常用于制造各种弯曲形状的锻件，如吊钩、直角尺、U形叉、弯板、链环等。

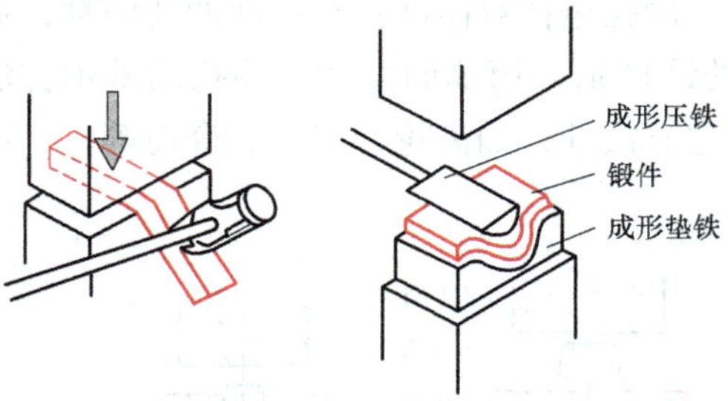

图5-15 弯曲

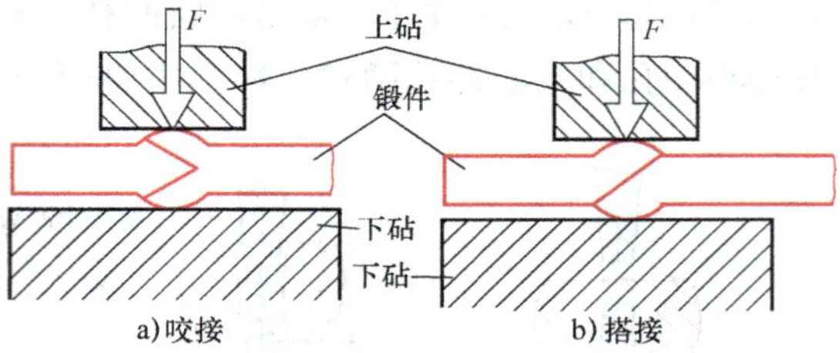

图5-16 锻接

7. 锻接

锻接是将几块坯料在炉内加热至高温后用锤快击，使其在固相状态结合的锻造工序。锻接的方法有搭接、对接、咬接、交错搭接等，如图5-16所示。锻件锻接后的接缝强度可达被连接材料强度的70%～80%。

8. 错移

错移是将坯料的一部分相对于另一部分平移错开一段距离，但仍保持这两部分的轴线平行的锻造工序。如图5-17所示，错移前，首先对坯料进行局部切割，然后在切口两侧分别施加大小相等、方向相反，且垂直于轴线的冲击力或压力，使坯料实现错移。错移主要用于制造曲轴类零件。

9. 扭转

扭转是使坯料的一部分相对于另一部分绕其轴线旋转一定角度的锻造工序。对于小型坯料，当扭转角度不大时，可采用锤击的方法，如图5-18所示。扭转主要用于制造曲轴、麻花钻、连杆和校正某些锻件。

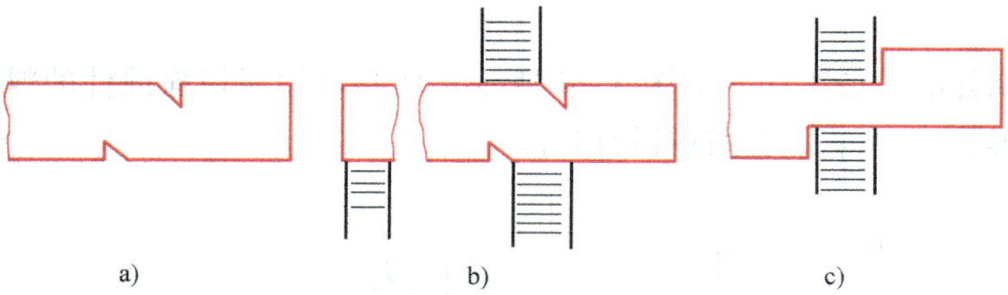

图5-17 错移

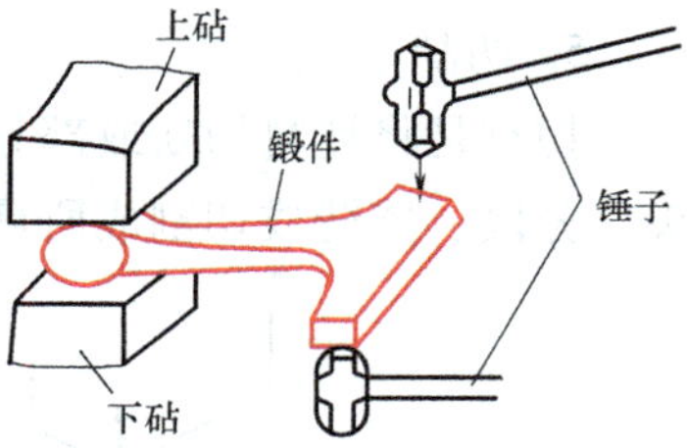

图5-18 锤击扭转

三、自由锻设备

自由锻所使用的设备包括锻锤类和液压类两种。其中，锻锤类设备产生冲击力，而液压类设备产生静压力使金属坯料变形。目前，自由锻设备主要有空气锤（图5-19）、蒸汽－空气锤（图5-20）和水压机（图5-21）等，选择自由锻设备时，需要根据锻件的质量和尺寸进行选择。一般当锻件质量小于100kg时，可选择空气锤；锻件质量为100～1000kg时，可选择蒸汽－空气锤；锻件质量大于1000kg时，可选择水压机。

图5-19　空气锤

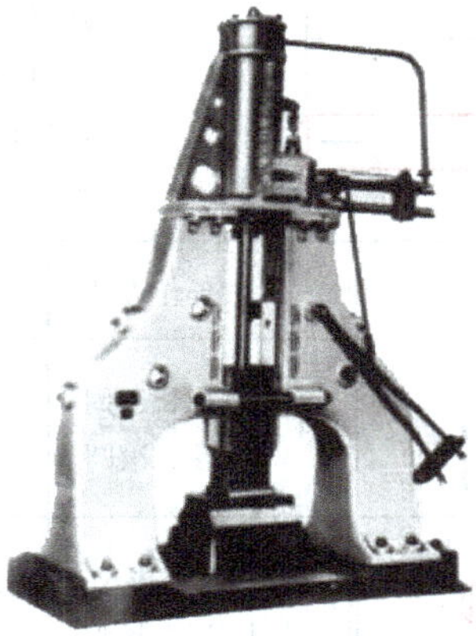

图5-20　蒸汽－空气锤

图5-21　水压机

四、锻件的冷却、检验与热处理

锻件的冷却是保证锻件质量的重要环节，冷却方式不合理，会导致锻件产生内应力、变形，甚至裂纹。冷却速度过快还会使锻件表面产生硬皮，难以进行后续的切削加工。锻件常用的冷却方式有空冷、堆冷、坑冷、灰砂冷和炉冷。根据锻件的材质、尺寸、形状复杂程度等，可以确定相应的冷却方法。一般低碳钢或中碳钢的小型锻件锻后常单个或成堆地堆放在地上空冷；低合金钢的锻件及截面宽大的锻件则需要放入坑中或埋在砂、石灰或炉渣等中缓慢冷却；高合金钢的锻件及大型锻件的冷却速度要缓慢，通常采用随炉缓冷。形状简单的锻件锻后可直接进行空冷；形状复杂的锻件锻后则应缓慢冷却，以减小热应力与变形。

锻件冷却后应仔细进行质量检验，合格的锻件应进行去应力退火、正火或球化退火，为后续热处理工艺及切削加工作好组织准备；变形较大的锻件应矫正；技术条件允许焊补的锻件有缺陷时应进行焊补。

【拓展知识——锻造工序分析】

选择锻造工序的主要依据是锻件的结构形状。例如，圆盘、齿轮等盘类锻件的主要锻造工序是镦粗；传动轴等杆类锻件的主要工序是拔长；圆环、套筒等空心类锻件的主要工序是冲孔及拔长；吊钩等弯曲件的主要工序是弯曲；曲轴类锻件的主要工序是拔长及错移；形状比较复杂的锻件一般需要采用多种工序分步进行，才能锻制成形。表5-2是台阶轴的自由锻工艺流程。

表 5-2 台阶轴的自由锻工艺流程

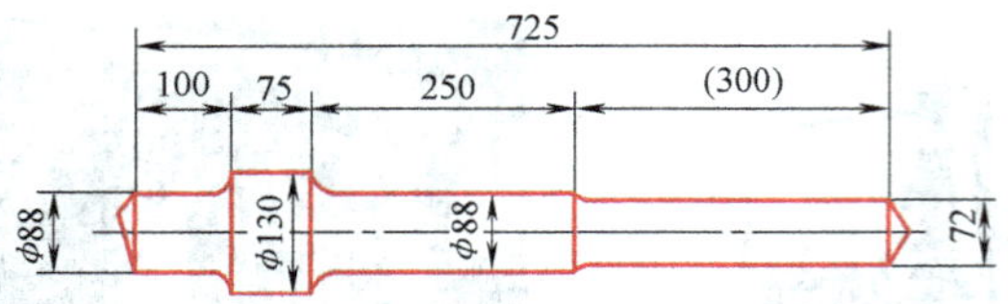

锻件名称：轴
坯料质量：40kg
坯料规格：ϕ140mm × 340mm
锻件材料：45 钢
锻造设备：750kg 空气锤

序号	操作方法	简　　图	序号	操作方法	简　　图
1	压肩	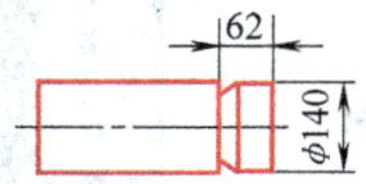	4	拔长，倒棱，滚圆	
2	拔长一端，切去料头	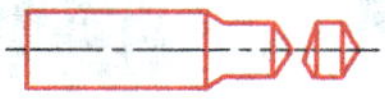	5	端部拔长，切去料头	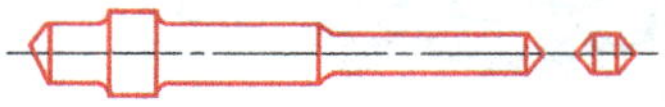
3	掉头压肩	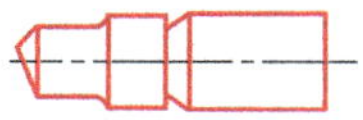	6	全部滚圆并校直	

模块三 模锻与胎模锻

一、模锻

1. 模锻的特点

模锻是在锻造设备上利用锻模将金属坯料锻造成形的。模锻与自由锻相比有如下特点：

1）模锻的生产率高，有时可比自由锻高几十倍。

2）模锻件的尺寸比较精确，切削加工余量少，可节省金属材料，减少切削加工工时。

3）模锻能锻制形状比较复杂的锻件。

4）模锻操作简单，劳动强度低，对操作人员的技术要求不高。

在模锻过程中，由于坯料在锻模内是整体锻打成形的，所需的变形力较大，同时模锻生产受到设备吨位的限制，因此，一般模锻件的质量不超过 150kg，而且锻模的制造成本较高。模锻主要用于大批量生产形状比较复杂，精度要求较高的中小型锻件。

2. 模锻工艺过程

按所使用的设备区分，模锻可分为锤上模锻、曲柄压力机上模锻、摩擦压力机上模锻、平锻机上模锻等。锻模由上锻模和下锻模两部分组成，分别安装在锤头和模垫上，锻模上有与锻件形状一致的模膛。工作时，上锻模随锤头一起上下运动，上锻模向下扣合时，对模膛中的坯料进行冲击，使之充满整个模膛，从而得到所需的锻件，如图 5-22 所示。用模锻方法生产的锻件称为模锻件，如图 5-23 所示。

根据模膛的功用不同，模膛可分为模锻模膛和制坯模膛两大类。其中，模锻模膛又分为预锻模膛和终锻模膛。预锻模膛的作用是使坯料变形到接近于锻件的形状和尺寸，这样在进行终锻时，金属坯料容易充满终锻模膛，减少模膛损耗，延长锻模的使用寿命；终锻模膛的作用是使坯料最后成形到锻件所要求的形状和尺寸，其形状与锻件的形状相同，只是大了一个收缩量而已。

制坯模膛的作用是使原始坯料在进入模锻模膛前，先放在制坯模膛内制坯，按锻件的最终形状作一初步的变形，使金属坯料能合理地分布和很好地充满模膛。制坯模膛有拔长模膛、滚压模膛、弯曲模膛和切断模膛等。

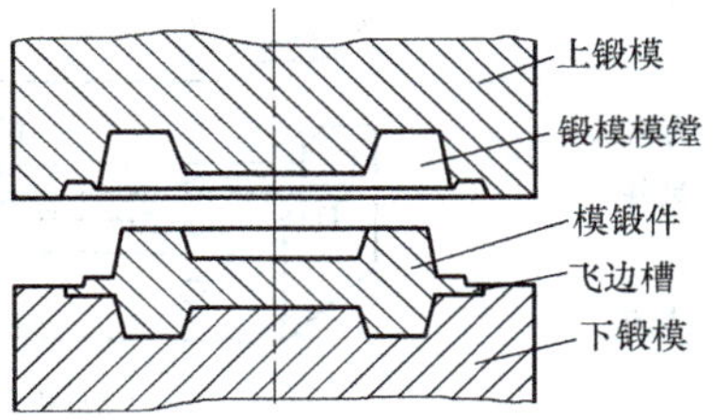

图 5-22　锻模

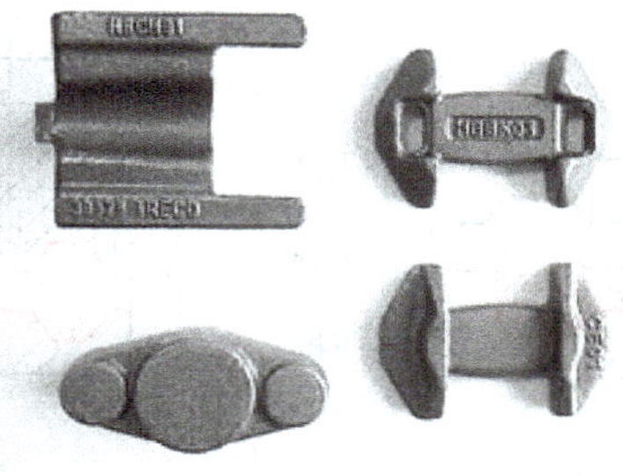

图 5-23　模锻件

生产中，根据锻件形状的复杂程度，可将锻模制成单膛锻模和多膛锻模。单膛锻模是在一副锻模中只有终锻模膛一个模膛；多膛锻模是在一副锻模中具有两个以上的模膛。

【实践经验】

模锻工艺过程由一系列工步组成。例如，长轴类模锻件（如台阶轴、连杆等）一般要经过拔长、滚压、预锻和终锻等工步；盘类模锻件（如齿轮、法兰盘等）一般要经过镦粗、预锻和终锻等工步。

二、胎模锻

1. 胎模锻的特点

胎模锻是在自由锻设备上利用可移动胎模生产锻件的锻造方法。胎模锻与自由锻和模锻相比有以下特点：

1）扩大了自由锻设备的应用范围，使生产成本降低。

2）锻件表面质量、形状和尺寸精度都高于自由锻。

3）金属坯料在胎模内成形，比自由锻的锻件余块少，加工余量小，节约金属材料和切削加工工时。

4）胎模结构简单，容易制造，而且造价低，但胎模寿命短。

5）工人劳动强度大，生产率较模锻低。

6）胎模锻与模锻相比，不需要吨位较大的设备，其工艺灵活，操作简单，可以局部成形或分段成形。胎模锻一般广泛应用于无模锻设备的中小型企业，主要用于生产中、小批量的小型锻件。

2. 胎模锻工艺过程

胎模锻是介于自由锻和模锻之间的一种锻造方法。胎模锻一般用自由锻方法制坯，使坯料初步成形，然后在胎模中终锻成形。胎模是一种只有一个模膛且不固定在锻造设备上的锻模，只是在使用时才放上去。胎模的种类较多，常用的胎模有扣模、套筒模、摔子、弯曲模、合模和冲切模等。图 5-24 所示是扣模、套筒模和合模。

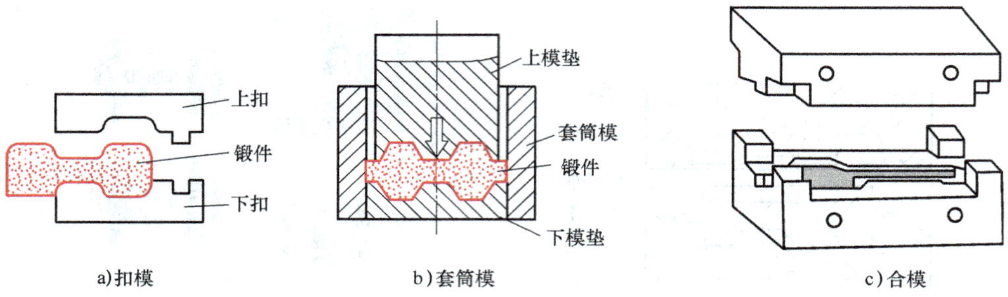

图 5-24　胎模

【实践经验】

胎模锻的工艺流程是：制造胎模→备料→加热→锻制→后续工序。图 5-25 所示是法兰盘毛坯胎模锻过程示意图。所用胎模是套筒模、模垫和冲头。第一步，准备胎模、备料，如图 5-25a 所示；第二步，下料和加热毛坯，如图 5-25b 所示；第三步，用自由锻方法镦粗毛坯，如图 5-25c 所示；第四步，将模垫和套筒模放在下抵铁上，将镦粗的毛坯平放在套筒模中，压上冲头后终锻成形，如图 5-25d 所示；第五步，冲除连皮，获得法兰盘锻件，如图 5-25e 所示。

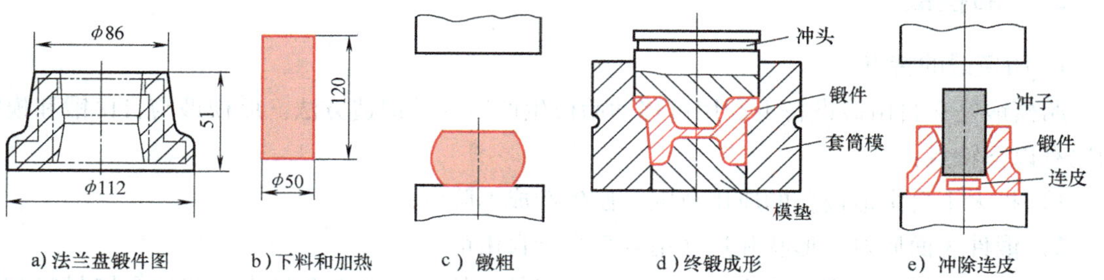

图 5-25　法兰盘毛坯胎模锻过程示意图

模块四 板料冲压

板料冲压是利用装在压力机上的冲模使板料产生分离或变形，以获得所需冲压件的成形加工方法。进行板料冲压的材料必须具有良好的塑性，较低的屈强比和时效敏感性，常用的板料冲压材料有低碳钢、塑性好的合金钢，以及铜、铝、镁等非铁金属，板料的厚度一般不超过10mm。

一、板料冲压的分类

板料冲压按冲压时板料的温度高低分类，可分为冷冲压和热冲压两种。

冷冲压通常在室温下进行，一般适用于厚度小于4mm的板料。冷冲压的优点是：板料不需加热，无氧化皮产生，冲压件表面质量好，操作方便，加工成本较低；其缺点是：冲压件有形变强化现象，严重时容易使金属板料失去继续变形的能力，对板料厚度的均匀性、表面质量等要求较高。

热冲压需要将板料加热到一定的温度范围内进行冲压，一般适用于厚度大于8~10mm的板料。热冲压的优点是：可消除板料和冲压件的内应力，减小形变强化现象，提高板料和冲压件的塑性和韧性，降低变形抗力，减少设备动力消耗；其缺点是：板料和冲压件会产生氧化皮，冲压件表面质量不如冷冲压件好，操作过程不如冷冲压简单，加工成本较高。

二、板料冲压的特点

1）板料冲压可冲制出复杂的零件，材料的利用率高，废料少。

2）冲压件的形状和尺寸精度高，表面质量好，一般不需要进一步加工，零件的互换性强。

3）能够获得质量小、强度高、刚性好的零件。

4）操作简便，易于实现机械化和自动化，生产效率高。

三、板料冲压的应用

板料冲压不仅能生产小冲压件，如仪器仪表用零件，又能生产较大的冲压件，如汽车大梁、压力容器、支架等。板料冲压广泛应用于金属制品加工行业，尤其是在机电、汽车、航空、电器、仪表、军工、五金日用品（图5-26）等工业中应用广泛。但是由于冲模制造复杂、质量要求高、制作成本高，所以板料冲压适用于大批量生产。

图5-26 冲压件

四、板料冲压设备

板料冲压设备主要有剪板机（图5-27）和压力

机（图 5-28）。剪板机的用途是把板料剪成一定形状和尺寸的条料，供冲压工序使用。压力机是板料冲压加工的基本设备，分为开式压力机和闭式压力机两种。

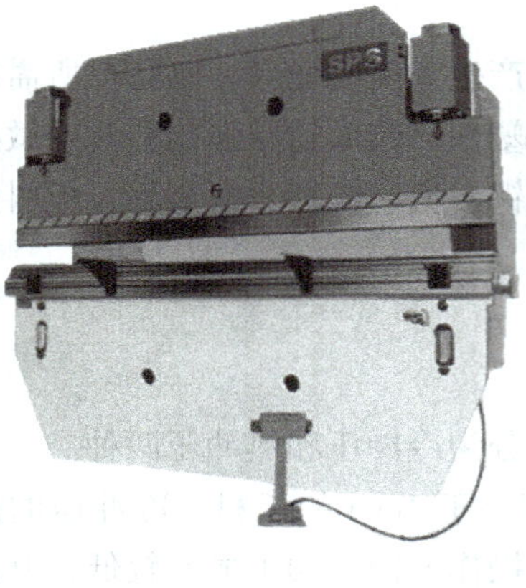

图 5-27　剪板机

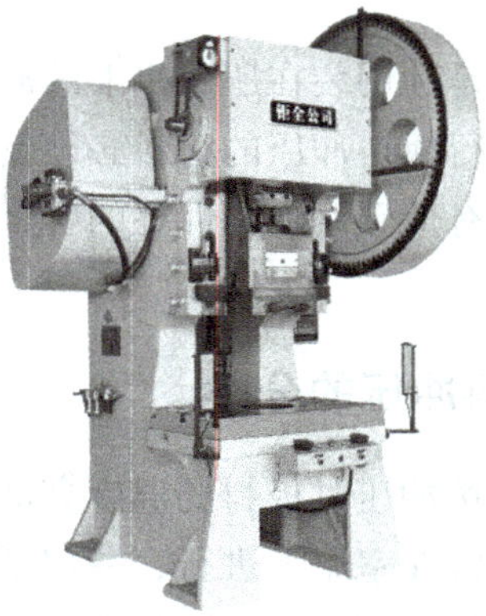

图 5-28　压力机

五、板料冲压模具

冲模是板料分离或变形的主要工艺装备。按冲压工序组合程度的不同，冲模分为简单冲模、连续冲模（图 5-29）和复合冲模三种。

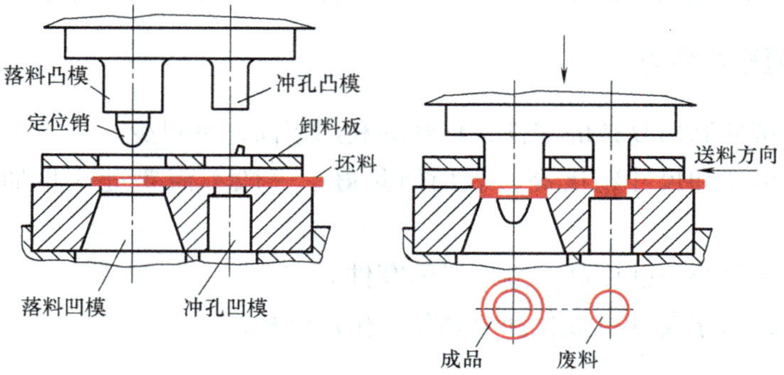

图 5-29　连续冲模

简单冲模是在压力机的一次行程中只完成一道工序的模具。简单冲模的结构简单，容易制造，便于维护，但生产率较低，适用于小批量生产和试制生产。

连续冲模是把两个或两个以上的简单冲模安装在一个模板上，在压力机的一次行程内，在模具不同部位上同时完成两个以上冲压工序的模具。连续冲模的生产率高，操作方便、安全，容易实现机械化和自动化，适用于小型冲压件的大批量生产。

复合冲模是在压力机的一次行程中，在模具的同一工作位置上完成数道工序的模具。复合冲模适合生产批量大、精度高的冲压件。

六、板料冲压的基本工序和设备

板料冲压的基本工序包括分离工序和变形工序。

1. 分离工序

分离工序是使金属坯料的一部分与另一部分相互分离的工序，如剪切、冲裁（落料、冲孔）、整修等。

（1）剪切　剪切是用剪刃或冲模将板料沿不封闭轮廓进行分离的过程。剪切通常在剪板机上进行。

（2）冲裁　冲裁是利用冲模使板料以封闭轮廓与坯料分离的冲压方法。落料是利用冲裁工序获得一定外形的制件或坯料的冲压方法，被冲下的部分是成品，剩余的坯料是废料，如图 5-30a 所示。冲孔和落料都属于冲裁工序，但它们的用途不同。冲孔是在坯料内形成封闭轮廓，得到带孔制件的一种冲压方法，被冲下的部分是废料，而形成的带孔的坯料是成品，如图 5-30b 所示。

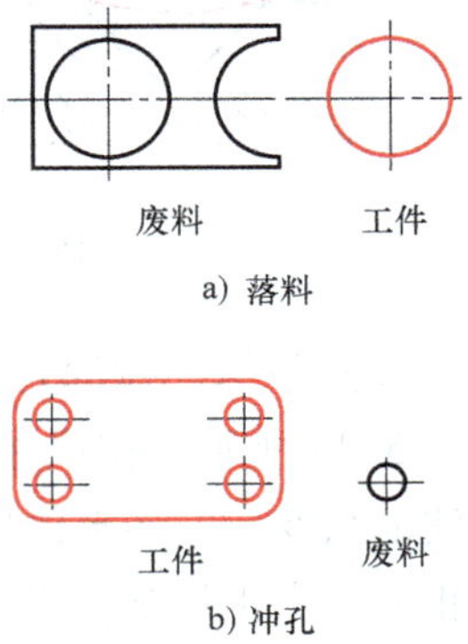

图 5-30　落料与冲孔

金属板料在冲裁过程中，凸模与凹模之间有一定的间隙 Z，当凸模压下时，金属板料要经历弹性变形、塑性变形和分离三个阶段的变化，如图 5-31 所示。当凸模（冲头）接触金属板料向下运动时，金属板料先产生弹性变形；当金属板料受到的拉应力值达到其屈服强度时，金属板料就会产生塑性变形。当变形达到一定程度时，位于凸凹模刃口处的金属板料由于应力集中使拉应力超过金属板料的抗拉强度，于是金属板料开始产生微裂纹；当上、下裂纹汇合时，金属板料随即被冲断，实现分离。

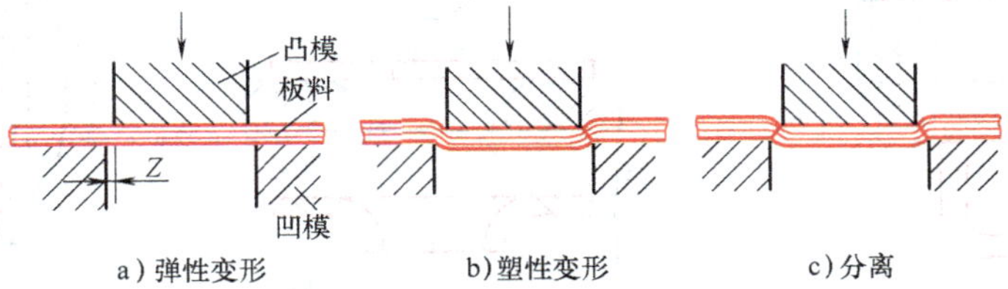

图 5-31　金属板料冲裁过程

（3）整修　整修是利用整修模沿冲裁件的外缘或内孔刮去一层薄薄的切屑，以提高冲裁件的加工精度，降低剪断面表面粗糙度值的冲压方法。

2. 变形工序

变形工序是使坯料的一部分相对于另一部分发生塑性变形而未破裂的工序。变形工序主要有弯曲、拉深、翻边、成形等。

（1）弯曲　弯曲是使坯料的一部分相对于另一部分弯成一定角度的变形工序，如图 5-32所示。弯曲结束后，坯料产生的变形由塑性变形和弹性变形两部分组成。当外力去除后，坯料的塑性变形被保留下来，而弹性变形则消失。由于弹性变形消失，弯曲后坯料的形状和尺寸将发生与弯曲变形方向相反的变化，从而消去一部分弯曲变形的效果，此现象称为回弹，如图 5-33 所示。因此，为抵消回弹现象对弯曲件的影响，在设计弯曲模时，弯曲模的角度应比成品零件的角度小一个回弹角（一般小于 10°）。

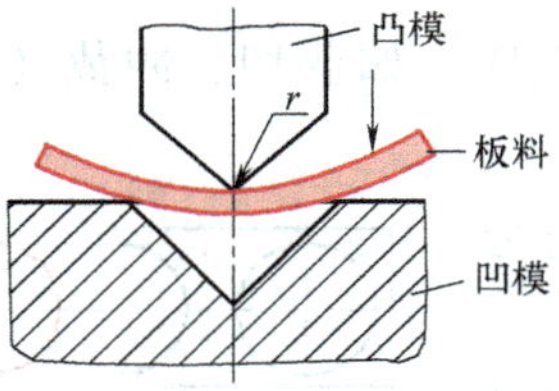

图 5-32　弯曲变形

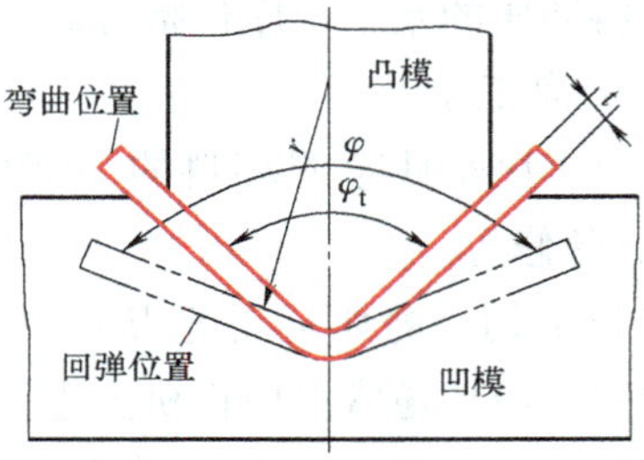

图 5-33　弯曲件的回弹

（2）拉深　拉深是使板料变形成开口空心零件或使空心零件的深度加深的变形工序，如图 5-34 所示。在拉深过程中，由于坯料边缘在切向会受到压缩力，很容易使坯料边缘产生波浪状变形。坯料的厚度 δ 越小，拉深深度越大，则越容易使坯料产生折皱。因此，为了防止坯料产生折皱，必须用压边圈（或压板）将坯料压住。压力的大小以坯料不起折皱为宜，压力过大会导致坯料拉裂。对于变形深度较大的坯料，不能一次将其拉深到位，需要分步进行多次拉深。

（3）翻边　翻边是使带孔坯料的孔口周围获得凸缘的变形工序，如图 5-35 所示。

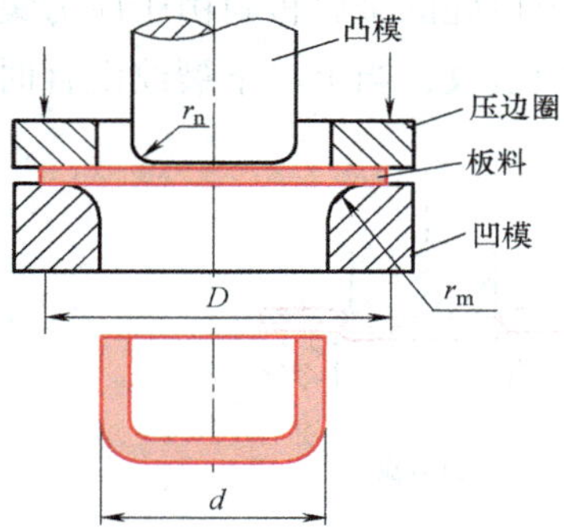

图 5-34　拉深

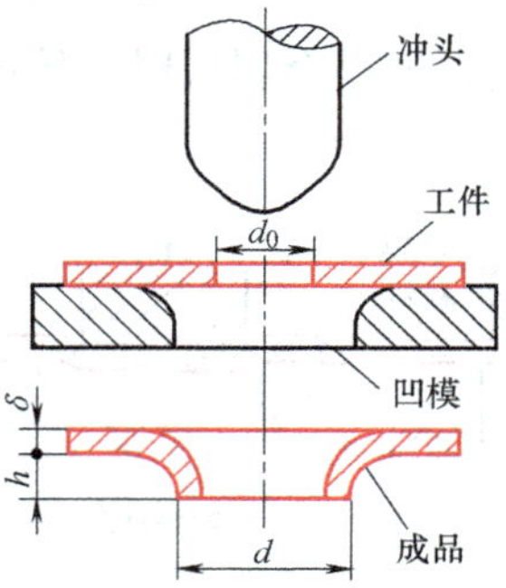

图 5-35　翻边

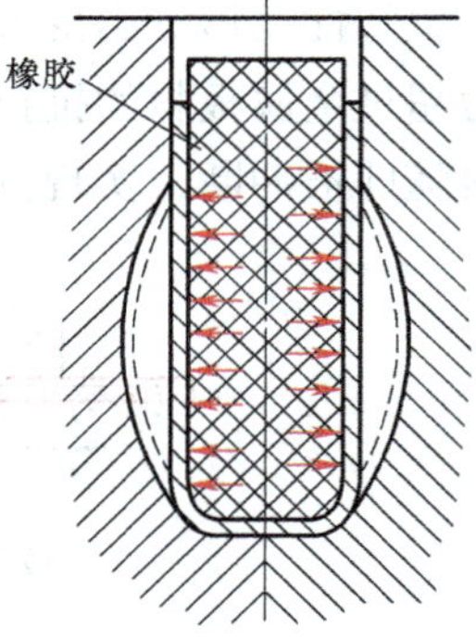

图 5-36　鼓肚容器成形

（4）成形　成形是利用局部变形使板料或半成品改变其形状的变形工序，图 5-36 所示是鼓肚容器成形示意图。

【板料冲压案例】

板料冲压件变形工序的选择是根据冲压件的形状与尺寸、加工精度要求、生产批量、模具结构及每道工序中金属材料所允许的变形程度等因素进行综合平衡确定的。板料冲压的基本工艺流程是：下料（在剪板机上）→冲裁（在压力机上）→成形（一次或多次）→检验→涂装→投入使用。图 5-37 所示是黄铜弹壳板料冲压变形工序示意图。

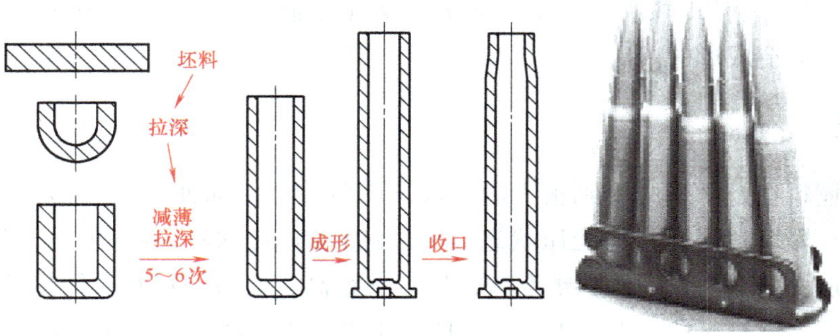

图 5-37　黄铜弹壳板料冲压变形工序

模块五　锻压新技术与新工艺

随着现代工业的不断发展，对锻压加工工艺的要求也越来越高，如实现少切削或无切削加工，做到清洁生产，提高自动化程度等，这种趋势促进了锻压技术和工艺的发展。在传统的锻压加工工艺基础上，人们相继研发了一些成熟的金属锻压新技术与新工艺，如精密模锻、高速锤锻、辊锻、挤压、液态模锻、超塑性模锻等。

一、精密模锻

精密模锻是指利用某些刚度大、精度高的模锻设备（如曲柄压力机、摩擦压力机等）锻造出形状复杂、高精度锻件的锻造工艺。其主要特点是使用两套不同精度的锻模。锻造时，先使用粗锻模对锻件进行锻造，留有 0.1～1.2mm 的精锻余量；然后，切下锻件的飞边，锻件经酸洗后重新加热到 700～900℃，再使用精锻模进行锻造，锻件精度高，可以实现少切削或无切削加工。精密模锻主要用于制造锥齿轮、汽轮机叶片、航空及电器零件等。

二、高速锤锻

高速锤锻是利用高压空气或氮气发出来的高速气体，使滑块带着模具进行锻造或挤压的加工工艺。高速锤锻锤头的打击速度可达 30m/s，可提高金属的可锻性，能够锻打高强度钢、耐热钢、工具钢及高熔点合金等，锻造工艺性能好；其生产的锻件精度高、质量好，设备投资少。高速锤锻适合于锻造形状复杂、薄壁、高肋的高精度锻件，如叶片、涡轮、壳体、齿轮等。

三、辊锻

辊锻是用一对相向旋转的扇形模具使坯料产生塑性变形，以获得所需锻件或锻坯的锻造工艺，如图 5-38 所示。辊锻时，坯料被扇形模具挤压成形，常作为模锻前的制坯工序，

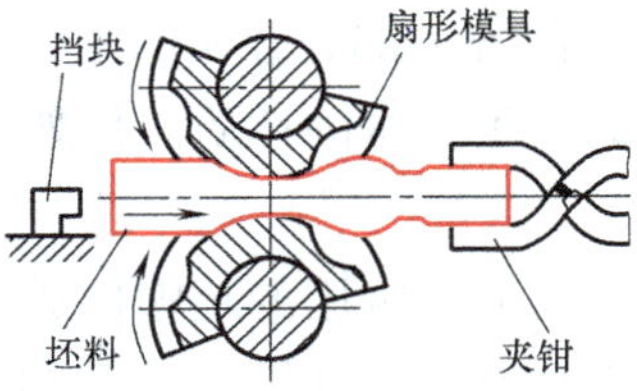

图 5-38　辊锻

也可直接制造锻件。例如，扳手、连杆、叶片、火车轮箍、齿圈、法兰和滚动轴承内、外圈等就是采用辊锻锻造成形的。

四、挤压

挤压是使坯料在挤压模中受到很大的三向压力的作用，而使其产生塑性变形的锻压工艺。挤压时，金属坯料处于三向受压状态，金属坯料的塑性好；挤压可生产形状复杂、深孔、薄壁、异形面的锻件；锻件的精度高，生产率很高，节省原材料，锻造流线分布合理，锻件力学性能好。但挤压的变形抗力大，一般多用于挤压非铁金属锻件、低碳钢锻件、低合金钢锻件、不锈钢锻件等。挤压按被挤压金属的流动方向和凸模运动关系可分为正挤压、反挤压、复合挤压和径向挤压，如图 5-39 所示。挤压常用于生产中空锻件，如排气阀、油杯等。

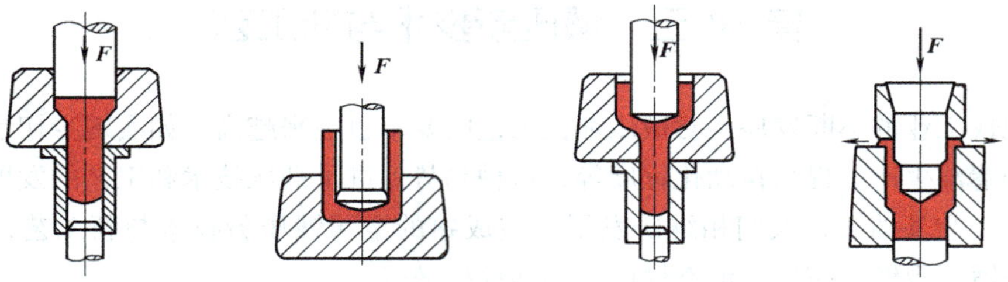

a)正挤压　b)反挤压　c)复合挤压　d)径向挤压

图 5-39　挤压成形

五、液态模锻

液态模锻是将定量的液态金属直接浇入金属型内，在一定时间内以一定的压力作用在金属液（或半液态）上，经过结晶、塑性流动使之成形的加工工艺。它是一种介于压力铸造和模锻之间的新工艺，具有两种加工工艺的优点。由于结晶过程是在压力下进行的，改变了常态下结晶的组织特征，因此可以获得细小的等轴晶粒。液态模锻的锻件尺寸精度高，力学性能好，可用于各种类型的合金，如铝合金、铜合金、灰铸铁、不锈钢等；其工艺过程简单，容易实现自动化。

六、超塑性模锻

超塑性是指金属在特定的组织、温度条件和变形速度下变形时，其塑性比常态提高几倍到几百倍（部分金属的延伸率 >1000%），而变形抗力降低到常态的几分之一甚至几十分之一的异乎寻常的性质。例如，纯钛的伸长率可达 300% 以上，锌铝合金的伸长率可达 1000% 以上。

目前，常用的超塑性成形材料主要有铝锌合金、钛合金及高温合金等，常用的超塑性成形方法有超塑性模锻和超塑性挤压等。金属在超塑性状态下不产生缩颈现象，变形抗力很小。因此，利用金属材料在特定条件下所具有的超塑性来进行塑性加工，可以加工出形状复杂的零件。超塑成形加工具有金属填充模膛性能好，锻件尺寸精度高，切削加工余量小，锻件组织细小、均匀等特点。

七、计算机在锻压技术中的应用

计算机在锻压技术中的应用主要体现在模锻工艺方面，利用计算机辅助设计（CAD）和计算机辅助制造（CAM）程序，通过人机对话，借助有关资料，对模具、坯料、工序安排等内容进行优化设计，可以获得最佳模锻工艺设计方案，达到缩短设计周期，提高模具精度和寿命，提高锻件质量，降低生产成本的目的。

第六单元 焊接

【学习指导】

本单元主要介绍焊接基础知识、焊条电弧焊、气焊及其他焊接方法等内容。学习重点和要求是：第一，了解各种焊接方法的特点和应用范围；第二，了解焊条电弧焊的设备、操作过程及常用工艺方法；第三，在学习过程中，理解焊接的相关概念、分类、特点和应用范围；第四，本单元内容的实践性强，学习过程中要善于利用多媒体资料、实物、图片，多深入现场进行观察与实践，加深对所学知识的理解和认识；第五，仔细地对所学知识进行分类、归纳和总结，以提高学习效率。

现代连接技术包括焊接、机械连接（螺栓连接、铆钉连接、销、键等）和胶接等，它们是人类文明发展的重要标志。焊接一般是指同种金属材料或异种金属材料的连接，它在现代工业生产中具有十分重要的地位和作用，广泛应用于国民经济的各行各业中。目前，焊接技术水平的高低已经成为衡量一个国家工业发达程度的重要标志之一。因此，对于从事机械制造行业的人员来说，了解基本的焊接知识是十分必要的。

模块一 焊接基础知识

一、焊接的特点

与其他金属连接方法及零件成形加工工艺相比，焊接具有如下特点：

1）焊接是一种永久性的连接，焊接过程需要加热或加压，或者既加热又加压。

2）焊接结构强度高，焊缝致密性好，产品质量高，可以减小结构质量，节省金属材料。

3）焊接可以简化复杂结构件或大型结构件的制造工艺，能化大为小，由小拼大。

4）焊接工艺的适应性好，既可以焊接同种金属材料，又可焊接异种金属材料。

5）焊接可以实现自动化，生产率高，成本低、噪声小。

但焊接也存在一些缺点，如焊件容易产生焊接应力、焊接变形、焊接缺陷等；焊接热影响区会影响焊件的性能；要求操作人员的操作技术水平较高，并需要操作人员采取相应的保护措施等。

二、焊接分类

焊接是将两个分离的金属工件通过局部加热或加压（或两者并用）的方式，使其连接成一个不可拆卸整体的加工方法。焊接的种类很多，按所使用的能源及焊接过程的特点分类，焊接一般分为熔焊、压焊和钎焊三大类（图6-1）。

熔焊是熔化焊的简称，它是将两个焊件的连接部位加热至熔化状态，加入（或不加入）填充金属，在不加压力的情况下，使其冷却凝固成一体，从而完成焊接的方法。

压焊是在焊接过程中，必须对焊件施加压力（加热或不加热）以完成焊接的方法。

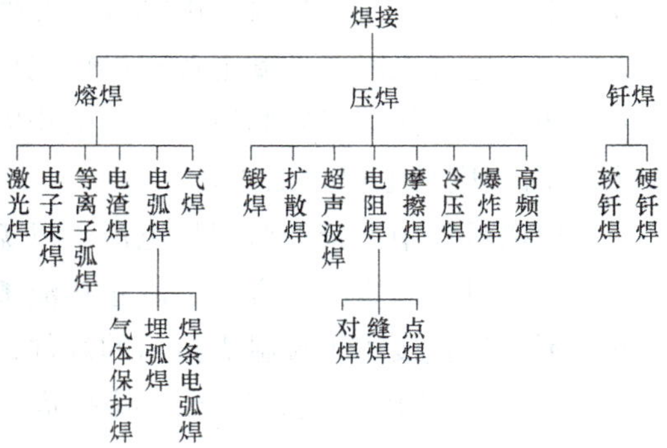

图6-1　常用焊接方法分类

钎焊是指采用比母材熔点低的金属材料作为钎料，将焊件和钎料加热到高于钎料熔点，低于母材熔点的温度，利用液态钎料润湿母材，填充接头间隙并与母材相互扩散以实现连接的方法。

三、焊接的应用

焊接在现代机械装备制造业和工程结构制造中占有重要的地位。例如，桥梁、压力容器（图6-2）、舰船体、锅炉壳体、管道、铁道车辆（图6-3）、汽车车体、起重机械、电视塔、金属桁架、建筑结构、石油化工结构件、冶金设备、航天设备、电子仪器、医疗器械等的制造都离不开焊接，并且随着焊接技术的发展，以及焊接质量及生产率的不断提高，焊接在国民经济建设中的应用也将更加广泛。

图6-2　压力容器

图6-3　铁道车辆

四、焊接安全文明操作规程

在见习焊接过程中，在车间内会涉及高温、弧光及各种辅助设备，为了保证操作正确和人身安全，见习人员应熟悉以下焊接安全文明操作规程。

1）焊接过程中电弧会发射出大量紫外线和红外线，对人体有害。因此，焊接时必须穿工作服，戴手套和面罩，穿护袜，戴上安全帽，特别要保护好眼睛。

2）检查电焊机外壳接地是否良好，焊钳和电缆的绝缘性是否良好。

3）任何时候都严禁将焊钳搁在工作台上，以免造成短路，烧毁焊机和工具。

4）不允许直接用手接触导电部分；操作时应穿胶底鞋或站在绝缘垫板上。

5）移动电焊机时要切断电源；操作完毕或检查焊机与电路系统时，必须断电。

6）线路各连接点必须紧密接触，防止因接触松动而造成发热现象。发现电焊机或线路发热烫手时，应马上停止工作。

7）焊接过程中严禁调节焊接电流，以免损坏或烧毁电焊机。

8）清渣时要注意清渣方向，防止热渣烫伤他人及自己的面部。

9）不允许直接用手接触焊接后的焊件，翻动和移动焊件时应使用夹钳。

10）焊接时周围不能有易燃易爆物品；工作地点应通风良好，防止焊接烟尘危害人体呼吸器官。

11）气焊前应检查焊炬的射吸能力，是否漏气，焊嘴是否有堵塞，胶管是否漏气等。

12）严禁在氧气阀和乙炔同时开启时，用手或其他物体堵塞焊嘴，更不能把已经点燃的焊炬卧放在工件或地面上，更不能对准他人。

13）气焊时要检查回火保险器是否正常，管道有无漏气现象。若焊接过程中发生回火现象，应立即关、开几次氧气和乙炔阀门，让回火火焰及高温气体迅速排出。

14）氧气瓶、氧气表严禁沾污任何油脂；氧气瓶、乙炔瓶要分开放置，并远离焊接工作地点和任何热源。

15）焊接操作结束后，应及时整理好实习场地，保持场地清洁卫生。

【史海拾遗——焊接技术的发展】

焊接是随着金属材料的应用出现的。古代的焊接方法主要是钎焊、铸焊和锻焊。我国人民在春秋战国时期就已经掌握了钎焊技术，如曾侯乙墓中的建鼓铜座上有许多盘龙，就是采用分段钎焊连接的，经专家分析，古人所用钎料与现代软钎焊的成分非常相近；在商朝时期就出现了铸焊，如铁刃铜钺就是铁与铜的铸焊件。公元前3000多年前，埃及人掌握了锻焊技术。古代焊接技术长期停留在钎焊、铸焊和锻焊的水平上，使用的工具简单，热源一般是炉火，加热温度低、能量不集中，无法用于大截面、长焊缝工件的焊接，只能用于制作装饰品、简单的工具和武器。19世纪初，英国人发现了电弧和氧乙炔焰两种能局部熔化金属的高温热源；1885年，俄国的别纳尔多斯发明了碳极电弧焊；20世纪初，碳极电弧焊和气焊得到了广泛应用，同时还出现了薄药皮焊条电弧焊，手工电弧焊进入实用阶段；电弧焊从20世纪20年代起成为一种重要的焊接方法，之后人们陆续不断地发明了各种新颖的焊接方法。

模块二 焊条电弧焊

焊条电弧焊是利用焊条与工件之间产生的电弧热，将工件和焊条熔化而进行焊接的方法。它是通过手工操纵焊条进行焊接的电弧焊，是熔焊中最基本的一种焊接方法，也是目前焊接生产中应用最广的焊接方法之一。

一、焊条电弧焊的焊接电弧

焊接电弧是在电极与焊件之间的气体介质中产生的强烈而持久的放电现象，它也是电流最大、电压最低、温度最高、发光最强的一种气体导电现象。

产生焊接电弧的条件是：

1）用装在焊钳上的焊条擦划或敲击焊件，焊条末端与焊件瞬时接触而造成短路，会产生很大的短路电流，使焊件和焊条末端的温度迅速升高，为电子的逸出和气体电离准备了能量条件。

2）迅速把焊条提起2～5mm，在两极间电场力的作用下，被加热的阴极间就有电子高速飞出并撞击气体介质，使气体介质电离成正离子、负离子和自由电子。

3）此时，正离子奔向阴极，负离子和自由电子奔向阳极。它们在运动过程中和到达两极时，不断发生碰撞和复合，将动能转变为热能，同时产生大量的光和热，于是在焊条端部与焊件之间就形成了焊接电弧，如图6-4所示。

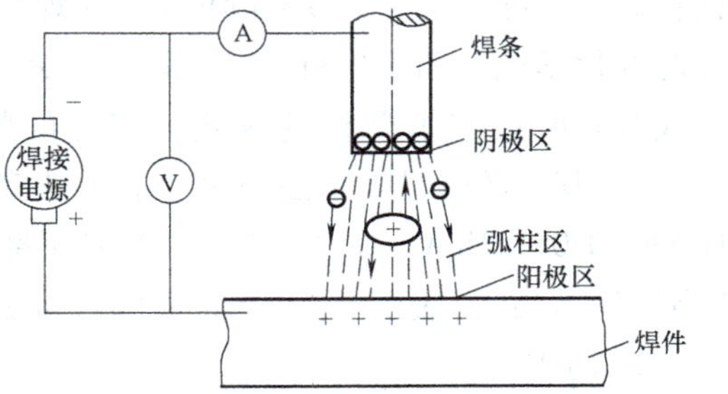

图6-4 焊接电弧的形成

焊接电弧由阴极区、阳极区和弧柱区三部分组成。用钢焊条焊接时，阴极区产生的热量约占电弧总热量的36%，温度大约在2400K以内；阳极区产生的热量约占电弧总热量的43%，温度在2600K左右；弧柱区产生的热量约占电弧总热量的21%，但弧柱中心的温度最高，大约为6000～8000K。

二、焊条电弧焊的焊接原理

焊条电弧焊的焊接原理如图6-5所示。焊接时，将焊条与焊件接触短路后立即提起焊条，引燃电弧。电弧产生的电弧热使焊件局部和焊条端部同时熔化成为熔池，金属焊条熔化后成为熔滴，并借助重力和电弧气体的吹力作用过渡到焊件形成的熔池中。同时，电弧热还使焊条的药皮熔化或燃烧，药皮熔化后与液体金属发生物理、化学作用，使液态熔渣不断地从熔池中向上浮起，药皮燃烧时产生的大量气体环绕在熔池和电弧周围。借助熔渣和气体可防止空气中氧、氮的侵入，起到保护液态金属的作用。连续向焊接方向移动焊条，熔池中的液态金属逐步冷却

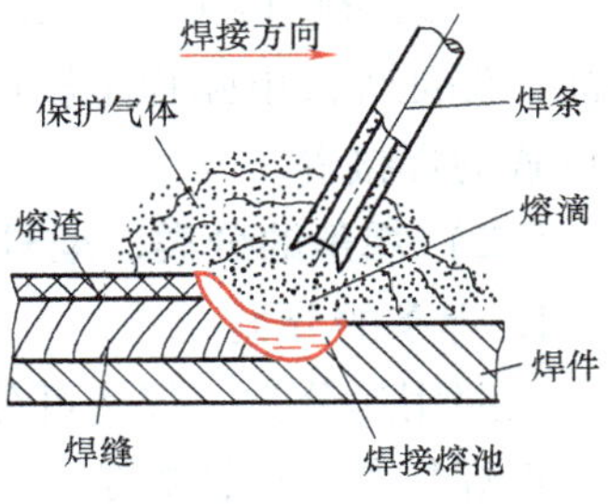

图6-5 焊条电弧焊的焊接原理

结晶，即逐渐形成焊缝。

焊接电弧产生的热量与焊接电流的平方和焊接电压的乘积成正比，生产中主要通过调节焊接电流来调节电弧热量。焊接电流越大，则电弧产生的总热量越多；反之，总热量越少。

三、焊条

（一）焊条的组成与作用

焊条由焊芯和药皮两部分组成，如图6-6所示。焊条的作用主要有两个方面：第一是稳定电弧；第二是调整焊缝的化学成分，改善焊缝的质量和力学性能。

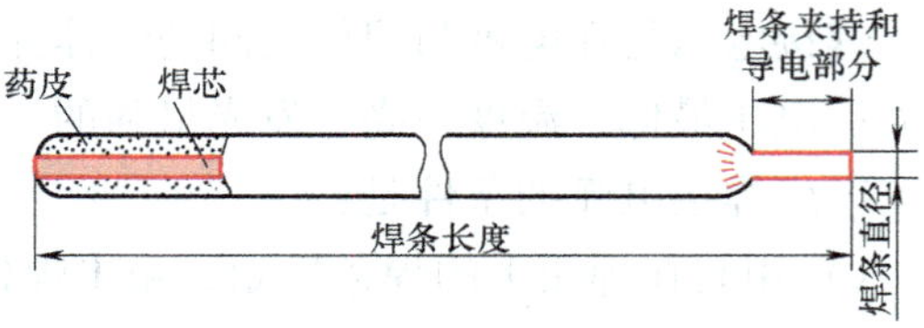

图6-6　焊条

1. 焊芯

焊芯的主要作用有四个方面：第一是传导焊接电流；第二是产生电弧并维持电弧稳定；第三是作为填充金属，与熔化的母材共同组成焊缝金属；第四是向焊缝添加合金元素。焊芯直径就是焊条的直径，焊条直径一般为1.6～6mm，主要有ϕ1.6mm、ϕ2.0mm、ϕ2.5mm、ϕ3.2mm、ϕ4.0mm、ϕ5.0mm、ϕ6.0mm等规格；焊条长度一般为250～450mm。在焊缝金属中，焊芯金属约占50%～70%，由此可见，焊芯的化学成分和质量对焊缝质量有重大的影响。为了保证焊接质量，国家标准对焊芯的化学成分和质量作了严格的规定。焊芯的牌号以“焊”字的汉语拼音首字开头（牌号是“H”），其后的牌号表示法与钢号表示法完全一样。例如，常用的焊芯牌号有H08、H08A、H08E、H08CrMoA、H10Mn2等。牌号尾部标有“A”或“E”时，分别表示“优质品”或“高级优质品”，表明S、P等杂质的含量更少。

2. 药皮

药皮是压涂在焊芯表面上的涂料层。焊条药皮由稳弧剂、造气剂、造渣剂、脱氧剂、合金剂、稀释剂、粘结剂、稀渣剂和增塑剂等组成。它的主要作用如下。

（1）机械保护作用　焊接时利用焊条药皮熔化后产生的大量气体和形成的熔渣，使熔化金属与空气隔离，防止空气中的氧、氮侵入，保护熔滴和熔池金属。

（2）冶金处理和渗合金作用　通过熔渣与熔化金属的冶金反应，除去有害杂质（如氧、氮、硫、磷、氢等），渗入有益的合金元素，使焊缝获得所需的力学性能。

（3）改善焊接工艺性能　药皮中加入的物质一定要保证焊条能够获得良好的焊接工艺性能，保证焊接电弧稳定燃烧、飞溅少、焊缝成形好、易脱渣、熔敷效率高及有利于进行各种位置的焊接等。

（二）焊条的分类、型号及牌号

1. 焊条的分类

按照用途分类，焊条可分为结构钢焊条、钼和铬钼耐热钢焊条、低温钢焊条、不锈钢焊条、堆焊焊条、铸铁焊条、镍及镍合金焊条、铜及铜合金焊条、铝及铝合金焊条、特殊用途焊条等。按照焊条药皮熔化后形成熔渣的酸碱度不同，焊条又可分为酸性焊条和碱性焊条

（或称低氢型焊条）两类。

在酸性焊条形成的熔渣中，酸性氧化物的比例较高，焊接时的工艺性较好，容易引弧，电弧稳定，飞溅小，脱渣性好，覆盖性较好，焊缝成形美观，对铁锈、油脂、水分的敏感性不大；但焊接过程中对药皮的合金元素烧损较大，抗裂性较差。酸性焊条可使用交、直流焊接电源，适用于由低碳钢及低合金结构钢制作的结构件的各种位置的焊接。

在碱性焊条形成的熔渣中，碱性氧化物的比例较高，焊接时的工艺性一般，脱渣性较好，熔渣的覆盖性较差，电弧不够稳定，焊缝的美观性较差，焊前要求清除油脂和铁锈；但它的脱氧和去氢能力较强，焊接后焊缝的质量较高，适用于焊接重要的和复杂的结构件。

2. 焊条的型号及牌号

焊条的型号和牌号都是焊条的代号。焊条型号是指国家标准规定的各类焊条的代号，是反映焊条主要特性的一种表示方法。焊条牌号是焊条制造企业对其生产的焊条所规定的代号。焊条型号应包括焊条类型、焊条特点（如熔敷金属的抗拉强度、使用温度、焊芯金属的类型、熔敷金属的化学组成类型等）、药皮类型及焊接电流种类。不同型号的焊条有不同的表示方法。目前，我国参照国际标准，陆续对不同焊条型号作了修改。例如，GB/T 5117—1995 规定，碳钢焊条的型号以字母“E”开头（表示电极焊条）；“E”后面的前两位数字表示熔敷金属抗拉强度的最小值（单位为 kgf/mm^2）；第三位数字表示焊条适用的焊接位置，其中“0”及“1”表示焊条适用于全位置焊接，“2”表示焊条适用于平焊及平角焊，“4”表示焊条适用于向下立焊；第三位和第四位数字的组合表示焊接电流种类及药皮类型，如“03”为钛钙型药皮，适合于交流或直流正、反接电源，“15”为低氢钠型药皮，适合于直流反接电源，“22”为氧化铁型药皮，适合于交流或直流正接电源。

例如，E4303 表示焊缝金属的 $R_m \geq 43kgf/mm^2$，适用于全位置焊接，药皮类型是钛钙型，适合于交流或直流正、反接电源的焊条。

低合金钢焊条的型号由 GB/T 5118—1995 规定，“E”后面的四位数字的含义与碳钢焊条相同，四位数字后面附加的字母为熔敷金属的化学成分分类代号，并以短划“-”与前面的四位数字分开。如果还有附加化学成分，则所附加的化学成分直接用元素符号表示，并以短划“-”与前面的后缀字母分开，如 E5515-B_3-VWB。

（三）焊条的选用

正确选用焊条是焊接准备工作的重要环节，选用焊条时，应综合考虑下列因素。

1. 考虑母材的抗拉强度

焊接低碳、中碳钢和低合金钢时，一般按焊件的抗拉强度来选用相应强度等级的焊条，使熔敷金属的抗拉强度与焊件的抗拉强度相等或相近，该原则称为“等强原则”。例如，焊接 Q235A 钢时，由于该钢的抗拉强度在 420MPa 左右，故所选焊条的抗拉强度的最小值应为 430MPa，即可选 E4303、E4316、E4315 等焊条。但是，焊接异种钢时，一般将抗拉强度等级低的钢材作为选用焊条的依据。

2. 考虑母材的低温特性和化学成分

对于低温钢，应考虑焊条的低温特性与母材的低温特性相一致的焊条；对于耐热钢、不锈钢、高温合金等，熔敷金属的化学成分应与母材基本相同。

3. 考虑焊件结构的复杂程度和刚性

对于形状复杂、刚性较大的结构，需要保证焊件结构具有一定的塑性和韧性，应选用抗裂性好的低氢型焊条；对于薄板和刚性较小、构件受力不复杂、母材质量较好，以及焊接表面带有油、锈、水等且难以清理的焊件，应尽量选用酸性焊条。

4. 考虑简化焊接工艺、提高生产率和降低成本

在满足使用要求的前提下，应尽量选用工艺性好、生产率高、劳动条件好、焊接质量容易保证、成本低的焊条。

四、焊条电弧焊的设备及工具

（一）焊条电弧焊的主要设备

实现焊条电弧焊的主要设备是电弧焊机，它实际上是一种弧焊电源。生产中按焊接电流种类的不同，焊条电弧焊的电源可分为弧焊变压器（交流弧焊电源）和弧焊整流器（直流弧焊电源）两类。

1. 弧焊变压器

弧焊变压器实际上是一种特殊的降压变压器，如图 6-7 所示。它一般接单相电源，可以将 220V 或 380V 的电源电压降到 60～80V（即电焊机的空载电压），既可满足引弧需要，对人体又比较安全。焊接时，焊接电压会自动下降到电弧正常工作时所需要的工作电压 20～35V，输出电流从几十安提高到几百安的交流电流，并可根据焊件的厚薄和所用焊条直径的大小任意调节焊接电流的大小。弧焊变压器具有效率高，结构简单、紧凑和质量小，使用可靠，成本较低，噪声小，维护与保养容易等优点，但焊接时电弧不够稳定。

2. 弧焊整流器

弧焊整流器是通过整流器将交流电变压和整流转换成直流电的弧焊电源，如图 6-8 所示。它具有质量小，噪声小，能自动补偿电网电压波动对输出电压和电流的影响，焊接过程中电弧比较稳定，可作为各种弧焊方法的电源等优点。但弧焊整流器的结构较复杂，价格较高，维护也较弧焊变压器复杂。弧焊整流器适用于焊接较重要的结构件。

图 6-7　弧焊变压器

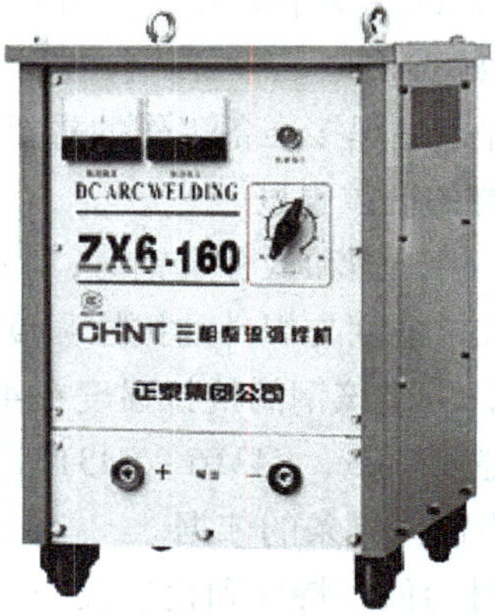

图 6-8　弧焊整流器

弧焊整流器的输出端有正极和负极之分，且正极和负极上的热量不同，因此，电极的接法有正接法和反接法两种。如果将焊件接阳极、焊条接阴极，则电弧热量大部分集中在焊件上，焊件熔化加快，可保证足够的熔深，适用于焊接厚焊件，这种接法称为正接法（图6-9a）。相反，如果将焊件接阴极、焊条接阳极，则焊条熔化快，适合于焊接较薄的焊件或不需要较多热量的焊件，这种接法称为反接法（图6-9b）。

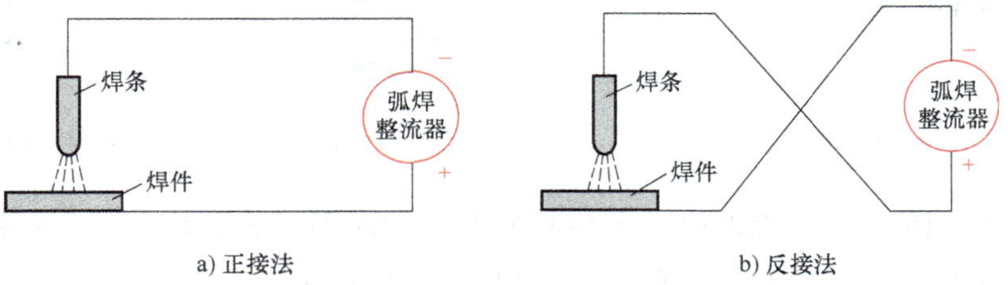

图6-9　正接法和反接法

3. 弧焊变压器和弧焊整流器的使用和维护

使用和维护弧焊变压器和弧焊整流器时应注意以下事项：

1）弧焊变压器和弧焊整流器应放置在通风良好、干燥的地方；在露天工作时，必须妥善盖好弧焊变压器和弧焊整流器，以防雨水、雪水、灰尘等侵入，同时还要注意保持良好的通风。

2）注意配电系统的开关、熔丝、导线绝缘、导线截面及网络电源功率等是否能够满足使用要求。

3）弧焊变压器和弧焊整流器的外壳必须有良好的接地装置。

4）合上电源开关前，应检查弧焊变压器和弧焊整流器各部分接线是否正确，电线接头要接触良好，不得有松动，特别要注意焊钳与焊件不得接触，以防短路。

5）调节焊接电源和变换极性接法时，应在空载下进行。

6）移动弧焊变压器和弧焊整流器时不应剧烈振动，特别是弧焊整流器更忌振动。

（二）焊条电弧焊的工具

焊条电弧焊常用的工具有焊钳、焊接电缆、面罩与护目玻璃、手套、焊条保温筒、清洁工具（如敲渣锤、钢丝刷）、量具等。

（1）焊钳　焊钳（图6-10）是用来夹持焊条和传导电流的焊接工具。焊接对焊钳的要求是导电性能好、质量小、焊条夹持稳固、换装焊条方便等。

（2）焊接电缆　焊接电缆的作用是传导电流。一般要求用多股纯铜软线制成，绝缘性要好，而且要有足够的导电截面积，其截面积大小应根据焊接电流而定。

（3）面罩与护目玻璃　面罩（图6-11）的作用是焊接时保护操作人员的面部和颈部免受强烈的电弧光照射和飞溅金属的灼伤。面罩上的护目玻璃（或称黑玻璃）的作用是减弱电弧光的强度，过滤紫外线和红外线，使操作人员在焊接时既能通过护目玻璃观察到熔池的情况，便于控制焊接过程，又可避免眼睛受弧光的灼射。

（4）手套　手套的作用是防止操作人员的手被烫伤。

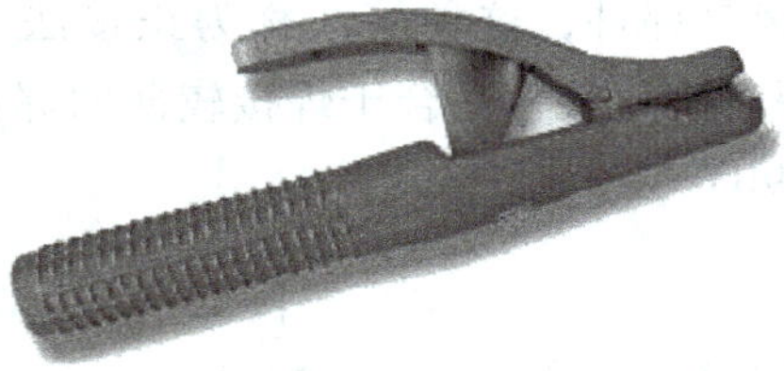

图 6-10　焊钳

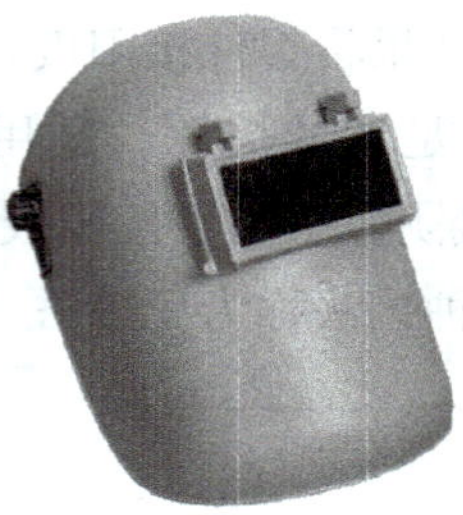

图 6-11　面罩

图 6-12　焊接保温筒

(5) 焊条保温筒　焊条保温筒（图 6-12）是焊接时不可缺少的工具，特别是在焊接压力容器时尤为重要。经过烘干的焊条在使用过程中容易受潮，导致焊条的工艺性能变差，降低焊接质量。因此，从烘干箱中取出的焊条应储存在焊条保温筒内，以备焊接时取用。

五、焊条电弧焊工艺

（一）焊接接头的组成部分及名称

焊件经焊接后所形成的结合部分称为焊缝（图 6-13）。其中，被焊的焊件称为母材，两个焊件的连接处称为焊接接头。与焊缝各部分相关的名称主要有焊接方向、焊波、弧坑、余高、熔宽、熔深等，如图 6-14 所示。

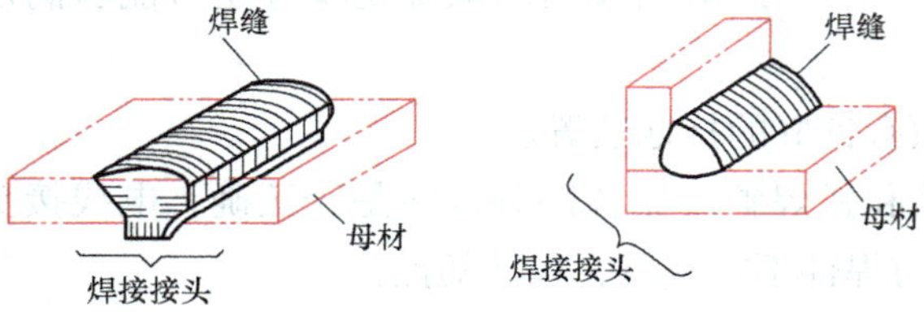

图 6-13　焊缝、母材和焊接接头

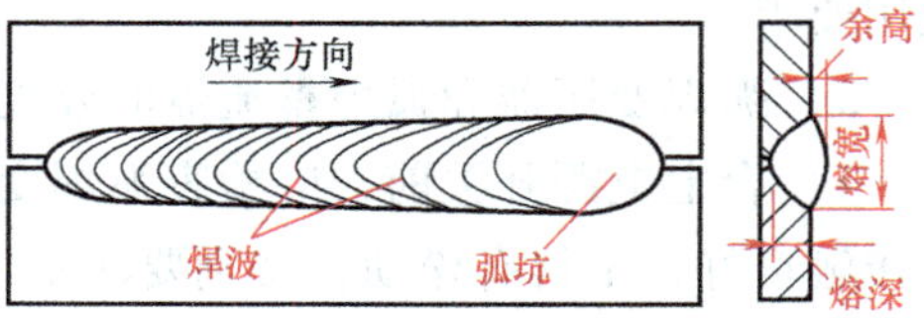

图 6-14　焊缝各部分名称

（二）焊接位置

熔焊时焊件接缝所处的空间位置称为焊接位置。焊接位置按焊缝在空间位置的不同，可分为平焊位置、立焊位置、横焊位置和仰焊位置四种，如图 6-15 所示。在平焊位置、立焊位置、横焊位置和仰焊位置进行的焊接可分别称为平焊、立焊、横焊和仰焊。其中，平焊操作容易、劳动条件好、生产率高、焊接质量容易保证，因此，一般应尽量将焊缝放在平焊位置进行施焊。立焊、横焊、仰焊时焊接较为困难，应尽量避免。如果无法避免，可选用较小直径的焊条和较小的焊接电流，调整好焊条与焊件的夹角与弧长后再进行焊接。

（三）焊接接头基本形式和坡口基本形式

焊接接头的基本形式有对接接头、搭接接头、角接接头和 T 形接头等，如图 6-16 所示。焊接接头坡口的基本形式有 I 型坡口（不开坡口）、V 形坡口、X 型坡口、U 形坡口、双 U 形坡口等。图 6-17 所示是对接接头的坡口形式示意图。

焊接接头形式是由焊接结构的形状、强度要求、焊件厚度、焊接材料消耗量及焊接工艺

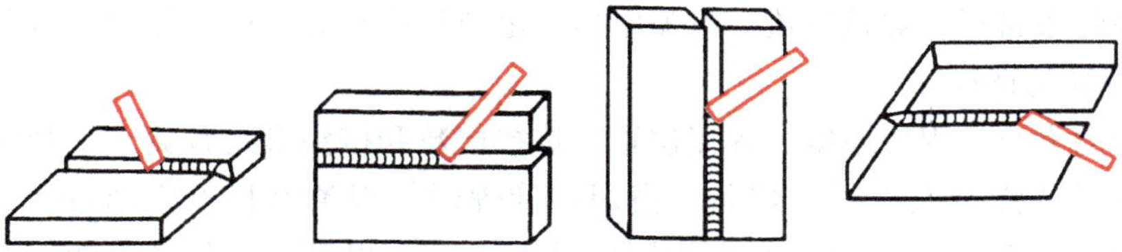

图 6-15 焊接位置

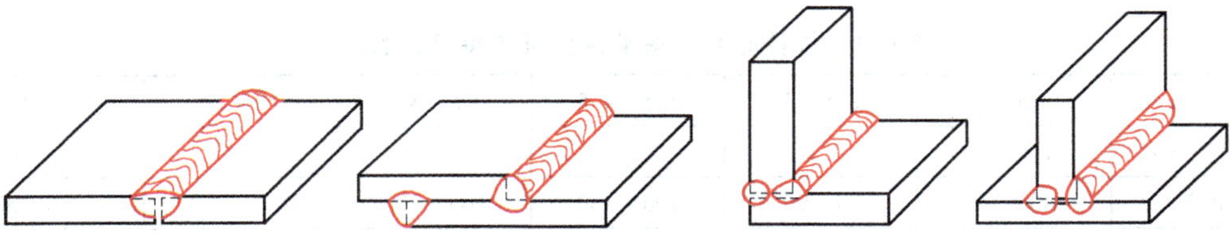

图 6-16 焊接接头基本形式

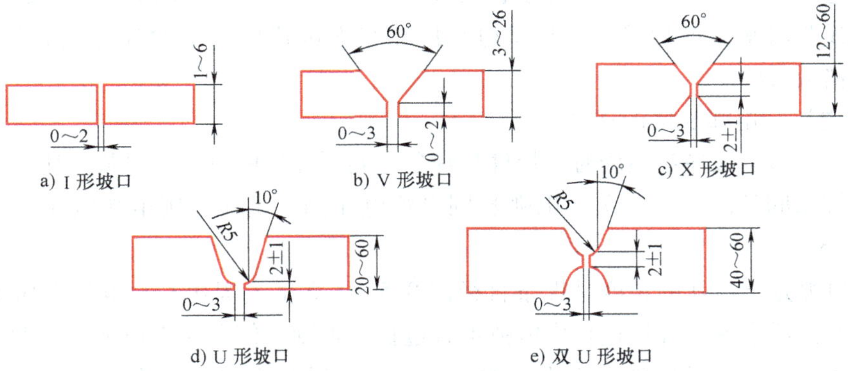

图 6-17 对接接头的坡口形式

等决定的。焊接接头的坡口形式主要是由焊件厚度决定的，其目的是保证焊件焊透，提高生产效率和降低成本。焊接接头坡口的加工方法主要有气割、切削加工（如刨削和铣削）、碳弧气刨等。

对于要求焊透的受力焊缝，在焊接工艺允许的情况下，应尽量采用双面焊，这样可以保证焊透，减小变形和保证焊接质量。

（四）焊接参数的选择

焊接参数是焊接时为了保证焊接质量而选定的各物理量的总称。焊条电弧焊的焊接参数主要包括焊条直径、焊接电流、电弧电压与电弧长度、焊接速度、焊接层数、电源种类与极性等。焊接参数选择得是否正确合理，将直接影响焊缝的形状与尺寸、焊接工艺性、焊接质量、焊接成本和生产率等。因此，选择合适的焊接参数是焊接生产中非常重要的内容。下面主要介绍选择焊条直径、焊接电流、电弧电压、电弧长度和焊接速度等的基本方法。

1. 焊条直径的选择

焊条直径的大小与焊件厚度、焊接位置、焊接层数和接头形式有关。一般情况下，焊件厚度大时应尽量选择较大直径的焊条。横焊和仰焊时，焊条直径不宜超过4mm；立焊时，焊条直径不宜超过5mm；在焊件厚度相同的情况下，平焊时应尽量选择直径较大的焊条；多层焊时，焊第一层时应选择较小直径的焊条；搭接接头和T形接头因不存在全部焊透的问题，可选择直径较大的焊条，以提高生产效率。焊件厚度、焊条直径与焊接电流的关系见表6-1。

表6-1 焊件厚度、焊条直径与焊接电流的关系

焊件厚度/mm	1.5~2	2.5~3	3.5~4.5	5~8	10~12	>12
焊条直径/mm	1.6~2	2.5	3.2	3.2~4	4~5	5~6
焊接电流/A	40~70	70~90	100~130	160~200	200~250	250~300

2. 焊接电流的选择

焊接电流是指焊接时流经焊接回路的电流，它的大小直接影响焊接质量和生产率。一般来说，焊接电流的选择主要取决于焊条直径（表6-1），即焊条直径越大，焊接电流也越大。焊接不锈钢或非水平位置焊接时，焊接电流应比水平位置焊接小15%左右；焊角焊缝时，焊接电流应稍微大些。

3. 电弧电压与电弧长度的选择

电弧电压是指电弧稳定燃烧时，焊件与焊条之间所保持的电压。电弧电压主要与电弧长度（焊件与焊条间的距离）有关，电弧长则电弧电压高，电弧短则电弧电压低。电弧电压一般为20~35V。

所谓短电弧是指电弧的长度是焊条直径的0.5~1.0倍。焊接时，电弧电压由操作人员根据具体情况灵活掌握。焊接过程中电弧不宜过长，否则会使电弧不稳定，易摆动，电弧热量分散，熔深减小，飞溅增加，产生咬边、未焊透、焊波不匀、气孔等缺陷，降低焊缝质量。立焊和仰焊时，电弧长度应比平焊时短些，以防止熔化金属下淌；使用碱性焊条焊接时，电弧长度应比使用酸性焊条时短些，以保证电弧稳定和防止产生气孔。

4. 焊接速度的选择

焊接速度是单位时间内完成的焊缝长度。对于焊条电弧焊，焊接速度就是操作人员移动焊条的速度。焊接速度不应过快或过慢，应以保证焊透、不烧穿，以及焊缝的外观、内在质量及生产效率均达到要求为适宜。例如，直径是4mm的E5015焊条，选择160~170A的焊接电流、22~24V的电弧电压、10~15mm/min的焊接速度时，焊接的质量和生产率比较理想。

六、焊条电弧焊的基本操作过程

焊条电弧焊的基本操作过程主要包括引弧、运条、焊缝接头和焊缝收尾等。以平焊Q235钢板为例，钢板的尺寸是：长150mm、宽50mm、厚5mm；接头形式是对接，不开坡口。焊接设备选择弧焊变压器；焊条选择 E4303，直径是 3.2mm（或 4mm）；焊接电流是 100～130A（或 170～200A）。

1. 引弧

引弧是使焊条和工件之间产生稳定电弧的过程。引弧的方法有直击法和划擦法两种，如图 6-18 所示。

直击法的动作要领是：将焊条对准引弧处，手腕下弯，用焊条末端垂直地轻击焊件表面，使焊条与焊件接触并形成短路，然后迅速将焊条向上提起 2～4mm，电弧即可引燃。直击法不易掌握，如果操作不当，会造成焊条粘在焊件上。此时，只要将焊条左右摆动几下就可使其脱离焊件；如果焊条还不能脱离焊件，则应立即使焊钳脱离焊条，待焊条冷却后，用手将焊条扳掉。直击法一般适用于酸性焊条或狭窄的焊接环境。

划擦法的动作要领是：先将焊条末端对准焊件，然后像划火柴一样，将焊条在焊件表面划擦，当焊条与焊件接触引燃电弧后，立即提起焊条，保持电弧长度在 2～4mm 之间，电弧就能稳定地燃烧。引弧后，电弧长度不能超过焊条直径。对于初学者，划擦法容易掌握，它一般适用于碱性焊条，但容易损坏焊件表面。

2. 运条

运条是焊条相对于焊缝所作的各种动作。在调整好焊条与焊件之间的角度后，为了保证焊接质量和焊接过程的连续进行，焊条要同时协调完成三个基本运条动作：第一是焊条朝熔池方向的匀速送进运动，以保持弧长稳定；第二是焊条沿焊接方向的移动；第三是焊条沿焊缝的横向摆动，以获得一定宽度的焊缝，如图 6-19 所示。

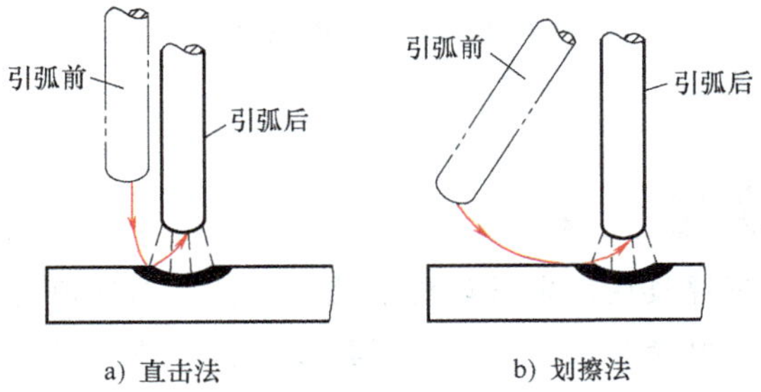

图 6-18　引弧的方法

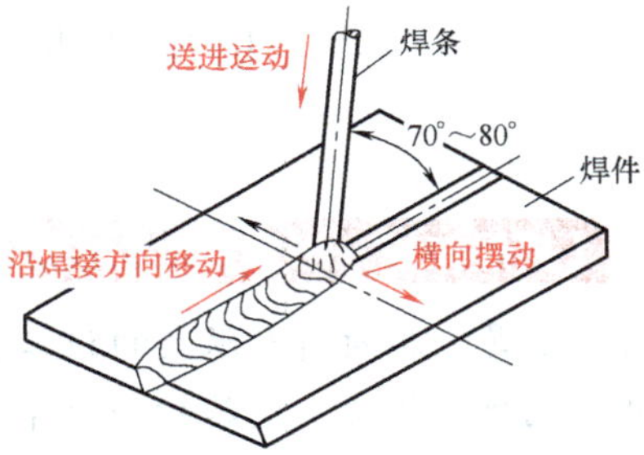

图 6-19　焊条角度和运条动作

运条方法很多，一般有直线形运条法、直线往返形运条法、锯齿形运条法、圆圈形运条法、月牙形运条法、三角形运条法等，它们适用于不同的焊接位置，如图 6-20 所示。

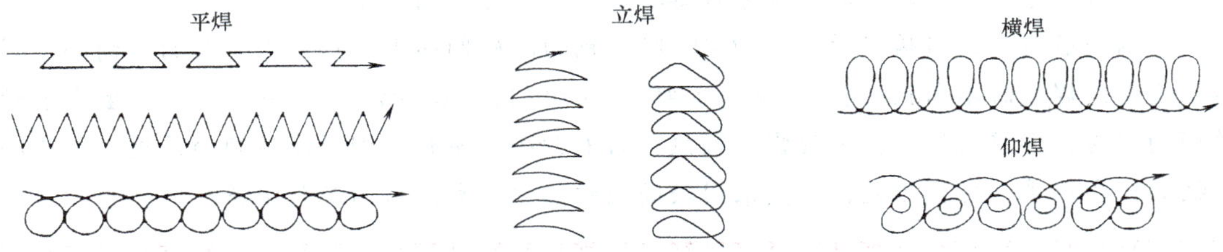

图 6-20　焊条电弧焊常见的运条方法

3. 焊缝接头

进行焊条电弧焊时，由于受焊条长度的限制，焊缝是逐段连接起来的，因此，会出现焊缝前后段的连接问题。为了保证焊缝连接处的质量，必须使后焊的焊缝与先焊的焊缝能均匀地连接。焊缝接头的连接方法是：在先焊好的焊道弧坑前约10mm处引弧，将拉长的电弧缓慢地移到原弧坑处，压低电弧，焊条再作微量转动，使弧坑逐渐填满；当新形成的熔池外缘与原弧坑外缘相吻合时，立即向前移动焊条进行正常的焊接过程，如图6-21所示。

4. 焊缝收尾

焊缝收尾是指一条焊缝完成后进行灭弧的过程。焊接结束时，如果突然将电弧熄灭，会在焊缝上形成过深的弧坑，减弱焊缝强度和产生应力集中。因此，焊缝收尾时，为了防止焊缝出现弧坑，焊条应采取合理的收尾方法，不仅要熄灭电弧，还要填满弧坑。常用的焊缝收尾方法有划圈收尾法（图6-22）和后移收尾法等。不管采用何种方法，焊条填满弧坑后，都要自下而上地慢慢拉断电弧，以保证焊道尾部成形良好。

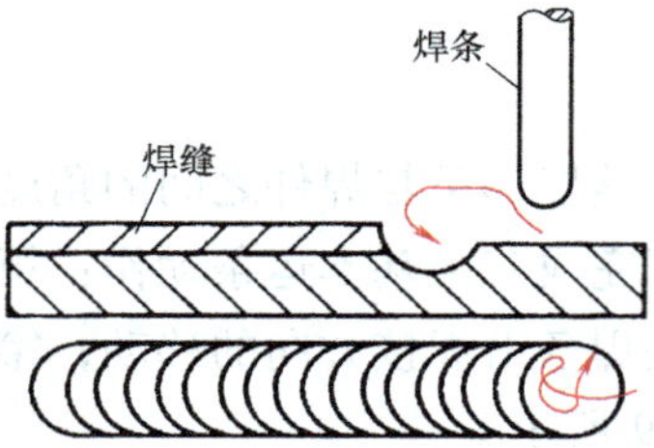

图6-21　焊缝接头

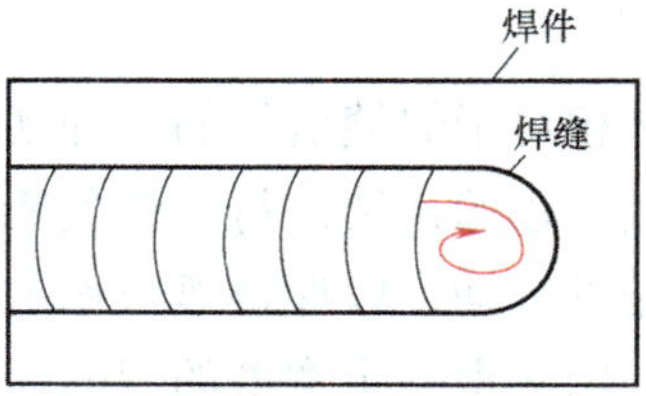

图6-22　焊缝划圈收尾法

【拓展知识——焊接性】

焊接性是金属材料在限定的施工条件下焊接成规定设计要求的焊件，并满足预定工作要求的工艺性能指标。金属材料的焊接性主要受其化学成分、焊接方法、焊件类型及使用条件四个因素的影响。对于非合金钢及低合金钢，常用碳当量来评定其焊接性，所谓碳当量是指把钢中合金元素（包括碳）的含量按其作用换算成碳的相当含量的总和。国际焊接学会推荐的碳当量 CE 的计算公式如下

$$CE = w_{C} + w_{Mn}/6 + (w_{Cr} + w_{Mo} + w_{V})/5 + (w_{Ni} + w_{Cu})/15$$

计算碳当量时，各元素的质量分数都取其化学成分范围的上限。

根据一般经验，当碳当量 $CE<0.4\%$ 时，钢的淬硬倾向小，产生冷裂纹的倾向小，焊接性良好，焊接时不需预热；当 $CE=0.4\% \sim 0.6\%$ 时，钢的淬硬倾向较大，产生冷裂纹的倾向明显，焊接性较差，一般需要预热；当 $CE>0.6\%$ 时，钢的淬硬倾向严重，产生冷裂纹的倾向严重，焊接性差，需要采用较高的预热温度和严格的工艺措施。

模块三 其他焊接方法简介

一、气焊

气焊是利用可燃气体和助燃气体（氧气）混合燃烧的火焰所释放出的热量作为热源，熔化母材和填充金属，实现金属焊接的一种熔焊方法，如图 6-23 所示。气焊所用的可燃性气体主要有乙炔、液化石油气、天然气、丙烷燃气等。乙炔与氧气混合燃烧产生的温度最高，可达3000℃以上。

（一）气焊设备

气焊设备及工具主要有氧气瓶、氧气减压器、乙炔气瓶、乙炔减压器、回火保险器、焊炬、橡皮管等。图 6-24 所示是各种设备、工具和管路系统的连接示意图。

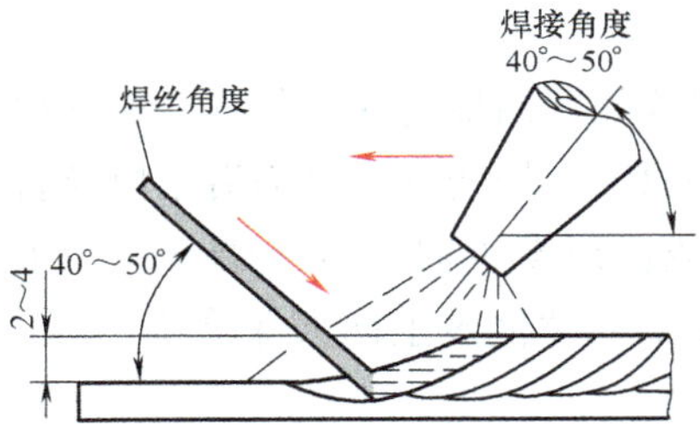

图 6-23 气焊示意图

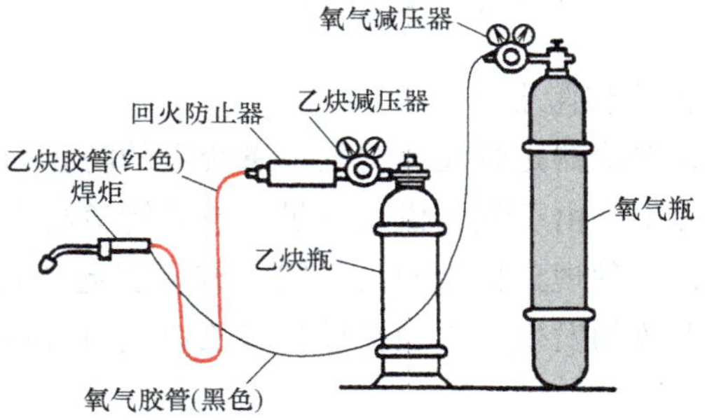

图 6-24 气焊设备、工具和管路系统的连接示意图

1. 氧气瓶及氧气

氧气瓶是储存和运输氧气用的高压容器，其外表涂成天蓝色并用黑色标明“氧气”字样。常用氧气瓶的容积是40L，最大储氧压力是 14. 7MPa，瓶口上装有开闭氧气的阀门，并套有保护瓶阀的瓶帽。氧气瓶不允许曝晒、火烤、振荡及敲打，也不允许被油脂沾污，需要定期进行压力试验。

2. 乙炔气瓶及乙炔气

乙炔气瓶是储存和运输乙炔气的容器，其外表涂成白色并用红色标明“乙炔火不可近”字样。乙炔气瓶口装有阀门并套有瓶帽进行保护，瓶内装有浸满丙酮的多孔填充物，丙酮对乙炔有良好的溶解能力，可使乙炔稳定而安全地储存在瓶中。乙炔瓶阀下面的填料中心放有石棉，用于帮助乙炔从多孔填料中分解出来。

3. 氧气减压器和乙炔气减压器

减压器又称压力调节器，是将高压气体降为低压气体，并保持焊接过程中压力基本稳定的调节装置。减压器按用途分类，可分为氧气减压器（图 6-25）、乙炔气减压器（图6-26）、液化石油气减压器等。氧气减压器是将氧气瓶内的高压氧气调节成工作时所需要的低压氧气的调节装置；乙炔气减压器是将乙炔气瓶内的高压乙炔气调节成工作时所需要的低压乙炔气的调节装置。例如，氧气瓶内氧气的压力最高可达15MPa，经过减压器调节后，可降为工作时的压力0.1～0.4MPa；乙炔气瓶内乙炔气的压力最高可达1.5MPa，经过减压器调节后，可降为工作时的压力（不超过0.15MPa）。

图6-25　氧气减压器

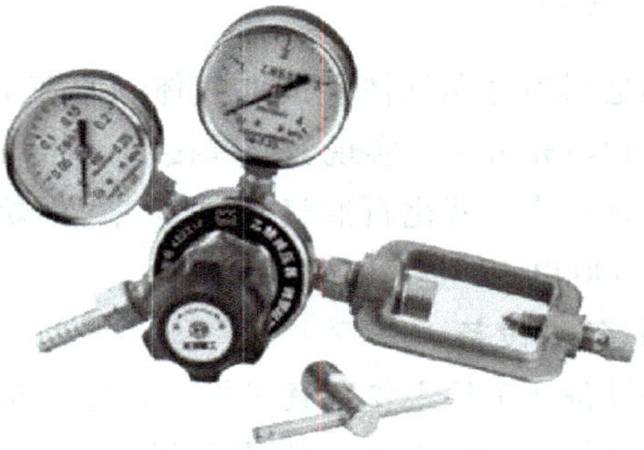

图6-26　乙炔气减压器

4. 回火保险器

回火保险器是装在燃烧气体系统上的防止向燃气管路或气源回烧的保险装置。在气焊与气割过程中，由于气体供应不足，或者管道与焊嘴阻塞等原因，均会导致火焰沿乙炔导管向内逆燃，这种现象称为回火。回火容易引起乙炔气瓶（或乙炔发生器）发生爆炸。为了防止回火事故的发生，必须在导管与乙炔气瓶（或乙炔发生器）之间装上回火保险器。

【实践经验】

一般来说，由于瓶装乙炔的瓶内压力较高，操作过程中发生回火的可能性很小。如果发生回火，其应急处理方法是：迅速关闭乙炔气调节阀门，然后关闭氧气调节阀门。

5. 焊炬

焊炬是气焊时用于控制气体与氧气的混合比例、流量及火焰并进行焊接的工具。焊炬按可燃气体与氧气混合方式的不同，可分为射吸式焊炬（或称低压焊炬）和等压式焊炬两类。目前使用较多的是射吸式焊炬，如图6-27所示。

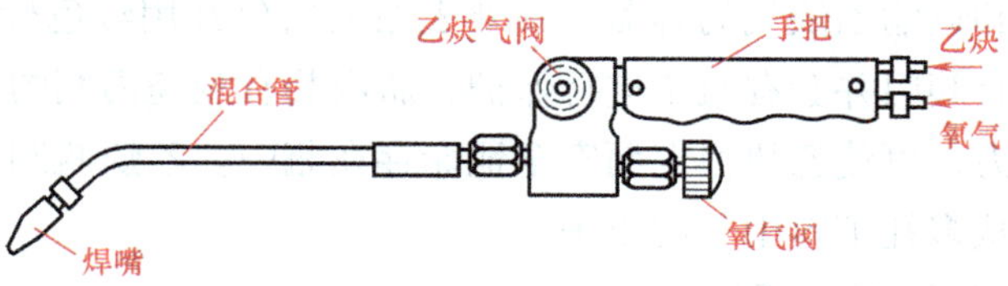

图6-27　射吸式焊炬

（二）气焊工艺

气焊的优点是：设备简单，操作方便，不需电源，焊接成本低，适应性较强，能够焊接多种材料。气焊的缺点是：火焰温度较低，加热缓慢，热影响区较宽，焊件易变形，过热严重，焊接质量不如焊条电弧焊好，生产率低。气焊主要用于焊接薄钢板、小直径薄壁管、非铁金属及其合金、钎焊刀具及铸铁的补焊等。

1. 气焊火焰

气焊火焰对气焊的质量影响很大，通过改变氧气和乙炔气体的体积比，可得到中性焰、碳化焰和氧化焰三种不同性质的气焊火焰，如图 6-28 所示。

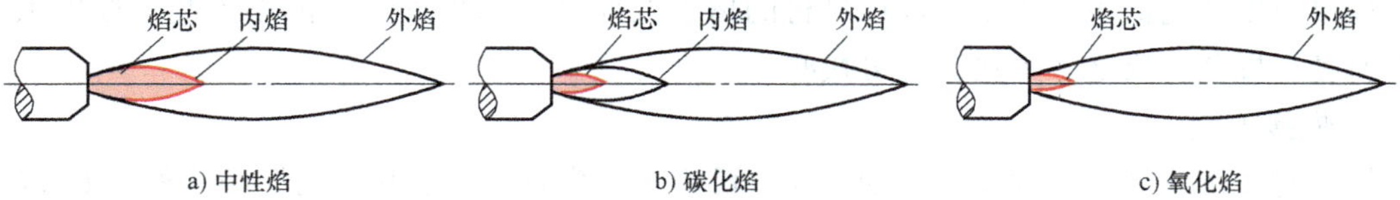

图 6-28　氧乙炔焰种类和构造

（1）中性焰　它是在一次燃烧区内既无过量氧又无游离碳的火焰。当氧气与乙炔的混合比例是 1～1.2 时，氧气与乙炔充分燃烧，可以获得中性焰。中性焰的最高温度可达 3000～3200℃，适于焊接低碳钢、高碳钢、低合金钢、不锈钢、灰铸铁、纯铜、锡青铜、铝及其合金、铅锡、镁合金等。

（2）碳化焰　它是含有游离碳，具有较强的还原作用，也有一定渗碳作用的火焰。当氧气与乙炔的混合比例小于 1 时，燃烧时乙炔过剩，可以获得碳化焰。碳化焰的火焰较长，火焰温度可达 2700～3000℃，适于焊接高碳钢、高碳合金钢（如高速工具钢）、铸铁及硬质合金等。

（3）氧化焰　它是含有过量的氧，在尖形焰芯外面形成一个有氧化性的富氧区的火焰。当氧气与乙炔的混合比例大于 1.2 时，氧气充足，燃烧剧烈，可以获得氧化焰。氧化焰的火焰较短，火焰温度可达 3100～3300℃，适于焊接黄铜、锰黄铜、镀锌铁皮等。

2. 接头形式与坡口形式

气焊时主要采用对接接头，角接接头和卷边接头只在焊接薄板时使用；搭接接头和 T 形接头很少采用，因为这类接头容易产生较大的变形。在对接接头中，当焊件厚度小于 5mm 时，可以不开坡口，只留 0.5～1.5mm 的间隙；焊件厚度大于 5mm 时则必须开坡口。坡口的形式、角度、间隙及钝边等与焊条电弧焊基本相同。

3. 焊丝直径的选择

气焊焊丝的化学成分要求与焊件的化学成分基本相符，常用的气焊丝有碳素结构钢焊丝、合金结构钢焊丝、不锈钢焊丝等。焊丝的直径和焊炬倾斜角度一般是根据焊件的厚度决定的（表 6-2）。

表 6-2　气焊焊件厚度与焊丝直径和焊炬倾斜角度的关系

焊件厚度/mm	1～2	2～3	3～5	5～10	10～15	>15
焊丝直径/mm	1～2	2～3	3～4	3～5	4～6	4～6
焊炬倾斜角度	20°～25°	25°～30°	30°～40°	50°～60°	60°～70°	70°～90°

4. 焊炬倾斜角度

焊炬倾斜角度是焊嘴长度方向与焊件之间的夹角，其大小主要取决于焊件厚度（表6-2）及母材的熔点与导热性等。气焊过程中，焊丝与焊件表面的倾斜角一般是40°～50°，焊炬中心线与焊件的角度也是40°～50°。

5. 焊接速度

焊接速度的高低主要决定于焊件母材的熔点及厚度。当焊件母材的熔点高、厚度大时，焊接速度应慢些；反之，焊接速度可快些。

6. 焊接方向

气焊时，按照焊炬与焊丝的移动方向，可将其分为右向焊法和左向焊法两种，如图6-29所示。

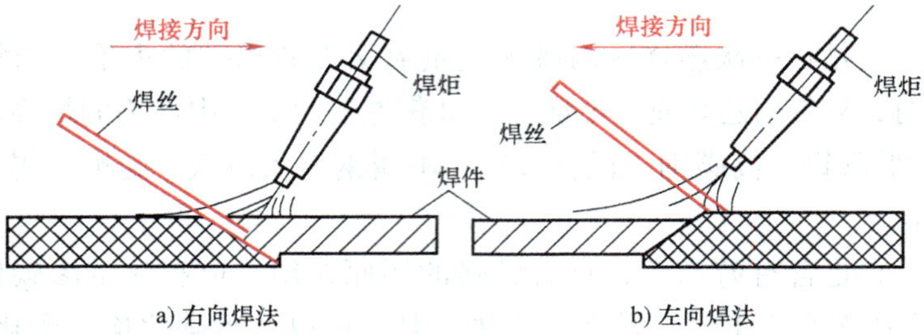

图 6-29　气焊的焊接方向

右向焊法是焊炬指向焊缝，焊接过程自左向右进行的气焊方法。该方法适于焊接厚度大、熔点高、导热性好的焊件，但该方法不容易掌握，一般采用较少。

左向焊法是焊炬指向焊件未焊部分，焊接过程自右向左进行的气焊方法。该方法操作简便，容易掌握，适于焊接薄板，是普遍使用的气焊方法。但该方法的焊缝容易氧化，冷却较快，热量利用率低。

7. 气焊基本操作

1）气焊前，先调节好氧气的压力和乙炔气的压力，装好焊炬。

2）点火时，先微开氧气阀门，再打开乙炔气阀门，随后点燃火焰，并调节成所需要的火焰。在点火过程中，如果有放炮声或火焰熄灭现象，应立即减少氧气或放掉不纯的乙炔气，然后点火。

3）灭火时，应先关乙炔气阀门，再关氧气阀门，以免发生回火，并可减少烟尘。

【实践经验】

工业中常用的高压氧气如果与油脂等易燃物质相接触，会发生剧烈的氧化反应而使易燃物自行燃烧，甚至发生爆炸。因此，在气焊或气割操作中，切不可使氧气瓶瓶阀、氧气减压器、焊炬、割炬、氧气橡胶管等沾染上油脂。

二、埋弧焊

埋弧焊是相对于明弧焊而言的，是电弧在颗粒状焊剂层下燃烧的焊接方法，如图 6-30 所示。埋弧焊分为埋弧自动焊和埋弧半自动焊两种。埋弧焊的工作原理是：电弧在颗粒状的焊剂下燃烧，焊丝由送丝机构自动送入焊接区，电弧沿焊接方向的移动既可以靠手工操作（称为埋弧半自动焊），也可以靠机械自动完成（称为埋弧自动焊）。

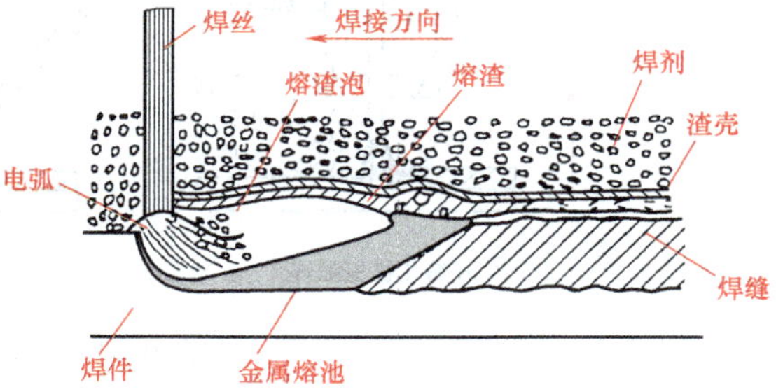

图 6-30 埋弧自动焊示意图

埋弧自动焊的优点是：生产率高，节省焊接材料和电能，成本低；焊缝保护好，焊接质量高；无弧光、无飞溅、烟雾少，劳动条件好，容易实现焊接自动化和机械化。

埋弧自动焊的缺点是：焊接时电弧不可见，不能及时发现问题，接头的加工与装配要求较高，适应性较差，设备比较复杂，焊前准备时间长。

埋弧焊广泛用于锅炉、压力容器、石油化工、船舶、铁道车辆等工业中，主要用于焊接低碳钢、低合金高强度钢，也可用于焊接不锈钢、耐热钢、低温钢及纯铜等，特别适合于大批量焊接较厚的大型结构件的直线焊缝和大直径的环形焊缝。

三、气体保护电弧焊

气体保护电弧焊（简称气体保护焊或气电焊）是利用外加气体作为电弧介质并保护电弧和焊接区的电弧焊。气体保护焊按所用的电极材料不同，可分为熔化极气体保护焊和非熔化极气体保护焊两种；按所使用的保护气体分类，可分为氩弧焊、二氧化碳气体保护焊、氮弧焊、氦弧焊等。

（一）氩弧焊

氩弧焊是以氩气为保护气体的电弧焊。氩气是惰性气体，其在高温下不与金属发生化学反应，也不溶于金属，可以保护电弧区的熔池、焊缝和电极不受空气的有害影响，是一种理想的保护气体。按所使用的电极材料，氩弧焊可分为熔化极氩弧焊和非熔化极氩弧焊（钨极）两种，如图 6-31 所示。

氩弧焊的优点是：便于观察，操作灵活，适用于大多数金属材料及各种位置的焊缝；焊后无熔渣，生产率高；焊缝成形美观，熔池小，变形小，焊缝质量高；焊接电弧稳定，热量集中，飞溅较小。

氩弧焊的缺点是：所用设备及控制系统比较复杂，维修较难，氩气价格较贵，焊接成本高。

氩弧焊几乎可以焊接所有金属材料，如铝、镁、钛及其合金、低合金钢、耐热合金等，它可焊接 1mm 以下的薄板及某些异种金属，但氩弧焊对于低熔点和易蒸发金属的焊接较为困难。

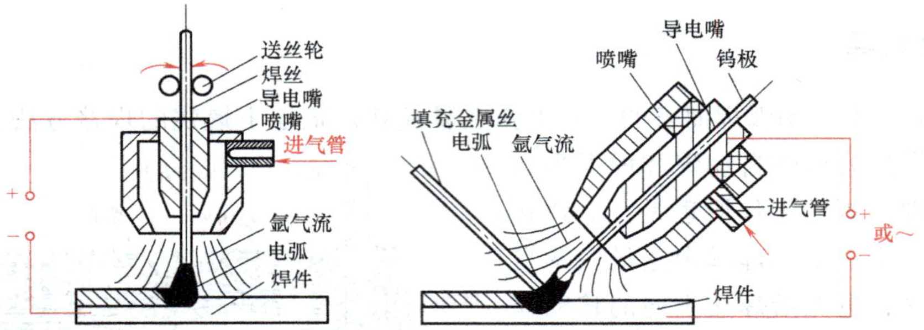

a) 熔化极氩弧焊　　b) 非熔化极氩弧焊

图 6-31　氩弧焊示意图

（二）二氧化碳气体保护焊

二氧化碳气体保护焊是用二氧化碳气体（CO_2）作为保护气体的一种熔化极气体保护焊。在焊接过程中，焊丝作为熔化电极，以自动或半自动的方式连续送进，二氧化碳气体从喷嘴中以一定流量喷出；电弧引燃后，电弧与熔池被二氧化碳气体包围，以防止空气侵入，如图 6-32 所示。CO_2 是氧化性气体，高温下能使钢中的合金元素烧损。所以，必须选择具有脱氧能力的合金钢焊丝，如 H08MnSi 等。

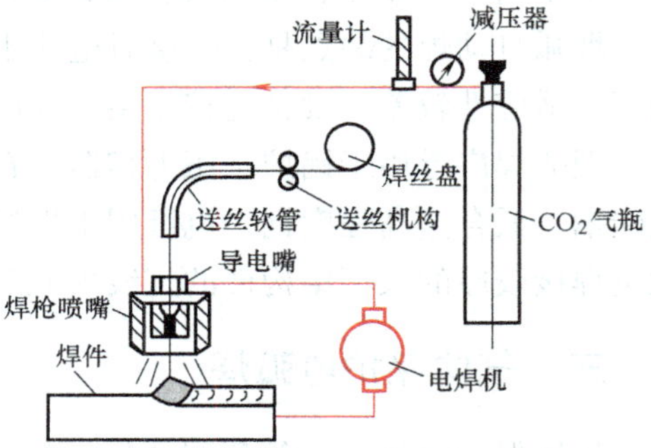

图 6-32　二氧化碳气体保护焊示意图

二氧化碳气体保护焊的优点是：CO_2 气体来源广、价格低，焊接成本低；电弧的穿透能力强，熔池深；明弧操作，操作性能好，适用范围广；无熔渣，焊接速度快，生产率高；热影响区小，焊件变形小，焊接质量高。

二氧化碳气体保护焊的缺点是：焊接设备较为复杂，要求采用直流电源；焊接时弧光较强，飞溅较大，易产生气孔，焊缝表面不平滑，室外焊接时对风比较敏感；焊接过程中 CO_2 的含量较大，需要采取劳动保护措施。

二氧化碳气体保护焊主要用于低碳钢和低合金钢薄板等材料的焊接。

四、电渣焊

电渣焊是利用电流通过液态熔渣所产生的电阻热进行焊接的工艺方法，如图 6-33 所示。焊接时，先在电极和引弧板之间引燃电弧，电弧熔化焊剂形成渣池。当渣池达到一定深度后，电弧熄灭，进入正常焊接阶段，这时电流通过电极并经过渣池传导到焊件，利用渣池产生的电阻热将渣池加热到 1700～2000℃，并使电极和焊件熔化。金属熔池在液态停留时间较长，熔化的金属由于密度较大，会沉入熔池底部形成焊缝，气孔与夹渣则由于密度小而上浮，形成金属熔池的保护层。一般来说，完成一道焊缝需要经历引弧造渣阶段、正常焊接阶段和引出阶段。根据所用电极形状不同，电渣焊可分为丝极电渣焊、板极电渣焊、熔嘴电渣焊和管极电渣焊。

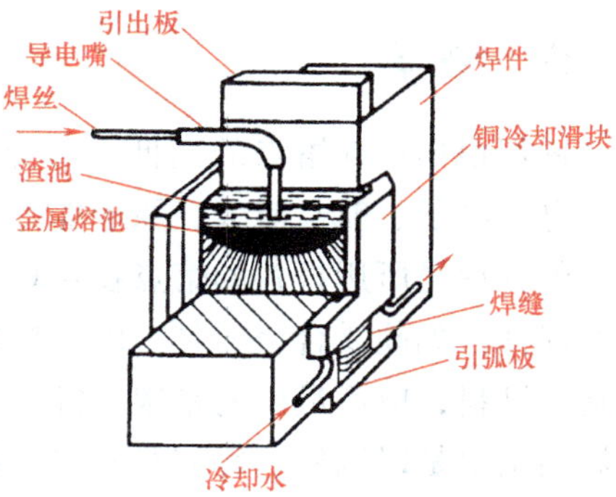

图 6-33　丝极电渣焊示意图

进行电渣焊时，焊缝应尽可能处于垂直位置，两焊件之间应留出 25 ~ 35mm 的间隙，焊件不需开坡口，一般是上端大、下端小，相差 3 ~ 6mm。间隙外部装有铜冷却滑块，以防止熔渣和液态金属外流，冷却水从铜冷却滑块中通过，促使金属熔池凝固并形成焊缝。

电渣焊的优点是：焊缝中的气孔和夹渣较少，焊缝金属纯净；焊缝不易出现淬硬组织和冷裂缝倾向；电能利用率高，准备工作简单，焊件不需要坡口加工和预热，生产效率高，劳动条件好。

电渣焊的缺点是：由于焊缝在高温下的停留时间长，容易产生晶粒粗大和过热组织；焊缝金属呈铸态组织，焊接接头的塑性和韧性较低，焊后一般需要进行正火或回火，以改善接头的组织与性能。

电渣焊特别适合于焊接厚板材，目前可焊接的板材最大厚度达 300mm，主要用于厚壁压力容器纵焊缝的焊接。电渣焊可以焊接非合金钢、耐热钢、不锈钢、铝及铝合金等。

五、电阻焊

电阻焊属于压焊，是焊件组合后通过电极施加压力，利用电流流过接头的接触面及邻近区域产生的电阻热进行焊接的方法。根据接头形式不同，电阻焊分为点焊、缝焊、凸焊和对焊，如图 6-34 所示。

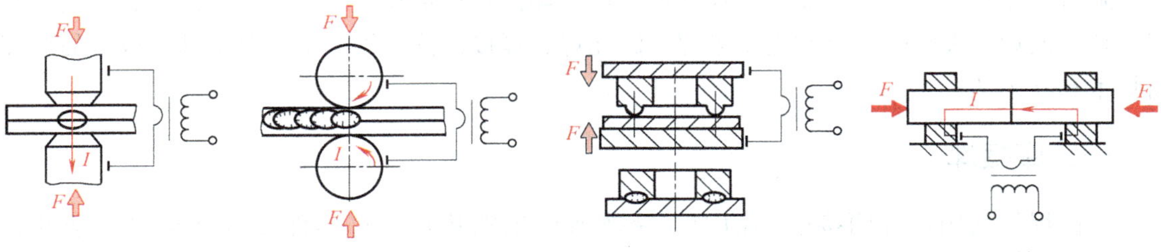

图 6-34　电阻焊示意图

电阻焊的优点是：操作简单，热量集中，加热时间短，工件变形小，焊接质量高，生产率较高，节省材料，生产成本较低，劳动条件好，易实现机械化与自动化。

电阻焊的缺点是：需要较大电功率的焊接设备，设备投资大，维修较难，耗电大，焊接接头的抗拉强度和疲劳强度相对较低。

电阻焊在航空、汽车、自行车、地铁车辆、建筑工程、量具、刃具、无线电等行业中应用广泛，主要用于低碳钢、不锈钢、铝及铝合金、铜及铜合金等金属材料的焊接。其中，点焊主要用于厚度在 3mm 以下的薄板的焊接；缝焊主要用于厚度在 2mm 以下的薄板的焊接；

对焊主要用于较大截面（直径或边长小于20mm）焊件与不同种类的金属和合金的对接。

六、钎焊

钎焊根据钎料熔点的高低，可分为硬钎焊和软钎焊。钎焊广泛应用于机械、汽车、轻工、电工电子、航空航天、原子能等领域。

硬钎焊是所用钎料的熔点在450℃以上的钎焊。硬钎焊适合焊接受力较大、工作温度较高的焊件，如硬质合金刀具。硬钎焊的钎料主要有铝基、铜基、银基、镁基、镍基、金基、钛基等钎料，应用最广的是银基钎料。焊接时需要加焊剂，用于清除接头处的氧化物。常用的焊剂主要是以硼砂、硼酸及其混合物为基体，以某些碱金属的氟化物、氟硼酸盐、氯化物等为添加剂。硬钎焊的加热方式有火焰加热、电阻加热、感应加热、炉内加热、电弧加热、激光加热等。

软钎焊是所用钎料的熔点在450℃以下的钎焊。软钎焊适合焊接受力不大的仪表、导电元件等。软钎焊的钎料主要有锡基、铅基、铋基、锌基等钎料，其中，锡铅钎料是应用最广的钎料。常用的焊剂是松香或氯化锌溶液。软钎焊的加热方式有铬铁加热、喷灯加热等。

钎焊的优点是：加热温度低于焊件熔点，焊件变形小，接头光滑平整，可以连接异种金属材料；某些钎焊方法可以一次焊多个工件、多个接头，生产率高。

钎焊的缺点是：接头强度较低，焊件工作温度不能太高，在焊接前需要仔细清洗和装配焊件。

模块四 焊接新技术与新工艺

随着工业和科学技术的发展，涌现出了许多焊接新技术和新工艺，如摩擦焊、等离子弧焊、超声波焊、爆炸焊、真空电子束焊、激光焊、焊接机器人等。下面介绍部分成熟的焊接新技术和新工艺。

一、摩擦焊

摩擦焊是利用焊件两接触端面相互摩擦所产生的热量，将焊件接合处加热到塑性状态，然后在压力的作用下使焊件金属原子相互结合的一种压焊方法，如图6-35所示。其特点是能够进行全位置焊接，操作简单，焊接变形小、质量高；劳动条件好，现场无烟尘、辐射、飞溅、噪声、弧光等危害；容易实现自动化，生产率高，耗能小；尤其适合于焊接异种材料，如铜与铝的焊接、铜与不锈钢的焊接等。但摩擦焊的设备投资较大，工件必须有一个是回转体，不宜焊接摩擦因数小的材料或脆性材料。摩擦焊主要用于等截面杆状工件的焊接。

二、等离子弧焊

等离子弧是利用等离子枪将阴极（如钨极）和阳极之间的自由电弧压缩成高温、高电离、高能量密度及高焰流速度的电弧。等离子弧焊是利用等离子弧作为热源进行焊接的工艺方法，如图 6-36 所示。等离子弧焊不仅能焊接大多数金属材料，而且能进行等离子切割，是一种极具发展前途的先进工艺。

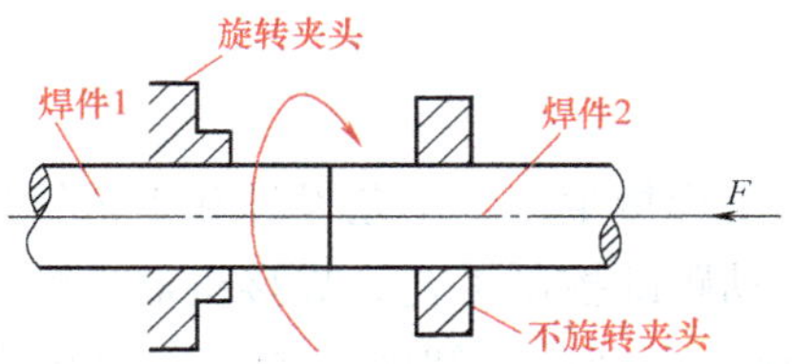

图 6-35　摩擦焊示意图

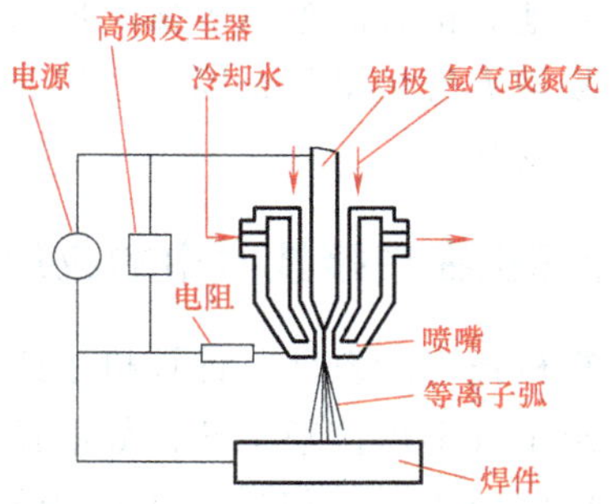

图 6-36　等离子弧焊示意图

等离子弧焊接的优点是：电弧稳定性好，能量高度集中，而且容易控制，弧柱温度高（可达 16000～33000K），穿透能力强，机械冲刷力强；焊接速度快，生产率高；焊缝深宽比大，热影响区小，变形小，焊接质量高。

等离子弧焊接的缺点是：设备复杂，投资较大，需要消耗大量的氩气，焊接成本高，而且焊接区的可见度较差。

等离子弧焊主要用于焊接某些焊接性差的金属材料和精细焊件等，如不锈钢、耐热钢、高强度钢及难熔金属材料等。此外，还可以焊接厚度为 0.025～2.5mm 的箔材及板材。

三、超声波焊

超声波焊是利用超声波的高频振荡能对焊件接头进行局部加热和表面清理，然后施加压力实现焊接的一种压焊方法。进行超声波焊时，由于无电流流经工件，无火焰，无电弧热源的影响，所以焊件表面无变形和热影响区，不需严格清理，焊接质量高，焊接速度快。超声波焊可以焊接用一般焊接方法难以或无法焊接的焊件和材料，如焊接铝、铜、镍等薄壁焊件，也适合于焊接异种材料。

四、爆炸焊

爆炸焊是利用炸药爆炸产生的冲击力使焊件迅速碰撞，并实现连接的一种压焊方法。可以说，任何具有足够强度和塑性，并能承受工艺过程所要求的快速变形的金属，均可以进行爆炸焊。爆炸焊的质量较高，工艺操作比较简单，非常适合于某些工程结构件的连接，如螺纹钢的对接、钢轨的对接、导电母线的过渡对接、异种金属（如钛金属与不锈钢）的连接等。

五、真空电子束焊

真空电子束焊是把焊件放置在真空中，将真空室内产生的电子束经聚焦和加速，轰击置于真空中的焊件，将电子束的动能转化的热能进行焊接的熔焊方法。其特点是能量利用率高，电子束穿透能力强，焊接速度快；焊缝窄而深，热影响区和焊接变形很小，焊接质量很高。但真空电子束焊设备复杂，投资成本高，对焊接接头的装配质量要求高。真空电子束焊可以焊接用其他焊接方法难以焊接的形状复杂的焊件，特别适合于焊接化学活泼性强、要求纯度高和极易被大气污染的金属，如铝、钛、锆、不锈钢、高强度钢等，也适合于焊接异种金属和非金属材料。

六、计算机在焊接技术中的应用

随着计算机技术的发展，计算机正逐步应用于焊接生产、工艺设计和工艺管理的各个方面，并涌现出了许多焊接新工艺，如电弧焊的自动跟踪控制工艺、焊接机器人的应用等。计算机在焊接中的应用，不仅提高了焊接的机械化、自动化和智能化程度，也提高了焊接质量、生产率和劳动安全性。

第七单元 金属切削加工基础

【学习指导】

本单元主要介绍切削运动、切削要素、刀具选用等基础知识。学习重点和要求是：第一，了解切削运动及其特点、切削用量三要素及其选用原则；第二，了解刀具材料、刀具几何角度的作用和常用刀具的选用方法；第三，本章内容的实践性强，学习时要利用模型、挂图、实物、电子教学片等资料进行对照学习，加深对内容的理解；第四，仔细地对所学内容进行分类、归纳和总结，以提高学习效果。

金属切削加工是使用切削刀具从毛坯上切除多余的材料，以获得几何形状、尺寸精度和表面质量等都符合要求的零件的加工过程。切削加工是在常温状态下进行的，包括机械加工和钳工加工两种。机械加工方法主要有车削、钻削、刨削、铣削、磨削、齿轮加工等，它在机械装备制造中占有重要地位，习惯上常说的切削加工往往是指机械加工（或冷加工）。钳工加工一般是由操作人员手持工具对工件进行加工，由于其使用的工具简单，操作灵活方便，在零件的制造、维修和装配中是不可缺少的加工方法。

模块一 切削运动与切削要素

一、切削运动

无论是哪种加工方法，都需要将工件和刀具装夹在机床上，由工人操作机床，并借助工件与刀具之间的切削运动，完成工件的切削加工。切削运动是切削过程中切削刀具与工件间的相对运动，它也是直接形成工件表面轮廓的运动，如图 7-1 所示。切削运动包括主运动和进给运动两个基本运动。

1. 主运动

主运动是由机床或人力提供的主要运动，它促使切削刀具和工件之间产生相对运动，从而使切削刀具的前面接近工件。主运动是直接切除切屑所需要的基本运动，主运动一般只有一个，它在切削运动中形成机床的切削速度，也是消耗机床功率最大的运动。机床主运动的

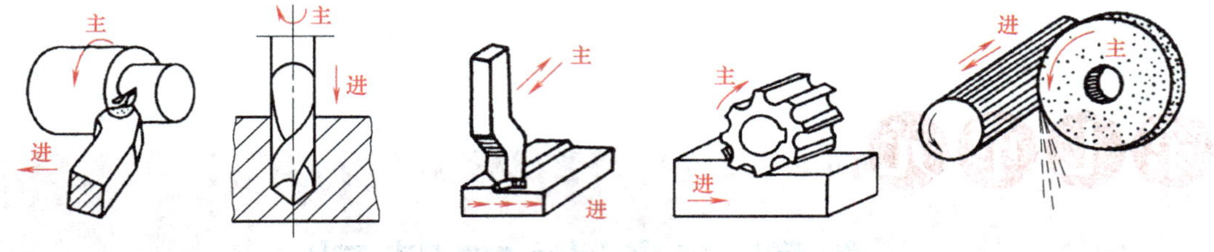

a) 车削　b) 钻削　c) 刨削　d) 铣削　e) 外圆磨削

图 7-1　切削运动

速度可达每分钟数百米至数千米，个别情况下切削速度比较低，如刨削、插削、拉削等。

主运动可以是刀具的旋转运动（如钻削时钻头的旋转，铣削时铣刀的旋转等），也可以是刀具的直线运动（如刨削时刨刀的运动、插削时插刀的运动、拉削时拉刀的运动等）。同时，主运动也可以是工件的旋转运动（如车削时工件的转动）或工件的直线运动（如龙门刨床上工件的直线运动）。多数机床的主运动是旋转运动，如车削、钻削、铣削、磨削中的主运动均为旋转运动。

2. 进给运动

进给运动是由机床或人力提供的运动，它使刀具与工件之间产生附加的相对运动，加上主运动，即可不断或连续地进行切削，并获得具有所需几何特性的已加工表面。在切削过程中，进给运动可能有一个（如钻削时钻头的轴向移动），也可能有若干个（如车削时车刀的纵向移动和横向移动）。进给运动的形式有平移的（直线）、旋转的（圆周）、连续的（曲线）及间歇的。直线进给运动又有纵向运动、横向运动和斜向运动三种。进给运动的速度一般远小于主运动速度，其消耗机床的功率也较少。

主运动和进给运动可以由刀具、工件分别完成，也可以由刀具全部完成主运动和进给运动。常见机床的主运动和进给运动见表 7-1 所示。

表 7-1　常见机床的主运动和进给运动

机床名称	主运动	进给运动	机床名称	主运动	进给运动
钻床	钻头的旋转运动	钻头的轴向进给	插床	插刀的直线运动	工件的纵向、横向间歇进给或圆周进给与分度
卧式车床	工件的旋转运动	车刀的纵向、横向和斜向直线运动	外圆磨床	砂轮的高速旋转	工件的转动及往复移动，砂轮的横向进给
卧式铣床 立式铣床	铣刀的旋转运动	工件的纵向、横向进给、垂直进给	内圆磨床	砂轮的高速旋转	工件的转动及往复移动，砂轮的横向进给
牛头刨床	刨刀的往复直线运动	工件的横向间歇进给或刨刀的垂直进给或斜向进给	平面磨床	砂轮的高速旋转	工件的往复移动，砂轮的横向、垂直进给
龙门刨床	工件的往复直线运动	刨刀的横向、垂直、斜向间歇进给	卧式镗床	镗刀的旋转运动	工件的进给或镗刀的进给

二、切削用量三要素

切削用量三要素是切削加工过程中的切削速度、进给量和背吃刀量的总称，要完成工件的切削过程，切削速度、进给量和背吃刀量三者缺一不可。在每次切削中，工件上会形成三个表面，即待加工表面（工件上有待切除的表面）、已加工表面（工件上经刀具切削后产生的表面）和过渡表面（工件上由切削刃正在切削的表面），如图 7-2 所示。

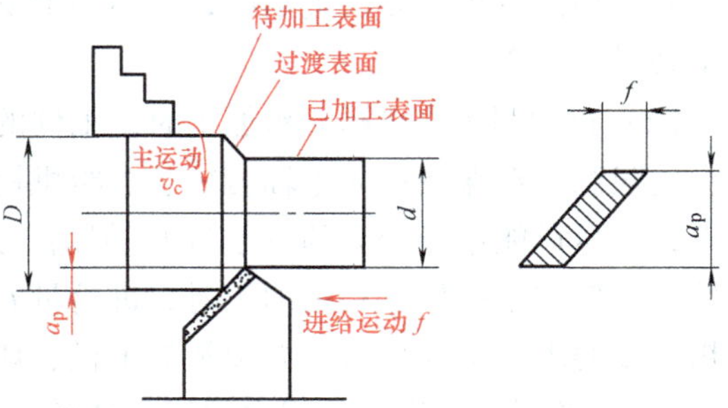

图 7-2　切削用量三要素和切削过程中形成的三个表面

1. 切削速度 v_c

切削速度是进行切削加工时，刀具切削刃上的某一点相对于待加工表面在主运动方向上的瞬时速度。切削速度的单位是 m/s。当主运动是旋转运动时，切削速度是指圆周运动的线速度，即

$$v_c = \pi Dn/(60 \times 1000)$$

式中　D——工件或刀具在切削表面上的最大回转直径（mm）；

n——主运动的转速（r/min）。

当主运动为往复直线运动时，其平均切削速度为

$$v_c = 2L_m n_r/(60 \times 1000)$$

式中　L_m——刀具或工件往复直线运动的行程长度（mm）；

n_r——主运动每分钟的往复次数，即行程数（str/min）。

2. 进给量 f

进给量是指主运动的一个循环内（一转或一次往复行程），刀具在进给方向上相对于工件的位移量。车削时，进给量 f 是指工件旋转一周，车刀沿进给方向移动的距离（mm/r）。

3. 背吃刀量 a_p

背吃刀量一般是指工件已加工表面与待加工表面间的垂直距离，也称切削深度，单位为 mm。车削外圆时的背吃刀量如图 7-2 所示，其公式为

$$a_p = (D - d)/2$$

式中　D——待加工表面的直径（mm）；

d——已加工表面的直径（mm）。

4. 切削用量三要素的选用原则

切削用量三要素是调整机床运动的主要依据，它直接影响工件的加工质量、刀具的磨损与使用寿命、机床的动力消耗及生产率。由于切削速度 v_c、进给量 f、背吃刀量 a_p 对切削温度和刀具寿命的影响程度不同，因此，应根据工件的加工性质和切削要求，立足于不同的侧重点，选择合理的切削用量三要素。

（1）背吃刀量 a_p 的选择　背吃刀量 a_p 应根据工件的加工余量尽量以一次进给切除全部加工余量。当加工余量过大、机床功率不足、工艺系统刚性较低、刀具强度不够或断续切削

的冲击振动较大时，可选择多次分步进给，完成切削过程。当毛坯件的切削表面有硬皮时，应尽量使背吃刀量 a_p 大于硬皮层的深度，以保护刀尖不受损坏。半精加工或精加工的加工余量一般较小，可一次切除；但有时为了保证工件的加工精度和表面质量，也可分两次进给，完成切削过程。多次进给时，应尽量将第一次进给的背吃刀量 a_p 取得大些，一般取总加工余量的2/3～3/4。

（2）进给量 f 的选择　粗加工时，工件的加工精度要求较低，进给量 f 的选择主要受切削力的限制。在保证机床主轴转矩、进给机构的强度、工件的刚度及刀具的强度和刚度等条件下，应尽可能选择较大的进给量 f。但由于进给量 f 对工件的表面粗糙度 Ra 值影响很大，因此，一般在半精加工和精加工时，进给量 f 应选择较小值。实际生产中，是根据工件的表面粗糙度要求、工件材料、刀尖圆弧半径、切削速度等条件进行综合考虑，来选择合理的进给量 f。当切削速度提高，刀尖圆弧半径增大，或者刀具磨有修光刃时，可以选择较大的进给量 f，以提高生产率。

（3）切削速度 v_c 的选择　在背吃刀量 a_p 和进给量 f 选定以后，可在保证刀具合理使用寿命的条件下，确定合理的切削速度 v_c。粗加工时，背吃刀量 a_p 和进给量 f 都较大，切削速度 v_c 主要受工件加工质量和刀具使用寿命的限制。在工件强度和硬度较高，切削加工性较差时，应选择较低的切削速度 v_c。例如，与切削中碳钢相比，切削合金钢、高锰钢、不锈钢、铸铁等时，切削速度 v_c 应降低20%～30%；切削非铁金属时，切削速度 v_c 可适当提高1～3倍；在断续切削或加工较大工件、细长工件及薄壁工件时，应选择较低的切削速度 v_c。另外，选择切削速度 v_c 时，应尽量避开容易产生积屑瘤和共振的速度范围。

模块二　刀具材料、角度及刀具的选用

一、刀具材料

刀具是完成工件切削加工过程的基本工具。刀具的种类很多，但无论哪种刀具，一般都是由刀柄（或称刀体、夹持部分）与刀头（或称切削部分）两部分组成的。刀柄用于夹持刀具，刀头用于切削加工。对于刀具来说，刀具材料的优劣，对于刀具的使用寿命和工件的加工质量有着直接的影响。通常将刀头用焊接（如钎焊）或用机械夹固的方法固定在刀柄上，以降低刀具的制造成本，因此，刀具材料实际上是指刀头部分的制作材料。

1. 刀具材料应具备的基本性能

一般来说，刀具刀柄部分的制作材料只要求具有足够的强度和刚度，因此，普通钢材即可满足其使用要求。刀具的刀头部分由于在切削加工过程中会受到高温、高压、强烈的摩擦作用及需要进行加工成形等，其制作材料必须具有高硬度、高耐磨性、高热硬性，良好的化学稳定性，足够的强度与韧性，良好的热塑性、磨削加工性、焊接性及热处理工艺性等。

2. 常用刀具材料

目前，刀具材料主要有碳素工具钢、合金工具钢、高速工具钢、硬质合金及其他新型刀具材料。

（1）碳素工具钢 此类钢淬火后具有较高的硬度（60～64HRC 或 81～83HRA），且价格较低。但是其热硬性差，当工作温度高于 250℃时，钢的硬度会显著降低，允许的切削速度（v_c＜10m/min）较低，主要用于制造手工用切削刀具及低速切削刀具，如手工用铰刀、丝锥、板牙等，不宜用来制造形状复杂的刀具。常用碳素工具钢有 T10 钢或 T10A 钢、T12 钢或 T12A 钢等。

（2）合金工具钢 此类钢淬火后具有较高的硬度（60～65HRC 或 81～84HRA），其价格较高，热硬性温度为 300～350℃，允许的切削速度比碳素工具钢稍高些，主要用于制造形状比较复杂，要求淬火后变形小的切削刀具，如冷剪切刀、板牙、丝锥、铰刀、搓螺纹板、拉刀等。常用合金工具钢有 9CrSi 钢、CrWMn 钢、Cr12 钢、Cr12MoVA 钢等。

（3）高速工具钢 此类钢淬火后具有高硬度（63～70HRC 或 83～87HRA），其价格高，热硬性温度可达 550～650℃，允许的切削速度比碳素工具钢高 1～2 倍，主要用于制造切削速度较高的精加工切削刀具和结构复杂的切削刀具，如车刀、铣刀、麻花钻头、丝锥、滚刀、拉刀、铰刀、齿轮刀具、宽刃精刨刀等。常用高速工具钢有 W18Cr4V 钢、W6Mo5Cr4V2 钢、W2Mo9Cr4V2 钢和 W12Cr4V5Co5 钢等。

（4）硬质合金 由作为主要组元的一种或几种难熔金属碳化物和金属粘结剂组成的烧结材料称为硬质合金。其中，难熔金属碳化物主要以碳化钨（WC）、碳化钛（TiC）、碳化钽（TaC）、碳化铌（NbC）等的粉末为主要成分，金属粘结剂主要以钴（Co）粉末为主。将上述材料混合均匀后，放入压模中压制成形，最后经高温（1400～1500℃）烧结后即形成硬质合金材料。硬质合金不仅提高了切削刀具的热硬性和耐磨性，而且进一步提高了切削质量和切削效率。

硬质合金的硬度高（最高可达 92HRA），热硬性好，在 800～1000℃时，其硬度可保持在 60HRC 以上；耐磨性好，比高速工具钢高 15～20 倍；允许的切削速度约为高速工具钢的 4～10 倍，刀具寿命可提高 5～80 倍。硬质合金具有的优良特性是由其组成成分决定的，因为组成硬质合金的主要成分 WC、TiC、TaC 和 NbC 等都具有很高的硬度、耐磨性和热稳定性。但与高速工具钢相比，硬质合金的价格高，抗弯强度低，韧性较差，线胀系数小，导热性差，怕振动和冲击，成形加工较难。硬质合金主要用于制造高速切削刀具和要求具有高耐磨性的切削刀具（如麻花钻、车刀、铣刀等），用于各种金属零件的半精加工和精加工等。

硬质合金一般不能用切削的方法进行加工，可采用特种加工（如电火花加工、线切割等）或专门的砂轮进行磨削。通常硬质合金刀片是采用钎焊、粘结或机械装夹等方法固定在刀柄上。由于硬质合金的导热性差，在磨削和焊接硬质合金时，应避免急热和急冷，否则会形成很大的热应力，甚至产生表面裂纹。

硬质合金按用途范围不同，可分为切削加工用硬质合金，地质、矿山工具用硬质合金，以及耐磨零件用硬质合金。

根据 GB/T 18376.1—2008 的规定，切削工具用硬质合金牌号按使用领域的不同，可分为 P、M、K、N、S、H 六类，见表 7-2。为满足不同的使用要求，以及根据切削工具用硬质合金材料的耐磨性和韧性的不同，各类别又可分成若干个组，并用 01、10、20 等两位数字表示其组号。必要时，可在两个组号之间插入一个补充组号，用 05、15、25 等表示。

表 7-2　切削工具用硬质合金的类别及其使用领域

类　别	使　用　领　域
P	长切屑材料的加工，如钢、铸钢、长切屑可锻铸铁等
M	通用合金的加工，如不锈钢、铸钢、锰钢、可锻铸铁、合金钢、合金铸铁等
K	短切屑材料的加工，如铸铁、冷硬铸铁、短切屑可锻铸铁、灰铸铁等
N	非铁金属、非金属材料的加工，如铝、镁、塑料、木材等
S	耐热和优质合金材料的加工，如耐热钢，含镍、钴、钛的各类合金材料等
H	硬切削材料的加工，如淬硬钢、冷硬铸铁等

【拓展知识——穿甲弹】

俗话说，“打铁先得自身硬”，要想击穿坦克装甲，没有金刚钻是不行的。穿甲弹（图 7-3）是依靠弹丸的动能穿透装甲并摧毁目标的炮弹。穿甲弹的弹丸一般采用比坦克装甲硬得多的硬质合金材料制造。穿甲弹的特点是初速度高，直射距离大，射击精度高，它是坦克炮和反坦克炮的主要弹种，也配备于舰炮、海岸炮、高射炮和航空机关炮，主要用于击毁坦克、自行火炮、装甲车辆、舰艇、飞机、坚固防御工事等。穿甲弹一旦触及目标，就会在钢甲表面打个凹坑，并将凹坑底面的钢甲像冲塞子一样顶出去。此时虽然弹丸的头部已经破裂，但弹体在强大惯性力的冲击下，仍会继续前冲。当撞击力达到一定数值时，引信将被触发点燃，引起弹丸炸药爆炸，杀伤坦克内的乘员和破坏武器装备。

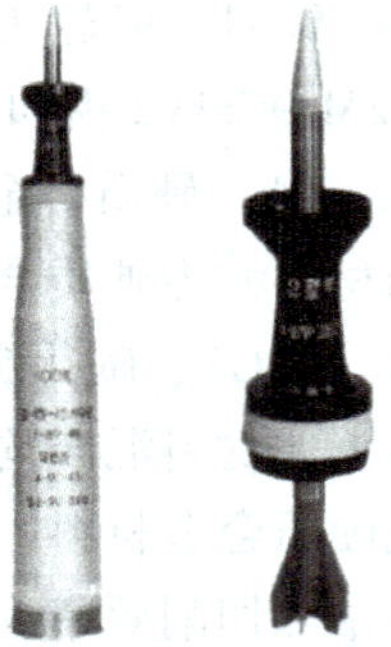

图 7-3　穿甲弹

（5）其他新型刀具材料　其他新型刀具材料主要是指陶瓷材料、立方氮化硼、人造金刚石等。

陶瓷材料的主要成分是 Al_2O_3。陶瓷刀具的特点是具有很高的硬度、耐磨性和耐热性，切屑与刀具前面的粘结小，但其抗弯强度和冲击韧度差，主要用于制作各种刀片，加工冷硬铸铁、高硬钢、高强度钢，以及用于难加工材料的半精加工和精加工。未来，随着人们对陶瓷材料的深入研究和不断对其进行改进，陶瓷材料在机械加工方面的应用会越来越广。

人造金刚石的硬度仅次于天然金刚石，其耐磨性极好。但人造金刚石的韧性和抗弯强度很差，热稳定性也很差，当切削温度达到 700～800℃时，就会失去高硬度，因此，人造金刚石不能在高温下进行切削。它不仅可以加工高硬度的硬质合金、陶瓷、玻璃等材料，还可以加工非铁金属及其合金，但不宜加工钢铁材料，这是因为铁与碳原子的亲合力较强，容易产生粘接现象而导致刀具的磨损加快。人造金刚石主要用于制造各种车刀、镗刀、铣刀等，可用于加工非铁金属、陶瓷、合成纤维、强化塑料和硬橡胶等。

立方氮化硼也是人工合成的高硬度材料，其硬度仅次于金刚石，耐磨性很好，耐热性（可达 1200℃）和化学稳定性都高于金刚石，可承受很高的切削温度。立方氮化硼的切削加工性能好，既可制成整体刀片，也可与硬质合金制成复合刀片，主要用于淬硬钢、耐磨铸铁、高温合金等难加工材料的半精加工和精加工。但立方氮化硼的脆性高，使用时要求机床刚性好，主要用于连续切削，应避免冲击和振动。

二、刀具角度

切削加工中使用的刀具种类繁多，其尺寸大小和几何形状的差别也较大，但各种刀具的几何角度却有相同之处，都可看作车刀的组合和演变。刀具角度是确定刀头几何形状和切削性能的重要参数。

1. 车刀的组成

以外圆车刀为例，从图 7-4 中可以看出，车刀的切削部分由三个刀面、两个切削刃和一个刀尖组成。

前面（或前刀面）是切屑流过的表面，用符号 A_γ表示。前面可以是平面，也可以是曲面，其作用是使切屑顺利流出。

主后面（或后刀面）是与工件上切削中产生的过渡表面相对的表面，用符号 A_α 表示。它倾斜一定的角度以减小与工件的摩擦。

副后面是刀具上同前面相交形成副切削刃的表面，用符号 A'_α表示。它倾斜一定的角度以免擦伤已加工表面。

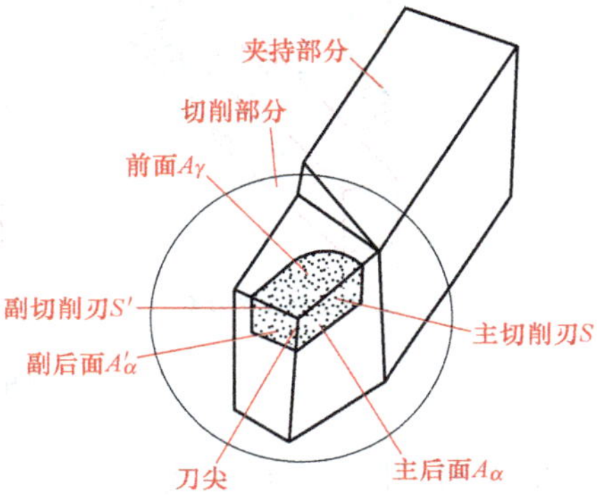

图 7-4 外圆车刀组成示意图

主切削刃是前面与主后面的交线，用符号 S 表示。它担负主要的切削任务。

副切削刃是前面与副后面的交线，用符号 S'表示。它是刀具主切削刃以外的切削刃，仅担负少量的切削任务。

刀尖是主切削刃与副切削刃连接处相当少的一部分切削刃。刀尖并非绝对尖锐，一般呈圆弧状，以保证其具有足够的强度和耐磨性。

2. 基本平面和测量平面

为了确定车刀各刀面及切削刃的空间位置，必须选定一些基本平面和测量平面作为基准。基本平面包括基面（P_r）和切削平面（P_s），两者相互垂直；测量平面包括正交平面（P_o）、法平面（P_n）、假定工作平面（P_f）和背平面（P_p）。

基面是过切削刃选定点的平面，它平行（或垂直）于刀具在制造、刃磨及测量时适合于安装或定位的一个平面（或轴线），用符号表 P_r示。

切削平面是通过切削刃选定点与切削刃相切并垂直于基面的平面，用符号表 P_s示。

正交平面是通过切削刃选定点并同时垂直于基面和切削平面的平面，用符号表 P_o示。

法平面是通过切削刃选定点并垂直于切削刃的平面，用符号 P_n表示。

假定工作平面是通过切削刃选定点并垂直于基面，且平行或垂直于刀具在制造、刃磨及测量时适合安装或定位的一个平面或轴线的平面，用符号 P_f表示。一般情况下，假定工作平面平行于假定的进给运动方向。

背平面是通过切削刃选定点并垂直于基面和假定工作平面的平面，用符号 P_p 表示。

由基本平面和测量平面可以组成不同的静止参考系。常用的参考系是正交平面参考系，由基面（P_r）、切削平面（P_s）和正交平面（P_o）组成，三者之间是相互垂直的，如图7-5a所示；法平面参考系由基面（P_r）、切削平面（P_s）和法平面（P_n）组成，如图7-5b所示；假定工作平面和背平面参考系由基面（P_r）、假定工作平面（P_f）和背平面（P_p）组成，如图7-5c所示。

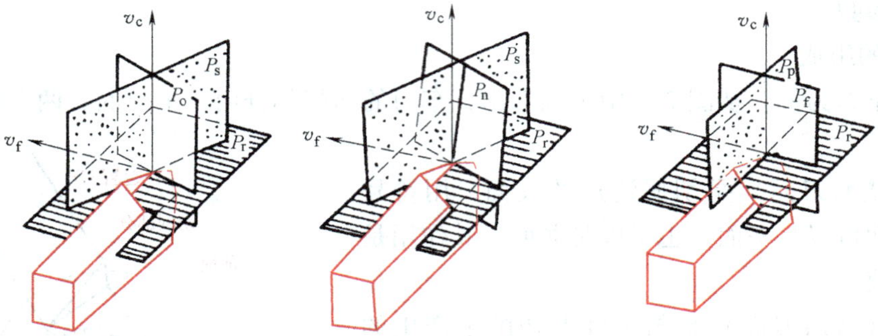

a) 正交平面参考系　　b) 法平面参考系　　c) 假定工作平面和背平面参考系

图 7-5　车刀静止参考系

3. 车刀切削部分的主要角度

外圆车刀的切削部分一般有五个基本角度，即前角 γ_o、后角 α_o、主偏角 κ_r、副偏角 κ'_o 和刃倾角 λ_s，如图 7-6 所示。

（1）前角　前角 γ_o是在正交平面中测量的由前面与基面构成的夹角。前角表示前面的倾斜程度，并有正、负和零之分，如图 7-7 所示。增大前角时，刀具锋利，切屑容易流出，切削省力；但前角太大，则刀具的强度会降低。硬质合金车刀的前角一般是 $-5° \sim +40°$。当工件材料的硬度较低、塑性较好或精加工时，前角应取较大值；反之，前角应取较小值。

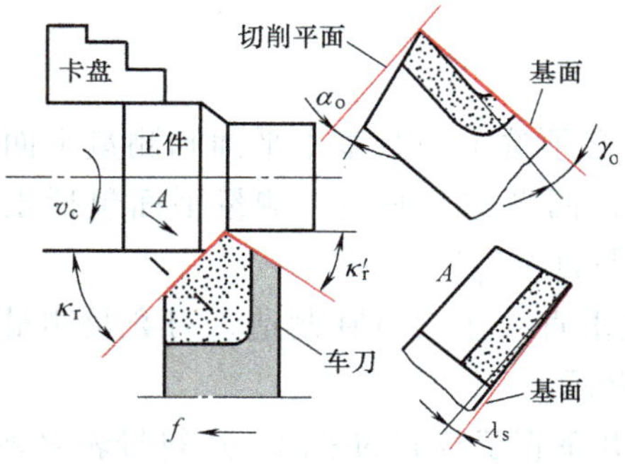

图 7-6　外圆车刀的五个基本角度

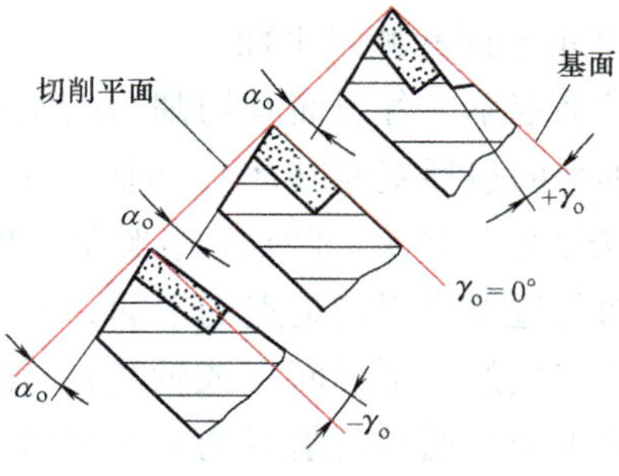

图 7-7　外圆车刀前角的正与负

（2）后角　后角 α_o是在正交平面中测量的后面与切削平面构成的夹角。后角表示后面的倾斜程度，后角增大，可减小切削刀具的后面与工件之间的摩擦；但后角太大，则刀具强度将降低。粗加工时，后角一般取 $\alpha_o = 5° \sim 8°$；精加工时，后角一般取 $\alpha_o = 8° \sim 12°$。

（3）主偏角　主偏角 κ_r 是在基面中测量的，主切削刃在基面上的投影与进给方向之间的夹角。它表示主切削刃在基面上的方位。增大主偏角可使轴向切削力加大，径向切削力减小，有利于加工细长轴类零件，也有利于消除振动，但刀具磨损加大，散热条件较差。车刀常用的主偏角 κ_r 有 45°、60°、75°和 90°四种规格。粗加工时选较小的主偏角，精加工时取较大的主偏角。

（4）副偏角　副偏角 κ'_o 是在基面中测量的，副切削刃在基面上的投影与进给反方向之间的夹角。它表示副切削刃在基面上的方位。副偏角 κ'_o 的大小对工件的表面粗糙度 Ra 值有直接影响，增大副偏角可减小副切削刃与工件已加工表面之间的摩擦，改善散热条件，但工件的表面粗糙度 Ra 值将增大。副偏角一般取 $\kappa'_o = 5° \sim 15°$，粗加工时取较大值，精加工时取较小值。

（5）刃倾角　刃倾角 λ_s 是在切削平面内测量的主切削刃与基面之间的夹角。规定当主切削刃上的刀尖为最低点时，λ_s 为负值；主切削刃与基面平行时，$\lambda_s = 0$；主切削刃上的刀尖为最高点时，λ_s 为正值。刃倾角一般为 $-5° \sim 10°$，粗加工时取负值，精加工时取正值。刃倾角的主要作用是控制切屑流出的方向，如图 7-8 所示。

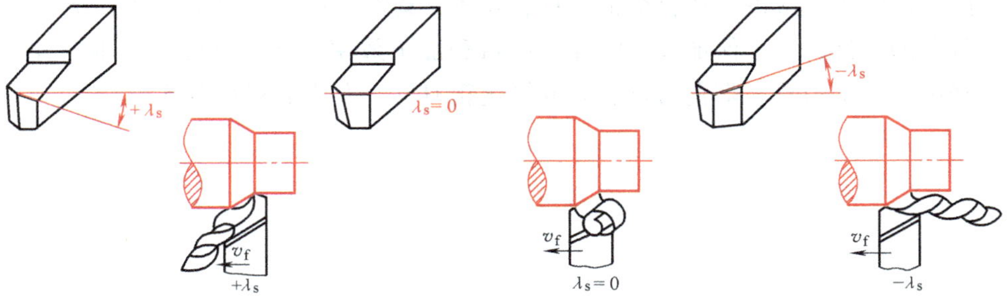

图 7-8　刃倾角的正负及其作用

三、刀具的选用

刀具的种类很多，各种刀具的用途也不相同。因此，选择刀具时，需要根据零件的形状与尺寸、制作材料，加工零件所使用的设备与夹具，零件的加工性质（如车削、铣削、刨削等）、加工精度（如粗加工、半精加工、精加工）、加工成本等因素进行综合分析后确定。选择刀具的具体方法如下。

（1）根据零件的形状与尺寸选择刀具　如果零件是轴类、法兰盘类、销套类等回转体零件，则一般需要进行车削、磨削等加工，因此，加工此类零件时可以选择车刀、镗刀、砂轮等刀具；如果是普通螺纹连接类零件，则一般仅需要进行车削加工，因此，加工此类零件时可以选择外圆车刀、镗孔车刀和螺纹车刀等刀具；如果是丝杠类螺纹零件，则一般需要进行车削、铣削和磨削加工，因此，加工此类零件可以选择外圆车刀、螺纹铣刀和砂轮等刀具；如果是平面类零件，则一般需要进行刨削、铣削和磨削加工，因此，加工此类零件时可以选择刨刀、铣刀和砂轮等刀具；如果是箱体类零件，则一般需要进行刨削、铣削、镗孔和磨削加工，因此，加工此类零件时可以选择刨刀、铣刀、镗刀和砂轮等刀具。

（2）根据零件的制作材料选择刀具　如果零件的制作材料比较硬，一般选择硬质合金刀具、陶瓷刀具、立方氮化硼刀具等；相反，如果零件的制作材料比较软，则可以选择高速工具钢刀具、硬质合金刀具、人造金刚石刀具等。

（3）根据加工零件所使用的设备与夹具选择刀具　例如，如果零件在卧式车床上进行切断或切槽，则需要选择切断刀和切槽刀；如果零件在卧式铣床上进行切断或切槽，则需要选择三面刃铣刀和锯片铣刀；如果在组合机床上使用钻模对大批量零件进行钻孔，则需要采用多轴钻。

（4）根据零件的加工性质选择刀具　生产一件合格的零件一般需要经历多个工序才能逐步完成。例如，带有键槽的圆轴类零件需要经过车削、铣削、磨削等工序，应根据所进行工序使用的设备选择相应的刀具。

（5）根据零件的加工精度选择刀具　当零件位于粗加工阶段时，一般选择韧性比较好的高速工具钢刀具；当零件位于半精加工和精加工阶段时，一般选择耐磨性和热硬性比较好的硬质合金刀具、陶瓷刀具、立方氮化硼刀具、人造金刚石刀具等。

（6）根据零件的加工成本选择刀具　对于普通的、精度较低的和不复杂的零件，为了降低刀具的使用成本，可以选择合金钢刀具、高速工具钢刀具等；相反，对于特殊的、精度较高的和复杂的零件，为了保证零件的加工质量和加工效率，在刀具使用成本可控范围内，应尽量选择硬质合金刀具、陶瓷刀具、立方氮化硼刀具、人造金刚石刀具等。

第八单元 金属切削机床及其应用

【学习指导】

本单元主要介绍金属切削机床的分类及型号，钻床、车床、铣床、磨床、数控机床及其应用等内容。学习重点和要求是：第一，了解金属切削机床的分类及型号编制方法；第二，了解各类车床的种类、基本组成、应用范围及加工特点；第三，了解常用特种加工工艺的设备、加工方法及加工特点；第四，了解先进加工技术；第五，了解零件生产过程基础知识和表面加工方法；第六，本章内容的实践性强，学习时要利用模型、挂图、实物、电子教学片等资料进行对照学习，加深对内容的理解，同时要初步形成一定程度的实践技能；第七，仔细地对所学内容进行分类、归纳和总结，以提高学习效果。

由于现代机械设备的精度和性能要求越来越高，对组成机械设备的大部分机械零件不仅在尺寸与形状的精度方面有较高的要求，对其表面加工质量也有较高的要求。为了满足这些要求，除了较少的一部分零件是采用精密铸造或精密锻造方法及其他先进成形技术直接获得外，大部分机械零件都要部分或全部地依靠切削加工的方法获得。因此，学习金属切削机床及其加工方法的基础知识，对于从事金属加工工作的各类人员来说是非常必要和重要的。

模块一 金属切削机床的分类及型号

金属切削机床是用切削刀具对工件进行切削加工的机器，简称机床，它是现代机械装备的主要加工设备。

一、金属切削机床的分类

机床的分类方式有多种。目前，我国金属切削机床主要按照加工方式、加工对象、切削刀具及机床的用途进行分类，共分为 12 大类（表 8-1），即车床、钻床、镗床、磨床、齿轮加工机床、螺纹加工机床、铣床、刨插床、拉床、电加工机床、切割机床及其他机床。其中，最基本的 5 类金属切削机床是车床、铣床、钻床、刨床和磨床。在同一类金属切削机床中，按加工精度的不同，可分为普通机床（万能机床）、精密机床和高精度机床三个等级；

按机床使用范围的不同，可细分为通用机床和专用机床；按机床自动化程度的高低，可分为手动机床、机动机床、半自动机床、自动化机床及数控机床；按机床尺寸和质量的大小，可分为一般机床和重型机床等。

表 8-1　各类机床的用途

机床类别	用　途	机床类别	用　途
车床	用于加工回转体零件	铣床	用于加工平面和成形面
钻床	用于粗加工孔	刨插床	用于加工平面和沟槽
镗床	用于加工尺寸较大的孔和非标准孔	拉床	用于高效率加工零件的平面和孔等
磨床	用于零件表面的精加工	电加工机床	用于某些特种零件的成形加工
齿轮加工机床	专门用于加工齿轮	切割机床	用于下料和切割加工
螺纹加工机床	专门用于加工螺纹	其他机床	

二、金属切削机床型号的编制方法

金属切削机床的型号用来表示机床的类别、特性代号、组别代号、型别代号、主要性能参数代号、机床重大改进序号等。金属切削机床的型号由大写汉语拼音字母和阿拉伯数字组成。

1. 金属切削机床的类别代号

金属切削机床型号中的第一个字母表示机床的类别，用机床名称汉语拼音的第一个大写字母表示，见表 8-2。例如，用“C”表示“车床”，读作“车”；用“Z”表示“钻床”，读作“钻”。

表 8-2　机床的类别和类别代号

类别	车床	钻床	镗床	磨　床			齿轮加工机床	螺纹加工机床	铣床	刨插床	拉床	电加工机床	切割机床	其他机床
代号	C	Z	T	M	2M	3M	Y	S	X	B	L	D	G	Q
读音	车	钻	镗	磨	二磨	三磨	牙	丝	铣	刨	拉	电	割	其

2. 金属切削机床的特性代号

金属切削机床的特性代号包括通用特性和结构特性，也用汉语拼音字母表示。

（1）通用特性代号　当某类机床，除有普通形式外，还有如表 8-3 所列的各种通用特性时，应在类别代号之后加上相应的通用特性代号，如 CM6132 型号中的“M”表示“精密”，是指精密卧式车床。如果某类机床仅有某种通用特性，而无普通形式，则通用特性可不予表达，如 C1312 型号表示“单轴六角自动车床”，由于此类机床中没有普通形式，故可不表示“Z（自动）”的通用特性。一般在一个型号中只表示最主要的一个通用特性，通用特性在各类机床中代表的含义是一样的。

表 8-3　机床的通用特性代号

通用特性	高精度	精密	自动	半自动	数控	加工中心自动换刀	仿形	轻型	加重型	简式或经济型	柔性加工单元	数显	高速	万能
代号	G	M	Z	B	K	H	F	Q	C	J	R	X	S	W
读音	高	密	自	半	控	换	仿	轻	重	简	柔	显	速	万

（2）结构特性代号　结构特性代号是为了区别主参数相同而结构不同的机床而设置的代号，如 CA6140 和 C6140 是结构有区别而主参数相同的普通车床。结构特性代号在型号中用汉语拼音字母区分，这些字母是根据各类机床的情况分别规定的，在不同机床型号中其含义可以不同。当机床既有通用特性代号，也有结构特性代号时，结构特性代号应排在通用特性代号之后，凡通用特性代号已用的字母及字母“I”、“O”不可作为结构特性代号使用。

3. 金属切削机床的组、型代号

每类机床按其用途、性能、结构相近或有派生关系，分为若干组（如车床分为 10 组，用阿拉伯数字数字“0～9”表示），每个组又分为若干个型。组别和型别的数字写在机床型号中，跟在机床类别代号字母或特性代号字母之后，第一位数字表示机床的组别，第二位数字表示机床的型别。目前，我国机床分为 12 类 50 组 443 型。例如，CM6132 中的“6”表示落地及卧式车床组，“1”表示卧式车床型。常见机床的组与型代号、主参数及折算系数值见表 8-4。

表 8-4　常见机床的组与型代号、主参数及折算系数值

机床类别	组别代号	型别代号	机 床 名 称	主　参　数	折算系数	第二主参数
车床	1	1	单轴纵切自动车床	最大棒料直径	1	
	3	1	滑鞍转塔车床	卡盘直径	1/10	
	5	2	双柱立式车床	最大车削直径	1/100	最大工件高度
	6	0	落地车床	最大工件回转直径	1/100	最大工件长度
		1	卧式车床	床身上最大回转直径	1/10	最大车削长度
钻床	2	1	深孔钻床	最大钻孔直径	1/10	
	3	0	摇臂钻床	最大钻孔直径	1	最大跨距
	5	1	方柱立式钻床	最大钻孔直径	1	轴数
镗床	4	1	立式单柱坐标镗床	工作台面宽度	1/10	工作台面长度
	5	1	立式镗床	最大镗孔直径	1/10	
	6	1	卧式镗床	镗轴直径	1/10	
铣床	1	0	悬臂铣床	工作台面宽度	1/100	工作台面长度
	4	3	平面仿形铣床	最大铣削宽度	1/10	最大铣削长度或高度
	5	0	立式升降台铣床	工作台面宽度	1/10	工作台面长度
	6	1	万能升降台铣床	工作台面宽度	1/10	工作台面长度

（续）

机床类别	组别代号	型别代号	机床名称	主参数	折算系数	第二主参数
刨床	2	0	龙门刨床	最大刨削宽度	1/100	最大刨削长度
	6	0	牛头刨床	最大刨削长度	1/10	
磨床（M）	1	3	外圆磨床	最大磨削直径	1/10	最大磨削长度
	2	1	内圆磨床	最大磨削直径	1/10	
	7	1	卧轴矩台平面磨床	工作台面宽度	1/10	工作台面长度
螺纹加工机床	7	3	螺纹磨床	最大工件直径	1/10	最大工件或磨削长度
	7	4	丝杠车床	最大工件直径	1/10	

4. 金属切削机床的主参数

金属切削机床的主参数表示机床规格的大小和工作能力。在机床型号中，表示机床组和型的两个数字后面的数字表示机床的主参数或主参数的折算系数（1/10 或 1/100 的整数值），如卧式车床的主参数是工件的最大回转直径，其直径（单位 mm）数除 10 即为车床的主参数值。有时金属切削机床的型号中除主参数外，还需表明第二主参数（也用折算值），第二主参数一般指主轴数、最大跨距、最大磨削长度、最大工件长度、工作台工作面长度及最大模数等。

（1）主轴数的代号　多轴机床的主轴数目要用阿拉伯数字表示在型号后面，并用“·”分开，读作“点”。例如，C2140·6 表示加工最大棒料直径为 40mm（主参数不折算）的卧式六轴自动车床。

（2）最大跨距、最大磨削长度、最大工件长度、工作台工作面长度及最大模数等数值的代号　这些数值经过折算后，将其表示在机床型号末端，并以“×”号分开，读作“乘”。凡属于长度（包括跨距、行程）的，采用 1/100 的折算系数；凡属于直径、深度、宽度的，采用 1/10 的折算系数；凡属于最大模数、厚度的，采用实际数值列入机床型号中。

5. 金属切削机床的重大改进序号

规格相同的机床经改进设计，其性能和结构有了重大改进后，应按改进设计的次序，在原机床型号后面分别用汉语拼音字母“A、B、C…”表示改进的序号，并写在机床型号的末尾。例如，Y7132A 和 Z3040A 表示第一次重大改进；CQ6140B 表示工件最大回转直径为 400mm 的、经第二次重大改进的轻型卧式车床。

【拓展知识——机床型号举例】

Z3040×12 型摇臂钻床　　Z 3 0 40 × 12

- 机床类别代号(钻床类) —— Z
- 机床组别代号(摇臂钻床组) —— 3
- 机床型别代号(摇臂钻床型) —— 0
- 主参数代号(最大钻孔直径为40mm) —— 40
- 第二主参数代号(最大跨距为 1250mm，用“×”分开) —— 12

CM6132 型精密普通车床　　C M 6 1 32

- 机床类别代号(车床类) —— C
- 机床通用特性代号(精密车床) —— M
- 机床组别代号(落地及普通车床组) —— 6
- 机床型别代号(普通车床型) —— 1
- 主参数代号(最大车削直径为320mm) —— 32

【史海拾遗——金属切削机床的演变】

金属切削机床的演变可分为四个阶段，即雏形期、基本架构期、独立动力期与数字控制期。机床的诞生不是发明出来的，而是逐渐演变形成的。早在六千年前，人类就利用简单的弓钻在石斧和木材上完成钻孔工作，并形成了最原始的钻床；利用两个支架支承原木，通过拉动绕在原木上的绳索使原木旋转，然后手拿切削刀具对回转的原木进行切削加工，这就形成了最早的机床。

工业革命前，机床的演变很慢，床身是木质的，速度慢且动力低（人力或畜力驱动），除了用于木工加工外，并不适用于金属切削，这段时期称为机床的雏形期。

18 世纪开始的工业革命，由于各种金属制品被大量使用，为了满足金属零件的加工需要，机床成为关键设备。18 世纪初，机床的床身已开始采用金属，其结构强度逐渐提高，开始适合进行金属切削，但此时机床的结构简单，只能进行车削与螺旋加工。直到 19 世纪才有完全由铁制零件组合成的机床，再加上诸如螺杆等传动机构的引入，一部具有基本功能的机床才算成形。但机床动力只能靠人力、兽力或水力带动，无法满足生产需求，只能算是刚完成基本架构的机床，这段时期称为机床的基本架构期。

瓦特发明蒸汽机后，机床可以借助蒸汽产生的动力来运转，此时机床的动力是集中于一处，再由带与齿轮的传递分散到工厂各处的机床上。20 世纪初，拥有独立动力源的动力机床被开发出来，这段时期称为机床的独立动力期。

20 世纪中期，随着计算机的出现，计算机技术被应用于机床上，出现了数控机床，这段时期称为机床的数字控制期。

模块二 钻床及其应用

钻床是孔加工机床，通常用来加工直径小于100mm的孔，直径更大的孔则在车床、镗床和铣床上进行加工。钻孔（或钻削）是用钻头（如麻花钻头、扩孔钻、铰刀、丝锥等）在工件上加工孔的过程。钻孔主要在钻床上进行，钻孔过程中，钻头（或主轴）的高速旋转是主运动，钻头（或主轴）的轴向移动是进给运动。钻削时，一般是钻头轴向进给，工件固定不动。

一、钻床的分类

钻床的种类很多，主要有坐标镗钻床、深孔钻床、摇臂钻床、台式钻床、立式钻床、卧式钻床、铣钻床、中心孔钻床和其他钻床等。其中，台式钻床（图8-1）、立式钻床（图8-2）和摇臂钻床（图8-3）是最常用的钻床。

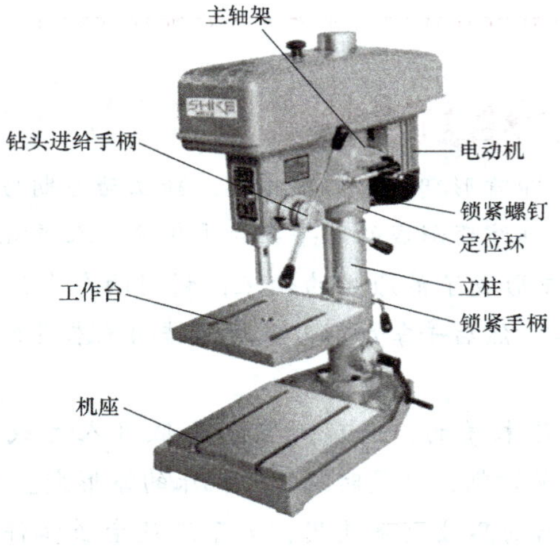

图8-1 台式钻床

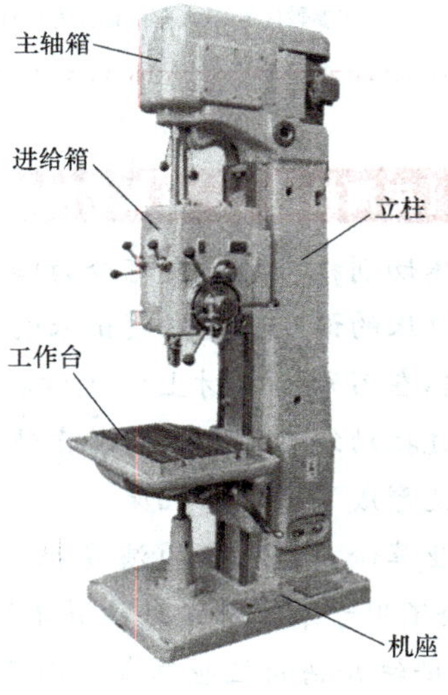

图8-2 立式钻床

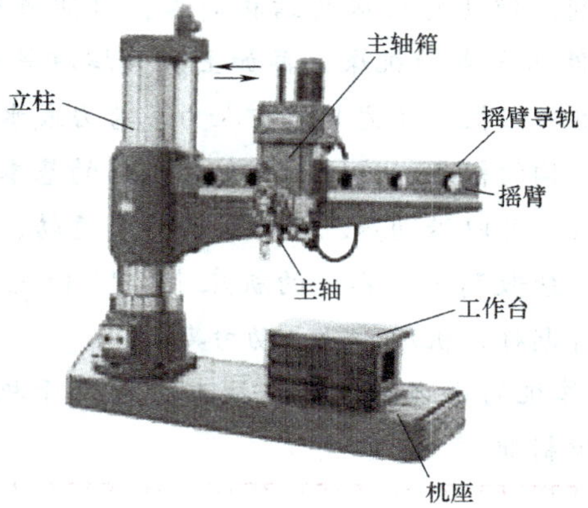

图8-3 摇臂钻床

二、钻床的组成和应用范围

1. 台式钻床的组成和应用范围

台式钻床主要由主轴架、主轴、立柱、转盘、工作台和机座等组成。加工时，钻头（或主轴）的进给是手动的，由主轴带动钻头一边旋转，一边向下进给进行钻削；工件也依靠手动方式移动，以便钻头对准孔中心。台式钻床的功率小，适用于单件和小批量生产，主要用于加工小型零件上的小孔（孔径 $<\phi 13$mm）。

2. 立式钻床的组成和应用范围

立式钻床主要由主轴、主轴变速箱、进给箱、立柱、工作台和机座等组成。通过主轴变速箱可以将电动机的旋转运动传给主轴，使主轴获得所需的转速。主轴在前后和左右的位置是固定的，不能进行调整，但可以沿立柱上的垂直导轨上下移动，以调整钻头与工件的相对位置。加工时，主轴带动钻头一边旋转，一边向下进给进行钻削。钻削每一个孔时，都必须先调整工件在工作台上的位置，使孔的轴线与主轴轴线一致；加工完一个孔后，需要再次移动工件，使工件上的另一个孔对准主轴轴线。显然，立式钻床的刚性好、功率大，适用于单件和小批量生产，主要用于加工孔径 $<\phi 50$mm 的中小型工件上的孔。

3. 摇臂钻床的组成和应用范围

摇臂钻床有一个能绕立柱旋转的摇臂，其上装有主轴箱，主轴箱可沿摇臂导轨作水平运动，调整其径向位置；摇臂又可绕立柱转动和沿着立柱上下移动。因此，使用摇臂钻床钻孔时，钻头（主轴）的位置可以很方便地任意调整，而不必移动工件（钻孔时工件装夹在工作台上），所以摇臂钻床操作灵活。摇臂钻床适合于加工大中型工件上孔径 $<\phi 80$mm的孔，如图 8-4 所示。

图 8-4　带孔零件

三、钻削刀具及工具

1. 钻头的结构与几何角度

钻床上用于钻孔的刀具称为钻头，俗称麻花钻，如图 8-5 所示。钻头的结构一般由柄部、颈部、导向部分和切削部分组成。柄部是钻头的夹持部分，分为直柄和锥柄两种类型。其中，直柄传递的转矩较小，一般用于直径为 1 ~ 13mm 的钻头；锥柄传递的转矩较大，一般用于直径为 13 ~ 80mm 的钻头。颈部位于导向部分和柄部之间，在制造钻头的磨削阶段可起到退刀槽的作用，并用于打刻钻头型号标记。导向部分在切削过程中发挥引导作用。切削部分担负主要的切削工作。导向部分和切削部分统称为工作部分。

钻头的切削部分由两个刀瓣组成，每个刀瓣相当于一把车刀。钻头有两条对称的主切削刃，两个主切削刃中间由横刃连接。钻头的主要几何角度有顶角（2ϕ）、横刃斜角（Ψ）、螺旋角（β）、前角和后角等。使用时仅刃磨后面，通过控制顶角（2ϕ）和横刃斜角（Ψ）便可获得其他相应的角度。标准钻头的顶角 $2\phi=118°\pm 2°$，横刃斜角 $\Psi=50°\sim 55°$。横刃的存在使钻削时的横向力增大，两条螺旋槽的作用是形成切削刃并向孔外排出切屑，两条刃带

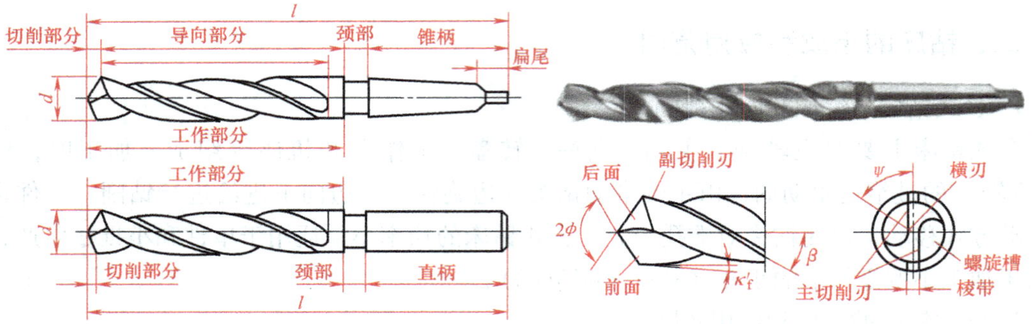

图 8-5　麻花钻

（棱带）的作用是减小钻头与孔壁之间的摩擦并导向。

钻头通常采用高速工具钢制造。小直径的钻头一般是整体均采用高速工具钢制造；大直径的钻头一般是工作部分采用高速工具钢制造，柄部采用 45 钢制造。有时也采用硬质合金焊接或采用可转位硬质合金刀片制造切削部分。

2. 钻削常用工具

钻削常用的工具有钻夹头（图 8-6）、过渡套筒（8-7）、机床用平口钳、手虎钳、螺栓压板、V 形架、钻模板与钻套、样冲等工具。其中，钻夹头适合于装夹直柄钻头，过渡套筒适合于装夹锥柄钻头。机床用平口钳和手虎钳用于夹持小型工件，螺栓压板用于夹持较大的工件，V 形架用于圆形工件的定位，如图 8-8 所示。钻模板与钻套用于引导钻头；样冲用于冲出孔的中心，以便在钻削时找正孔的中心线位置。

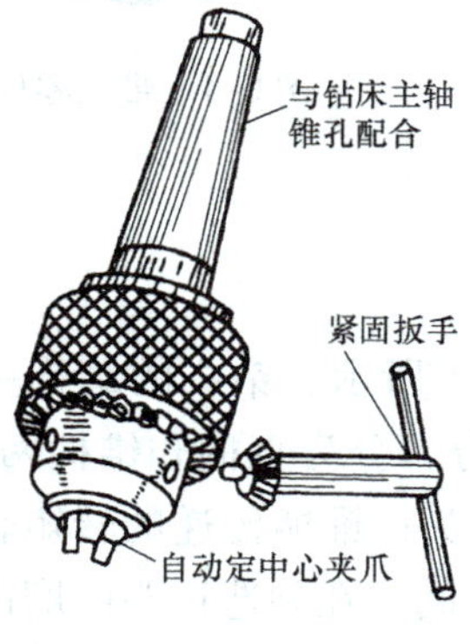

图 8-6　钻夹头

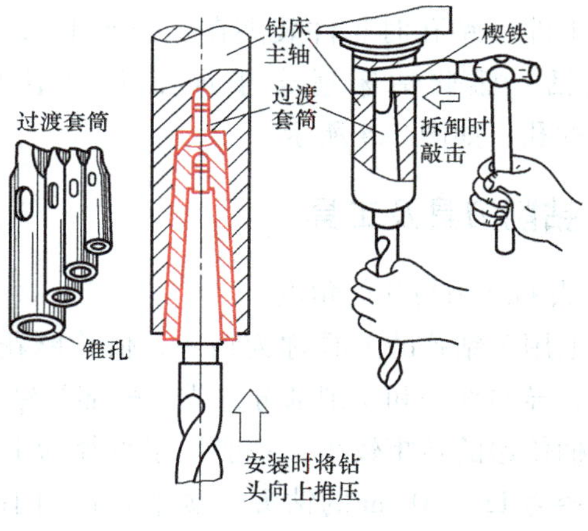

图 8-7　过渡套筒

四、钻孔的工艺特点

1）加工表面容易被切屑划伤，加工质量较差，加工精度一般在 IT10 级以下，表面粗糙度 Ra 值≥12.5μm。

2）由于钻头的直径较小及钻头的结构特点，其刚性和导向性较差，钻孔时易产生“引

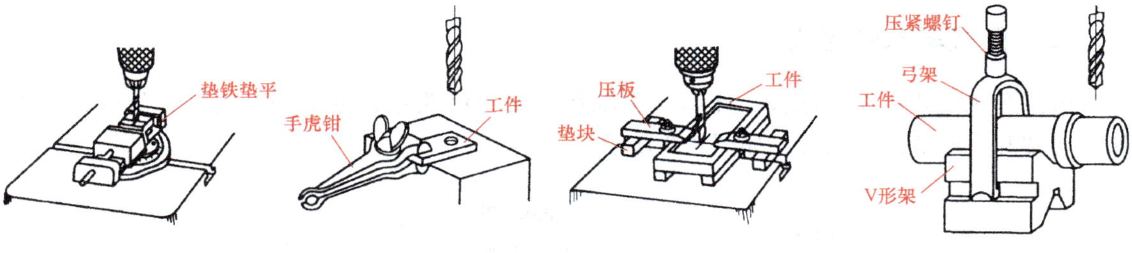

a) 机床用平口虎钳　　b) 手虎钳　　c) 螺栓压板　　d) V形架

图 8-8　钻孔时工件的安装方式

偏”现象，使孔产生一定程度的形状和位置误差，如孔径扩大、孔不圆、孔的轴线歪斜等。

3）钻削过程中，由于冷却、润滑和排屑困难，钻头吸热较多，容易磨损。

钻孔属于孔的粗加工阶段。为了获得精度较高的孔，钻孔后还可进一步进行扩孔、铰孔及磨孔等加工。扩孔是钻孔后，使用扩孔钻进一步加大孔径的过程。扩孔的工作条件比钻孔好，其加工质量也较高，属于孔的半精加工阶段。如果需要进一步提高孔的精度，可用铰刀进行铰孔加工，铰孔属于孔的精加工阶段。钻孔、扩孔、铰孔及磨孔合理组合，是加工各种精度要求的中、小孔的典型工艺。

【史海拾遗——钻床】

钻孔技术的历史源远流长，人类很早就发明了钻孔工具和相应的简易设备。但现代钻床出现于 1850 年前后，德国人马蒂格诺尼最早研制成了用于给金属打孔的麻花钻；1862 年，在英国伦敦召开的国际博览会上，英国人惠特沃斯展出了由动力驱动的铸铁柜架的钻床，这便成了现代钻床的雏形。

模块三　车床及其应用

车床是用车刀对旋转的工件进行车削加工的机床，它是车削加工的主要设备，也是机械制造和修配企业中使用最广的机床之一。车削时，工件的旋转是主运动，车刀的纵向移动、横向移动和斜向移动为进给运动。

一、车床分类

车床的种类繁多，按结构、性能和工艺特点分类，车床可分为卧式车床、立式车床、转塔车床、单轴自动车床、多轴自动和半自动车床、仿形车床及多刀车床和各种专门化车床（如曲轴车床、车轮车床等）。其中最常用的车床是卧式车床，卧式车床加工尺寸的公差等级可达 IT8 ~ IT7，表面粗糙度 *Ra* 值可达 1.6μm。

二、卧式车床的组成

卧式车床主要由左右床脚、床身、主轴箱、交换齿轮箱、进给箱、光杠、丝杠、溜板箱、刀架和尾座等部分构成，如图 8-9 所示。

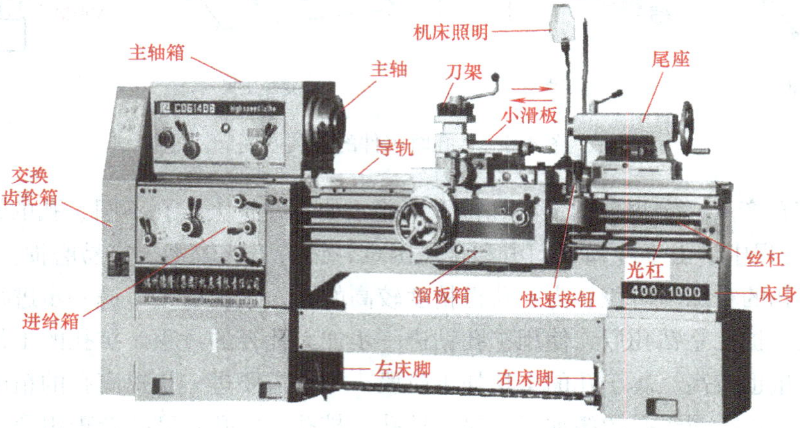

图 8-9　卧式车床组成示意图

图 8-10 所示为卧式车床传动系统路线图，它主要由主运动传动系统和进给运动传动系统两部分组成。

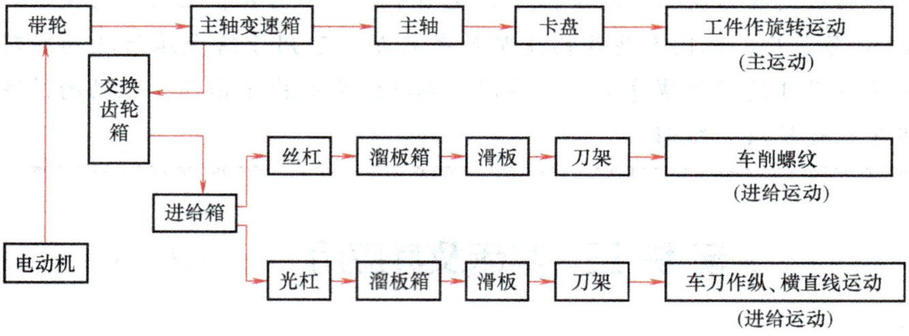

图 8-10　卧式车床传动系统路线图

（1）左、右床脚　床脚的主要作用是安装机床、支承床身及安放电气设备等。

（2）床身　床身的作用是支承和连接其他部件。车床上的所有部件均利用床身来获得准确的相对位置和相互间的位移，刀架和尾座可沿床身上的导轨移动。

（3）主轴箱　主轴箱固定在床身的左端，箱内装有主轴部件和主运动变速机构。主轴箱的作用是将电动机传来的旋转运动经过变速机构使主轴得到需要的转速。同时主轴箱分出一部分动力，将运动传给进给箱。主轴箱中的主轴是车床的关键零件。主轴右端的外螺纹用来安装卡盘等附件，主轴内表面是莫氏锥孔，可安装顶尖，用来支持细长轴类零件。变速机构安装在主轴箱内，由电动机通过带传动，经主轴箱齿轮变速后，带动齿轮主轴转动。

（4）进给箱　进给箱安装在床身的左前侧，是改变车刀进给量、传递进给运动的变速机构。进给箱中装有进给运动的变速机构，调整（改变进给箱外面手柄的位置）变速机构，可得到需要的进给量（或螺距），并通过光杠或丝杠将运动传至刀架以进行切削。

（5）丝杠与光杠　丝杠和光杠的作用是连接进给箱与溜板箱，并把进给箱的运动和动力传给溜板箱，使溜板箱获得纵向直线进给运动。丝杠是专门用来车削各种螺纹而设置的，在车削工件的其他表面时，仅用光杠，不用丝杠。

（6）溜板箱　溜板箱是纵向进给运动和横向进给运动的分配机构。溜板箱内装有可将光杠和丝杠的旋转运动变成刀架直线运动的机构，可通过光杠的传动实现刀架的纵向进给运动、横向进给运动和快速移动，通过丝杠带动刀架可作纵向直线运动，以便车削螺纹。溜板箱上装有各种操纵手柄及按钮，可以很方便地选择纵、横机动进给运动的接通、断开及变向。溜板箱内设有联锁装置，可以避免光杠和丝杠同时转动。

（7）刀架　刀架是安装和夹持刀具的部件，通过刀架可使刀具作纵向、横向或斜向移动。

（8）尾座　尾座安装在床身导轨的右端，用来支承工件或装夹钻头、铰刀、丝锥等进行外圆及孔的加工。尾座可根据工作需要沿床身导轨进行位置调节，作横向移动，用来加工锥体工件等。

三、常用车刀

车刀的种类很多，常用车刀有整体式车刀（图 8-11）、焊接式车刀（图 8-12）、机械夹固式车刀（图 8-13）等。目前应用最多的是焊接式车刀和机械夹固式车刀。车刀按用途分类，可分为外圆刀、偏刀、车孔刀（镗孔刀）、切断刀（包括切槽刀）、螺纹车刀、成形车刀等，如图 8-14 所示。

图 8-11　整体式车刀

图 8-12　焊接式车刀

图 8-13　机械夹固式车刀

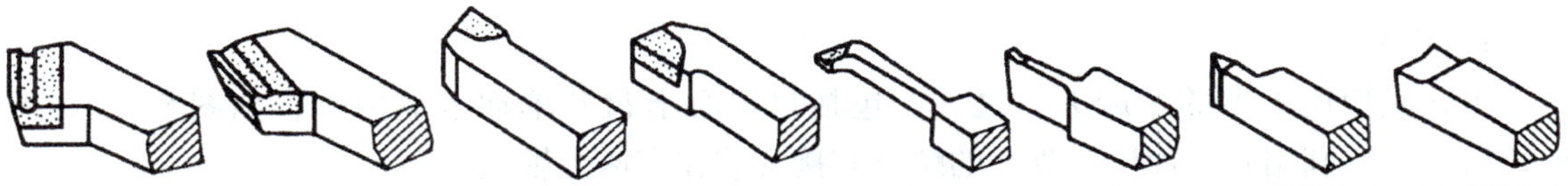

a) 45°外圆刀　b) 75°外圆刀　c) 左偏刀　d) 右偏刀　e) 车孔刀　f) 切断刀　g) 螺纹车刀　h) 成形车刀

图 8-14　常用车刀

四、车床的应用范围

车床主要用于加工各种回转体表面，如各类轴、圆盘类工件、套筒类工件、沟槽、螺纹及成形面等。此外，在车床上还可用钻头、扩孔钻、铰刀、丝锥、板牙和滚花工具等进行相应的加工。车床的应用范围如图 8-15 所示。

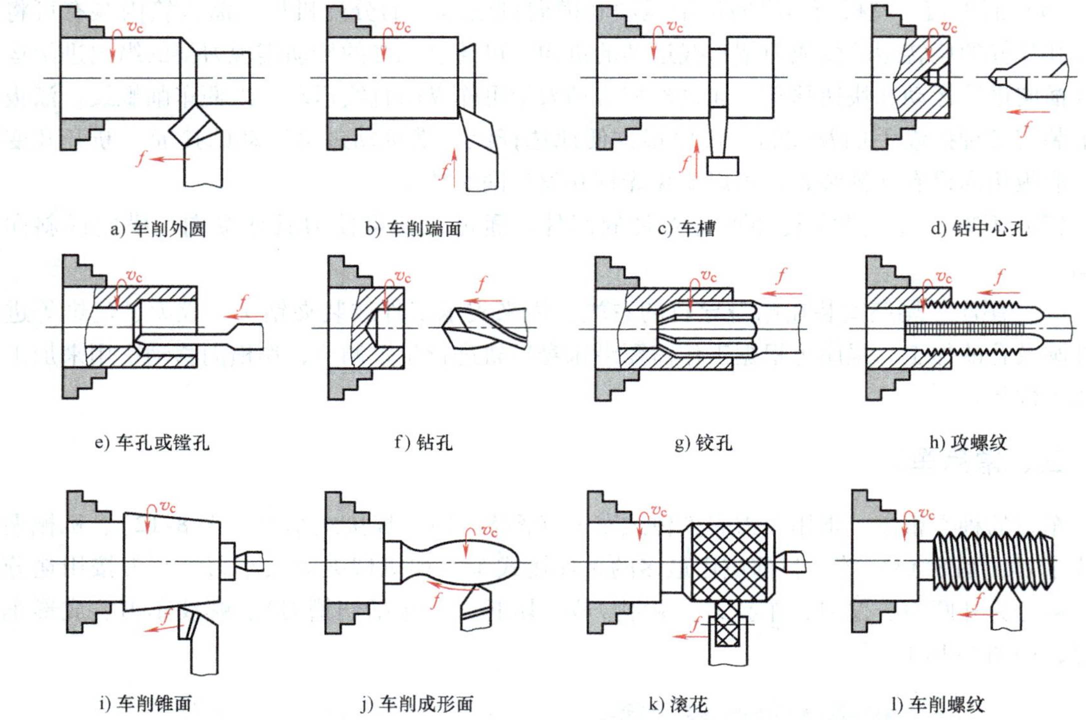

图 8-15　车床的应用范围

五、车床常用夹具

在车床上进行车削工件时，需要将工件准确和稳固地安装在车床上，因此需要使用各种专用夹具。车床上常用的专用夹具有卡盘（自定心卡盘和单动卡盘）、花盘、顶尖（固定顶尖和回转顶尖）、拨盘、鸡心夹头、中心架、跟刀架和心轴等。利用这些专业夹具可以充分发挥机床的功能，提高加工质量和效率。

1. 卡盘

卡盘是应用最多的车床夹具之一，包括自定心卡盘和单动卡盘两种，如图 8-16 和图 8-17所示。它利用其背面法兰盘上的螺纹直接安装在车床主轴上。

自定心卡盘的三只卡爪能同步作径向移动和自动定心，不需要找正；其装夹工件方便，但夹紧力较小，适合装夹截面形状对称的工件，不适合装夹截面形状不规则的工件。另外，自定心卡盘的三只卡爪可以从外向内夹紧（正夹），也可以从内向外夹紧（撑夹）。

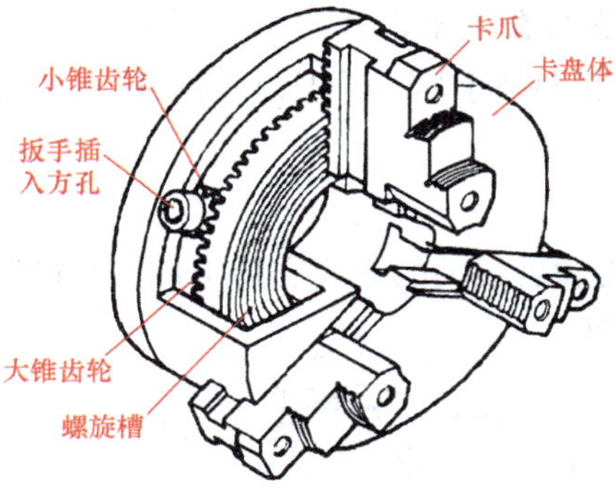

图 8-16　自定心卡盘

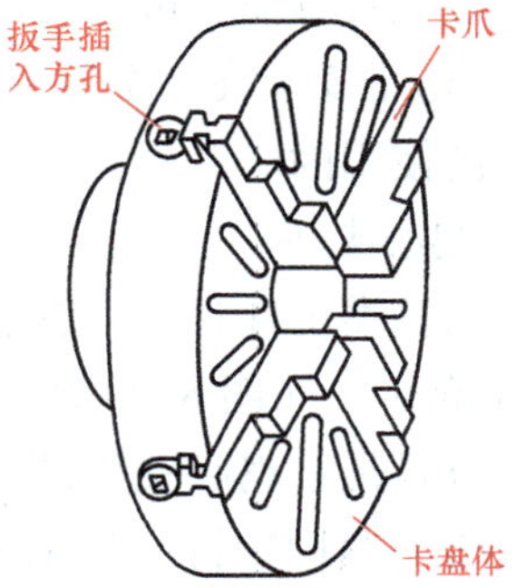

图 8-17　单动卡盘

单动卡盘的四个卡爪是用扳手分别调整的，卡盘夹紧力大，适合装夹截面形状不规则的工件（如椭圆工件、偏心工件等）。但工件装夹速度较慢，而且工件需要找正，工件的找正精度主要取决于操作人员的技术水平。

2. 花盘

花盘也是安装在主轴前端的夹具。花盘的表面开有长度不同的通槽和 T 形槽，以便用螺栓、压板、角铁等将工件安装在花盘上，如图 8-18 所示。花盘适用于形状不规则的工件，或者不能用自定心卡盘和单动卡盘装夹的工件。

在花盘上安装工件时，应根据预先在工件上划好的基准线进行找正，最后再将工件压紧。对于不规则的工件应加平衡块予以平衡，以免因重心偏移而使切削过程产生振动，甚至出现意外事故。

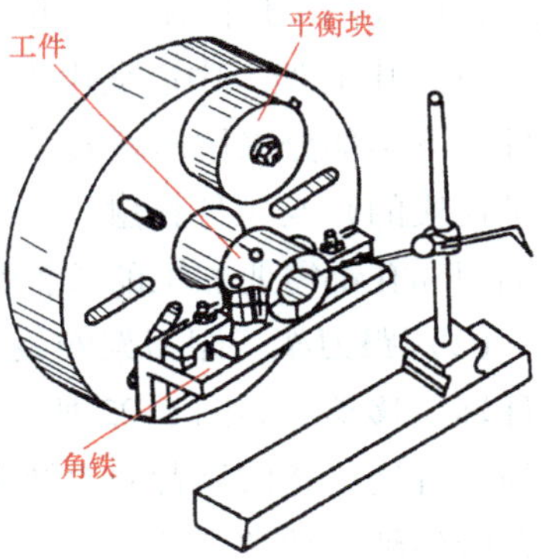

图 8-18　花盘装夹工件与找正操作

3. 顶尖

加工较长的工件时，为了保证工件各部分的同轴度，一般需要使用顶尖安装工件。用顶尖安装工件方便、迅速，不需要找正工件，工件的安装精度高。

顶尖按结构分类，可分为固定顶尖和回转顶尖，如图 8-19 所示。固定顶尖的定位精度高，但固定顶尖与工件中心孔容易摩擦发热，只适合在低速精车工件时使用；回转顶尖与工件一起旋转，因此可用于高速切削，但其定位精度低于固定顶尖。

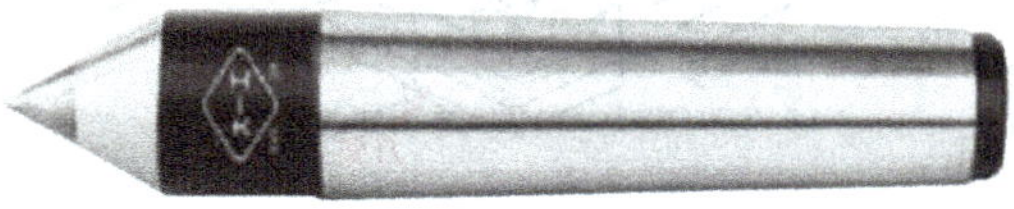

a) 固定顶尖

b) 回转顶尖

图 8-19　顶尖

顶尖按安装位置分类，可分为前顶尖（安装在主轴锥孔内）和后顶尖（安装在尾座锥孔内）。前顶尖通常安装在一个专用锥套内，再将锥套插入车床主轴锥孔中；后顶尖是插在车床尾座套筒内使用的。

4. 拨盘和鸡心夹头

车削较长的轴类工件时，一般采用前顶尖和后顶尖的方式安装工件，并借助拨盘和鸡心夹头带动工件旋转，如图 8-20 所示。拨盘和鸡心夹头的安装方式是：鸡心夹头的一端与拨盘连接，另一端（带有紧固螺钉）用来夹紧工件；拨盘依靠其上的螺纹旋装在车床主轴上。

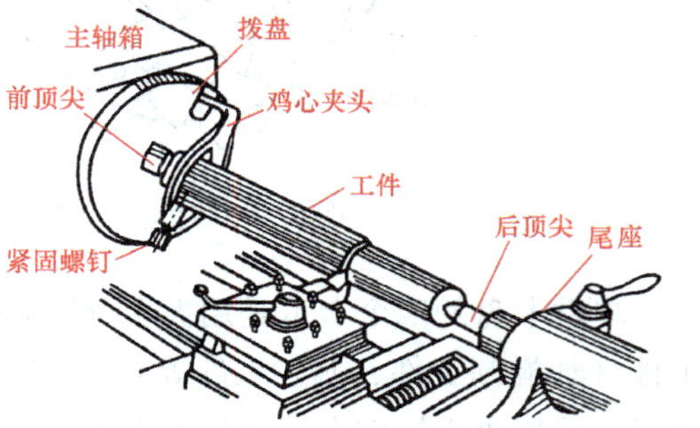

图 8-20　拨盘和鸡心夹头的使用方法

5. 中心架与跟刀架

车削细长轴时，由于工件的刚性差，在切削力、工件自重和离心力的作用下，工件容易产生弯曲和振动，从而影响其加工精度。因此，为了提高工件的加工精度，除使用双顶尖安装工件外，还需要采用中心架或跟刀架作为工件的辅助支承，以提高工件的刚性，并采用低速切削。

（1）中心架　中心架由上、下两部分组成（图 8-21），其上半部分可以翻转，以便装入工件，下半部分采用压板安装在车床导轨上。中心架内有三个可以调节的径向支承爪（一般是铜质的）与工件接触，以增加工件的刚性。中心架适用于夹持一般长轴、阶梯轴，以及端面和孔都需要加工的长轴类工件（此时无法使用后顶尖）。

（2）跟刀架　跟刀架安装在床鞍上，并随床鞍一起移动，加工时跟刀架与车刀同步沿工件轴向移动，如图 8-22 所示。跟刀架有两个支承爪，车刀装在这两个支承爪对面稍微靠前的位置处，并依靠背向力及工件自重作用使工件紧靠在两个支承爪上。跟刀架适合夹持不带台阶的细长轴类工件。

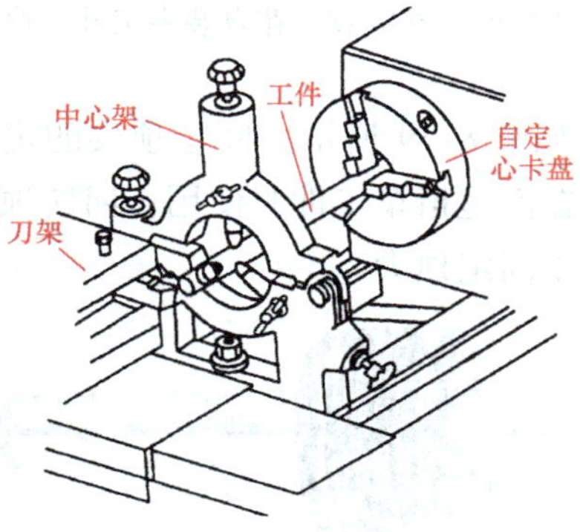

图 8-21　利用中心架车削端面

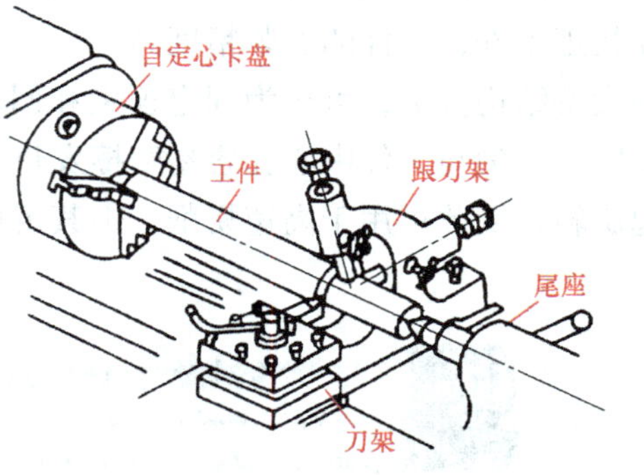

图 8-22　利用跟刀架车削细长轴

6. 心轴

在精加工盘套类工件时，要求工件的内圆表面与外圆表面具有较高的同轴度，工件的端面与孔的轴线具有较高的垂直度。这种情况下常以工件的内孔作为定位基准，将工件安装在心轴上，再把心轴安装在两顶尖之间进行加工。这样做既可以保证工件内、外圆表面具有较高的同轴度，又可以保证工件的被加工端面与轴线具有较高的垂直度。常用的心轴有圆柱心轴（图 8-23）、圆锥心轴（图 8-24）和胀套心轴等。

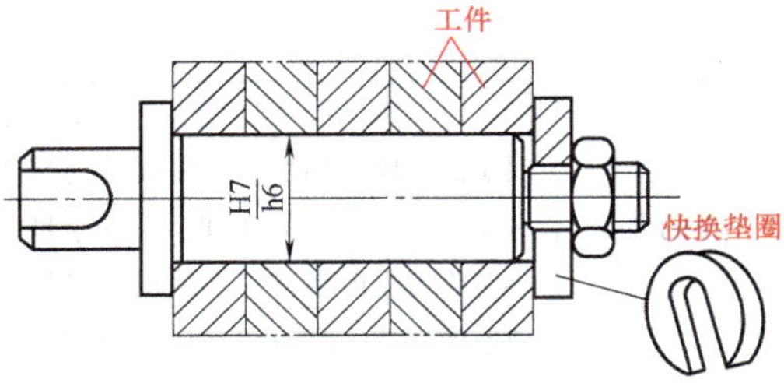

图 8-23　用圆柱心轴夹持多个工件

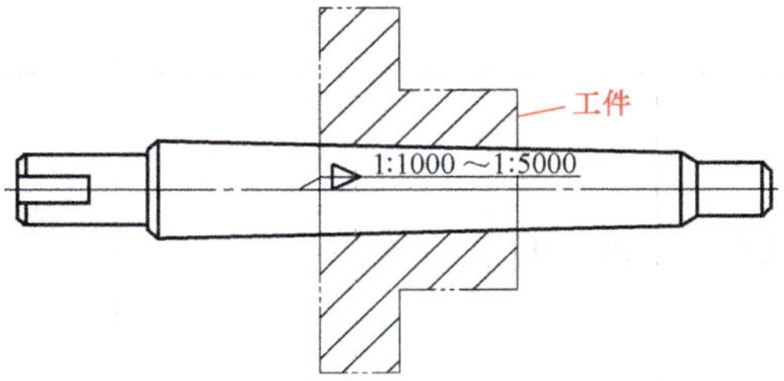

图 8-24　用圆锥心轴夹持工件

【史海拾遗——机床】

在众多发明车床的人中，最引人注目的是一个名叫莫兹利的英国人，他于 1797 年发明了划时代的由丝杠传动刀架的车床。这种车床带有精密的导螺杆和可互换齿轮，是一台全金属的车床，并配有能够沿着两根平行导轨移动的刀具座和尾座。导轨的导向面是三角形的，主轴旋转时可带动丝杠使刀架作横向移动。这是近代车床所具有的主要机构，用这种车床可以加工各种螺纹。莫兹利也因此被称为“英国机床工业之父”。

六、车削的工艺特点

车削是利用工件的旋转和刀具相对于工件的移动来加工工件的一种切削加工方法。车削加工的特点是：容易保证工件各加工表面的位置精度；所用刀具简单，制造、刃磨和安装很方便，并且可以根据具体需要灵活选择刀具角度；一般为连续切削，没有刀齿切入和切出的冲击，而且可以采用较高的切削速度，因此，切削过程平稳，生产率高；适于切削非铁金属、塑料、复合材料，以及经过退火、正火、调质的钢铁材料等。

车削一般分为粗车、半精车、精车和精细车四个精度级别（表 8-5），不同的零件有不同的车削精度要求，车削过程中可根据实际需要选择相应的加工精度级别。

表 8-5　车削的精度、表面粗糙度值、加工目的及加工过程

车削类别	加工精度	表面粗糙度 *Ra* 值/μm	加 工 目 的	加 工 过 程
粗车	IT13～IT11	50～12.5	迅速地切去毛坯的硬皮和大部分加工余量，提高生产率	
半精车	IT10～IT9	6.3～3.2	切除粗加工后留下的误差，使工件达到一定的精度要求，并为精车作准备	在粗车的基础上进行加工，半精车属于中等精度车削加工

（续）

车削类别	加工精度	表面粗糙度 Ra 值/μm	加 工 目 的	加 工 过 程
精车	IT8～IT7	1.6～0.8	满足工件较高的加工精度	在半精车的基础上进行加工。精车属于较高精度车削加工，一般采取较高的切削速度和较小的进给量与背吃刀量
精细车	IT6～IT5	0.4～0.2	满足高精度工件的加工需要	在精车的基础上进行加工。精细车属于高精度车削加工，需要在高精密车床上，在高切削速度、小进给量及小背吃刀量的条件下，使用经过仔细刃磨的人造金刚石或硬质合金车刀进行车削

【车削加工案例】

车床经常用来加工轴套类零件，形状简单的零件可通过车削加工完成全部表面的加工。如图 8-25 所示的销轴零件，就可以在车床上进行全部表面的车削加工，其具体车削加工过程见表 8-6。

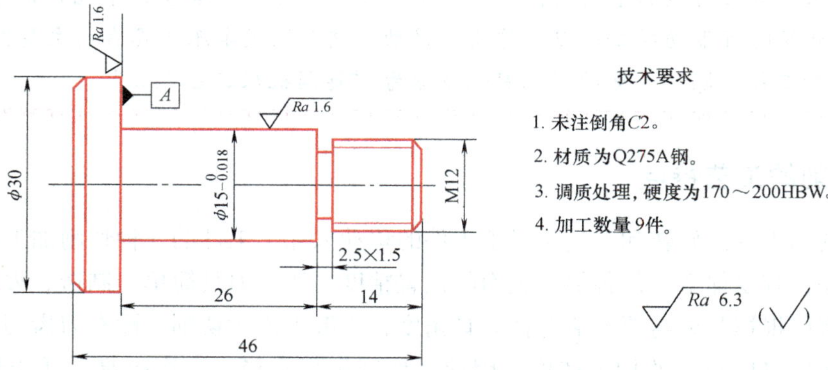

图 8-25　销轴零件图

表 8-6　销轴零件的车削过程　（单位：mm）

序号	操 作 内 容	零件图（或加工简图）	安 装 方 法
1	Q275A 钢，下棒料 $\phi32\times49$，9件，共 450mm		
2	车削端面	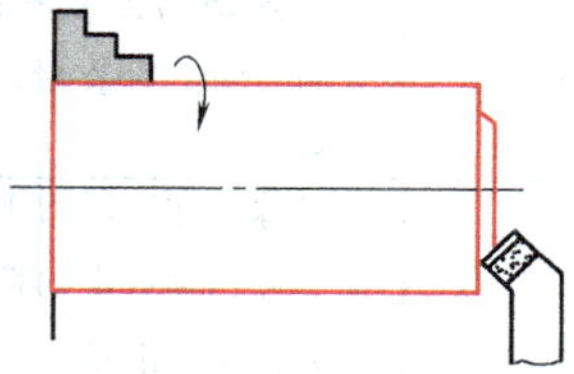	自定心卡盘

（续）

序号	操 作 内 容	零件图（或加工简图）	安 装 方 法
3	粗车各外圆，使各外圆尺寸分别达到 $\phi30\times50$、$\phi13\times14$、$\phi16\times26$	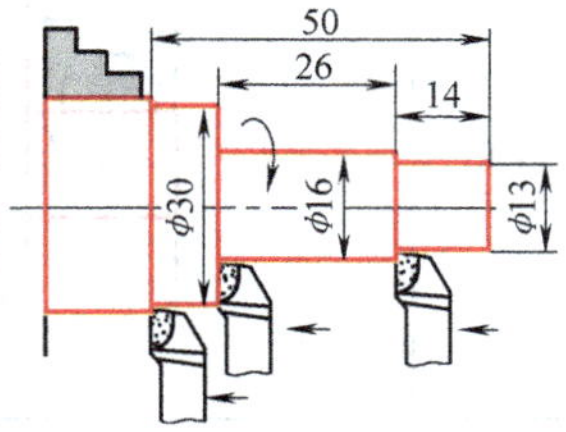	自定心卡盘
4	车削退刀槽	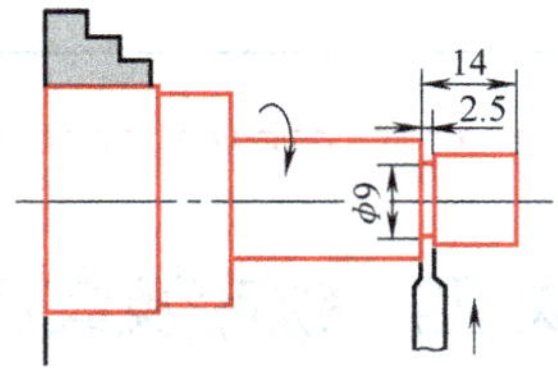	自定心卡盘
5	精车各外圆，使各外圆尺寸分别达到 $\phi15\times26$、$\phi12\times14$	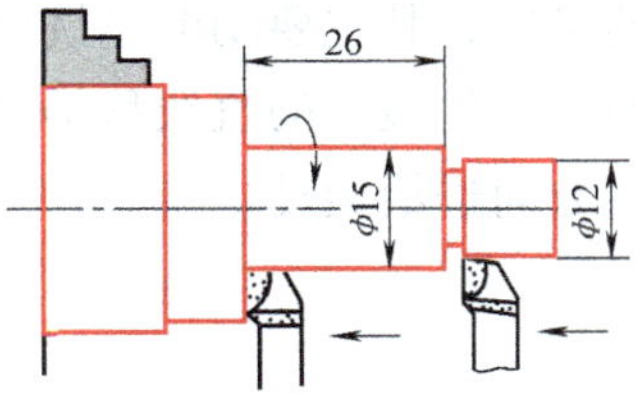	自定心卡盘
6	倒角	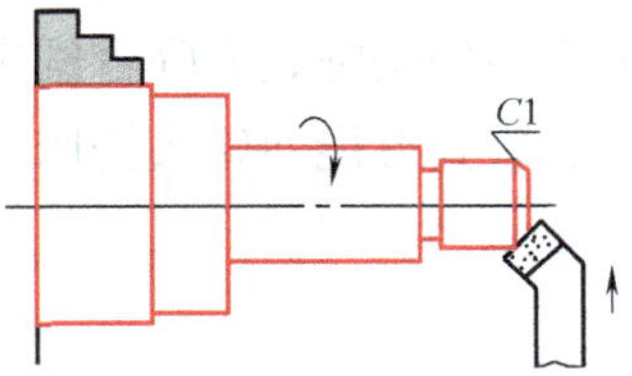	自定心卡盘
7	车削 M12 螺纹	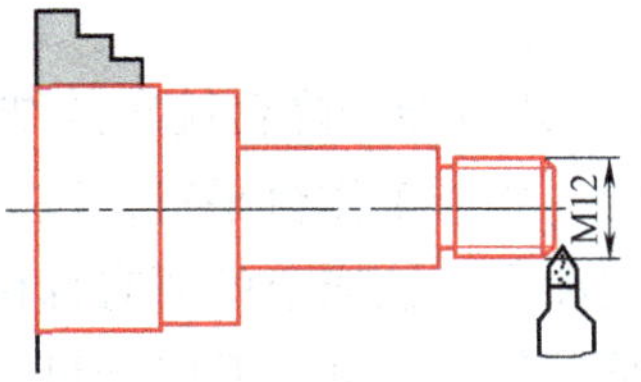	自定心卡盘
8	切断，端面留加工余量 1，全长 47	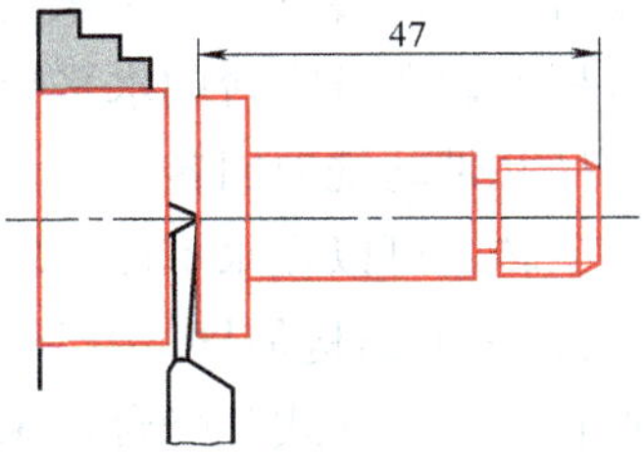	自定心卡盘

（续）

序号	操作内容	零件图（或加工简图）	安装方法
9	掉头，车削端面，全长尺寸是46，倒角	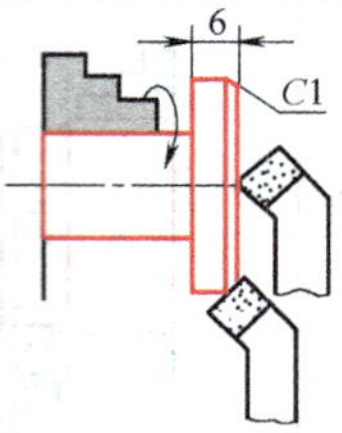	自定心卡盘
10	检验（利用游标卡尺、螺纹规等工具）		

模块四 铣床及其应用

铣床是用铣刀加工工件的机床，其主要功能是铣削平面和沟槽。铣削加工时，一般情况下，铣刀的旋转运动是主运动，工件缓慢的直线移动是进给运动，进给运动一般包括纵向进给运动、横向进给运动和垂直方向进给运动。

一、铣床分类

铣床的种类较多，主要有卧式升降台铣床、立式升降台铣床、仿形铣床、工具铣床、龙门铣床及数控铣床等，其中最常用的是卧式升降台铣床和立式升降台铣床。卧式升降台铣床又可分为卧式万能升降台铣床和卧式万能回转头铣床。

二、铣床的组成

铣床一般由床身、悬梁（横梁）、主轴、挂架（吊架）、工作台、升降台、回转盘、底座等组成。

图8-26所示为X6132型卧式万能升降台铣床的结构简图。从图中可以看出，卧式万能升降台铣床的主轴呈水平放置，并与工作台平行，该类铣床结构完善，变速范围大，刚性较好，操作方便。床身用来固定和支承铣床上的所有部件，其内部装有变速机构等；悬梁可沿床身的水平导轨移动，以调整其伸出长度；升降台可沿床身的垂直导轨上下移动，以调整工作台与铣刀之间的距离；工作台位于回转盘上，用来安装工件、夹具、分度头等，可沿回转盘上的导轨作纵向进给；横滑板安装在升降台的水平导轨上，可沿导轨作横向进给运动；主轴为空心轴，用来安装铣刀刀杆并带动铣刀回转。工作台的纵向进给、横向进给及升降，可以自动完成也可以手动完成；回转盘可以在水平面内转±45°。

图8-27所示为立式升降台铣床的结构简图。从图中可以看出，立式升降台铣床的主轴呈垂直状态，并与工作台面垂直，这是立式升降台铣床与卧式升降台铣床的主要区别。主轴可以在一定范围内作轴向移动，某些立式升降台铣床的主轴还可以在垂直平面内旋转±45°。

与卧式升降台铣床相比，立式升降台铣床的刚性好，生产率高，但加工范围相对较小。

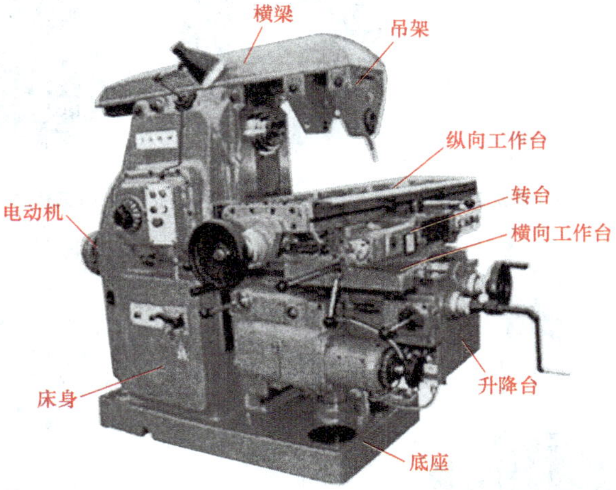

图 8-26　X6132 型卧式万能升降台铣床的结构简图

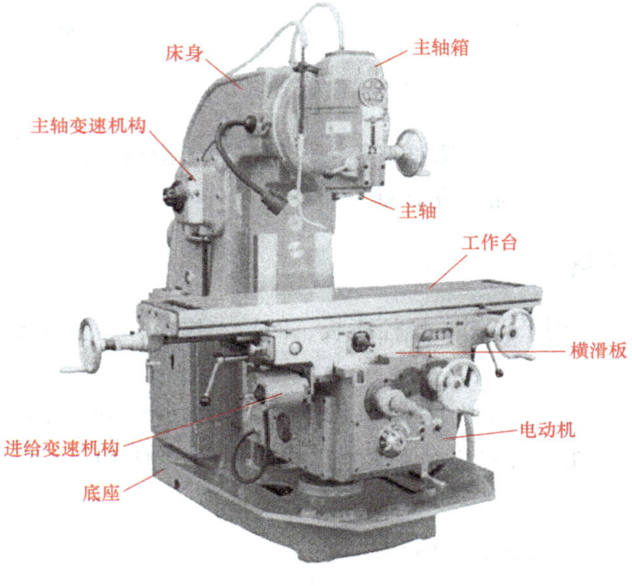

图 8-27　立式升降台铣床的结构简图

三、铣刀的种类

铣刀是一种结构比较复杂的多齿刀具，其刀齿一般分布在圆柱铣刀的外圆表面或端面铣刀的端面上，每个刀齿都可以看成是一把简单的车刀。铣刀的种类较多（图 8-28），按安装方法分类，铣刀可分为带孔铣刀和带柄铣刀两大类。带孔铣刀一般用于卧式铣床，带柄铣刀一般用于立式铣床。

不同形状的铣刀具有不同的用途。圆柱铣刀、端铣刀、立铣刀等主要用于加工平面；立

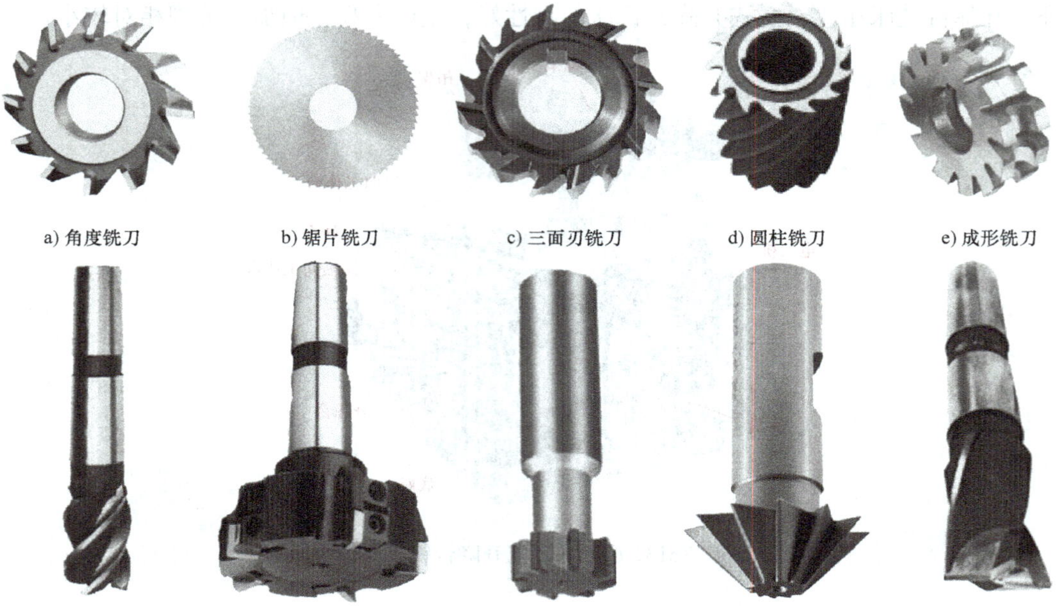

a) 角度铣刀　b) 锯片铣刀　c) 三面刃铣刀　d) 圆柱铣刀　e) 成形铣刀

f) 立铣刀　g) 端铣刀　h) T形铣刀　i) 燕尾槽铣刀　j) 键槽铣刀

图 8-28　各种铣刀

铣刀、三面刃铣刀、锯片铣刀、键槽铣刀等主要用于加工沟槽；角度铣刀、T 形槽铣刀、燕尾槽铣刀、铣齿刀等主要用于加工成形面。

四、铣床常用工具

铣床常用工具有机床用平口钳、螺栓压板、回转工作台、万能分度头和万能铣头等。

1. 机床用平口钳

机床用平口钳分为普通型机床用平口钳（图 8-29）和可倾斜型机床用平口钳（图 8-30）。机床用平口钳一般安装在铣床工作台上面的 T 形槽中，用于装夹形状简单的中小型工件。

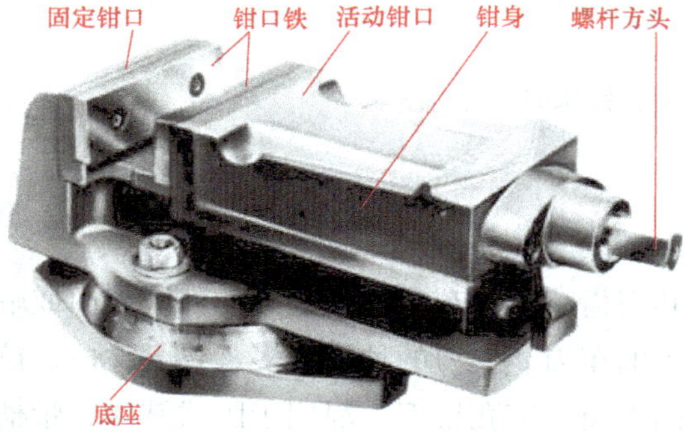

图 8-29　普通型机床用平口钳

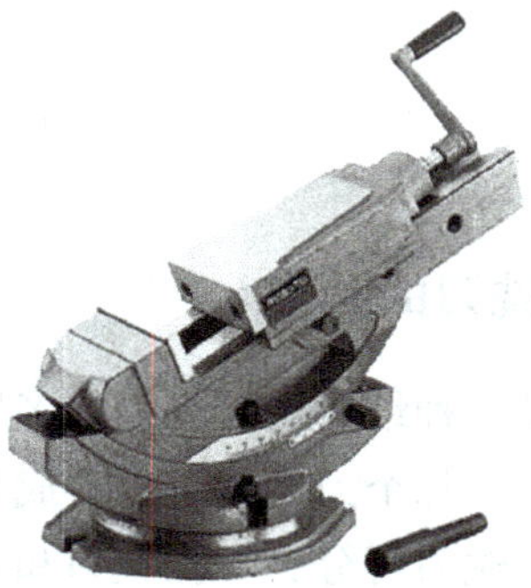

图 8-30　可倾斜型机床用平口钳

2. 螺栓压板

铣削较大尺寸的工件时，可用螺栓压板及垫铁将工件直接安装在铣床工作台上，并采用合理的找正方法，对工件进行准确找正，然后对工件进行铣削加工，如图 8-31 所示。

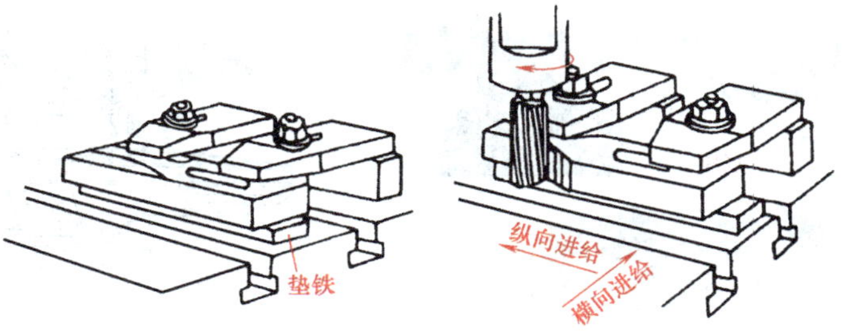

a) 安装　　b) 铣削

图 8-31　利用螺栓压板安装及铣削工件

3. 回转工作台

回转工作台分为机动回转工作台和手动回转工作台，图 8-32 所示为手动回转工作台。机动回转工作台比手动回转工作台多一个机械传动装置，可将工作台的转动与铣床的进给运动联系起来，实现工件的铣削自动进给。回转工作台适合加工中小型工件的圆弧表面（图 8-33）及进行分度加工等。

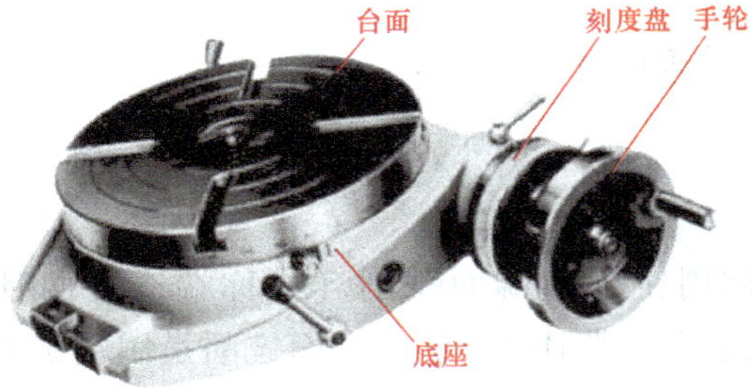

图 8-32　手动回转工作台

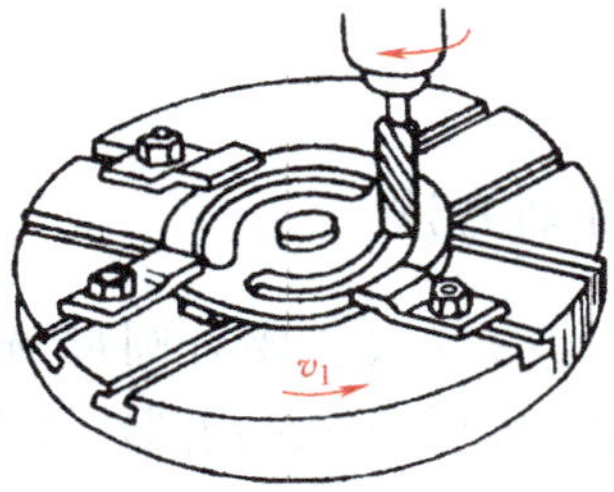

图 8-33　利用回转工作台加工圆弧

4. 万能分度头

万能分度头由底座、回转体、主轴（可安装卡盘）、分度盘等组成，如图 8-34 所示。底座固定在铣床的工作台上，主轴可随回转体绕底座在 −5°～95°的范围内旋转任意角度。主轴前端锥孔内可装顶尖，外部有螺纹用以安装卡盘或拨盘。回转体的侧面有分度盘，分度盘的两面配有若干圈均匀分布的小孔。万能分度头是铣床的重要工具，主要用于铣削多边形、花键、齿轮、螺旋槽（图 8-35）等工件。

5. 万能铣头

万能铣头可以扩大卧式铣床的加工范围，通过万能铣头内部的两对锥齿轮可将铣床主轴的旋转运动传给万能铣头的主轴。另外，万能铣头的壳体能在两个互相垂直的平面内回转 360°，因此，万能铣头的主轴与铣床工作台面可形成任意角度（图 8-36），从而使立式铣床适应多种加工需要。

图 8-34　万能分度头与尾座

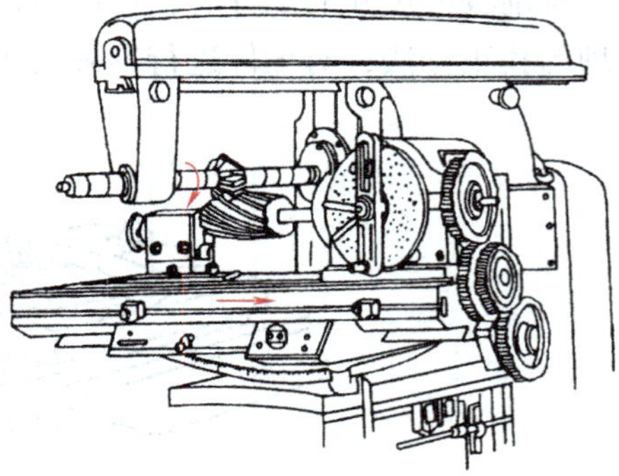

图 8-35　利用万能分度头铣削螺旋槽

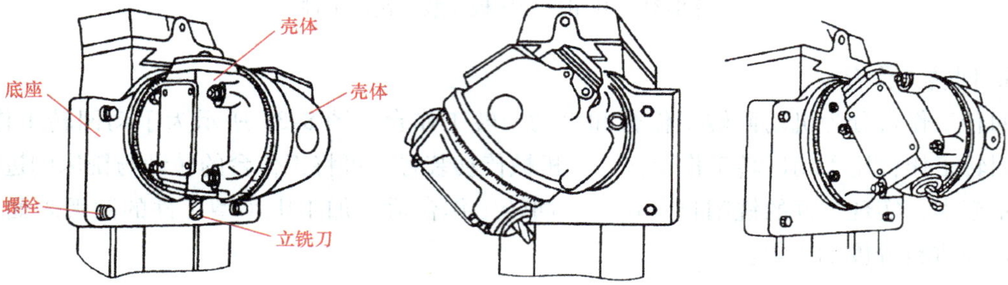

图 8-36　万能铣头

五、铣削方法

铣削平面的方法主要有圆周铣削（或称周铣）和端面铣削（或称端铣）两种，如图 8-37所示。圆周铣削是用圆柱铣刀上的刀齿进行铣削的方法，端面铣削是用端铣刀上的刀齿进行铣削的方法。圆周铣削又分为顺铣和逆铣，如图 8-38 所示。

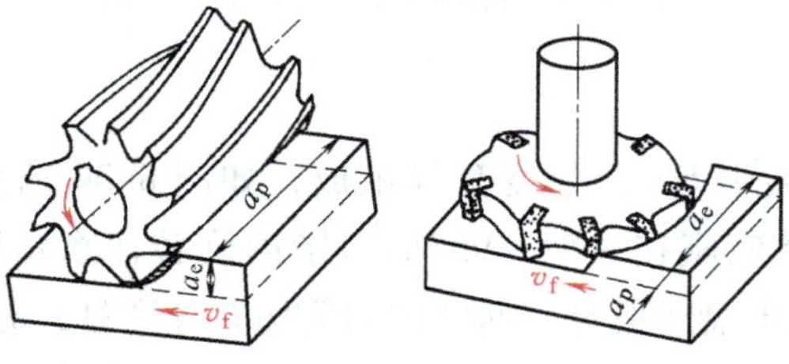

a) 周铣　　b) 端铣

图 8-37　周铣和端铣

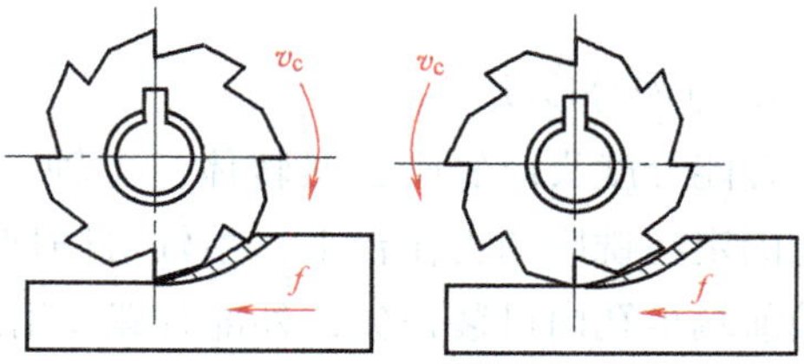

a) 顺铣　　b) 逆铣

图 8-38　顺铣和逆铣

顺铣是铣削过程中工件的进给方向与铣刀的旋转方向相同的铣削方法。顺铣时，由于机床上的丝杠与螺母一般存在间隙，因此，在铣削时容易产生工作台窜动和扎刀现象。

逆铣是铣削过程中工件的进给方向与铣刀的旋转方向相反的铣削方法。逆铣可消除顺铣时产生的工作台窜动和扎刀现象，铣削过程平稳，工件的表面质量较高，但铣刀的磨损较大。

六、铣床的应用范围

铣床主要用于加工平面、斜面、沟槽、键槽、台阶面、齿形、螺旋槽及其他特形面等，此外，铣床还可以用来钻孔、铰孔、铣削球面等。因此，铣床在金属加工中占有重要的地位。铣床的应用范围如图 8-39 所示。

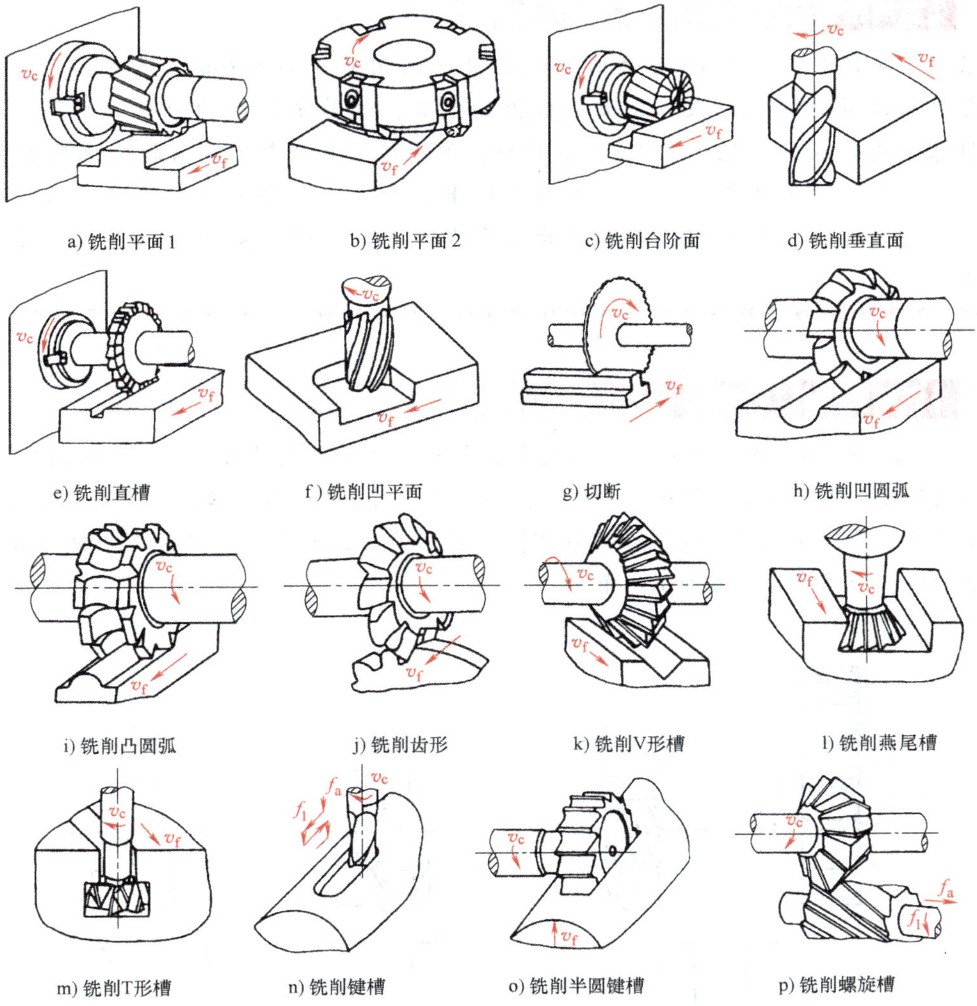

a) 铣削平面 1　b) 铣削平面 2　c) 铣削台阶面　d) 铣削垂直面

e) 铣削直槽　f) 铣削凹平面　g) 切断　h) 铣削凹圆弧

i) 铣削凸圆弧　j) 铣削齿形　k) 铣削V形槽　l) 铣削燕尾槽

m) 铣削T形槽　n) 铣削键槽　o) 铣削半圆键槽　p) 铣削螺旋槽

图 8-39　铣床的应用范围

七、铣床的工艺特点

1）铣削应用广泛，生产效率较高。由于铣刀是多齿刀具，铣削时参与切削的刀齿多、切削刃长，而且切削速度较快，又无空行程，故铣削的生产率较高。

2）铣刀散热条件较好。铣削过程中，由于铣刀的刀齿可以离开工件一段时间，刀齿可以利用此段时间进行冷却，故铣刀的散热条件较好。但铣刀在切入和切出时，其刀齿因容易受到冲击力的作用而容易磨损和破碎。

3）铣削的加工质量不如车削的加工质量高，精铣后尺寸公差等级可达 IT9 ~ IT7，表面粗糙度 *Ra* 值为 6.3 ~ 1.6μm。

4）铣床的结构比较复杂，铣刀制造和刃磨较困难，铣削加工成本较高。

【史海拾遗——铣床】

根据文字记载，公元 1668 年我国就已开始使用直径为 6.6m 的镶片铣刀，该铣刀由牲畜带动并旋转，用来加工天文仪上的铜环，这算是铣床的原始雏形了。近代普通铣床是美国人惠特尼于 1818 年发明的，但铣床的专利却由英国的博德默于 1839 年捷足先“得”。1862 年，美国的布朗制造出了世界上最早的万能铣床，这种铣床配有万能分度盘和综合铣刀，其工作台能在水平方向旋转一定角度，并带有立铣头等附件。

【铣削案例】

T 形槽工件是常见的机床部件，它是由水平面、垂直面或斜面组成的，如图 8-40 所示。采用铣床加工此类工件的一般步骤是：第一步，用紧固螺栓将工件装夹在铣床工作台上；第二步，使用立铣刀（或三面刃铣倒）先铣出直槽；第三步，使用 T 形铣刀加工底槽；第四步，使用角度铣刀加工倒角。

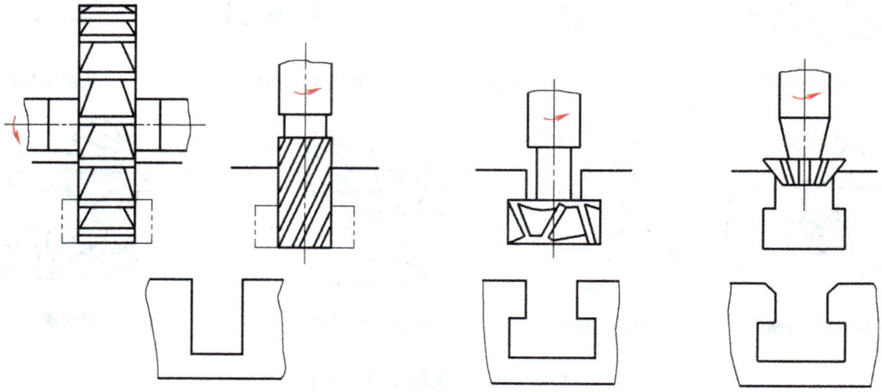

a) 铣削直沟槽　　b) 铣削底槽　　c) 槽口倒角

图 8-40　T 形槽铣削过程示意图

模块五　数控机床及其应用

随着计算机技术的高度发展和广泛应用，机械装备的自动化程度不断提高，涌现出了各种类型的数控机床。而数控机床正逐步替代部分普通机床的功能和地位，得到越来越广泛的应用，也使传统的制造业发生了根本性的变革。在现代制造业中，数控机床发挥了重要作用，它是集微电子、计算机、信息处理、自动检测、自动控制等高新技术于一体的现代生产装备。可以说，数控机床已经成为一个国家工业现代化的标志之一，它也直接反映了一个国家综合国力的强弱。

一、数控技术简介

1. 数控技术

数控技术是用数字化信号对机床运动及其加工过程进行控制的一种方法。它不仅可以控制机床上某些部件的位移、角度、速度等机械量，而且可以控制温度、压力、流量、颜色等其他量。

2. 数控设备

数控设备是采用了数控技术的机械设备，它用数字信号控制设备的工作过程。数控设备的种类繁多，如数控机床、数控绘图机、数控测量仪、数控绣花机、数控编织机、焊接机器人等。其中，数控机床是一种装有程序控制系统的机床，机床的运动和动作是按照这种程序控制系统发出的，由特定代码和符号编码组成的指令进行。程序控制系统又称为机床的数控系统。

3. 数控系统

数控系统是用数字控制技术实现自动控制的系统，它能阅读输入载体上事先设定的数字值，并将其译码，从而达到使机床自动加工零件的目的。数控系统与机床本体有机结合，就形成了各种数控设备（或数控机床）。

一般来说，数控系统对机床的控制包括顺序控制和数字控制两个方面。顺序控制是对刀具交换、主轴调速、切削液开关、工作台的极限位置等开关量进行控制；数字控制是对机床进给运动进行控制，用于实现对工作台或刀架的位移、速度等数字量的控制。

4. 数控加工

数控加工是操作者根据零件图样和工艺要求，编制以数码表示的数控程序，并将其输入机床的数控装置或控制计算机中，以控制工件和工具的相对运动，使机床加工出合格零件的方法。数控加工不需要操作者直接操纵数控机床，但数控机床必须执行操作者的指令或意图。

5. 数控编程

数控程序由一系列指令代码组成，每一指令对应于工艺系统的一个动作状态。数控程序的编制称为数控编程，数控编程是按照数控系统规定的指令代码及程序格式编写成加工程序，它是数控加工的关键环节，其实质是用数控系统能识别的数控程序表达零件的加工工艺。数控编程包括零件分析到形成数控加工程序的全部过程，如零件的加工工艺路线、工艺参数、刀具的运动轨迹、位移量、切削参数（主轴转速、进给量、背吃刀量等）及辅助功能（换刀、主轴正转与反转、切削液开与关等）。

数控加工程序是用字母、数字和其他符号的编码指令表示的程序，是按零件加工顺序记载机床加工所需的各种信息，包括零件加工的轨迹信息（几何形状、几何尺寸等）、工艺信息（如进给速度、主轴转速等）及开关命令（如自动换刀、切削液开或关等）。

将编制好的数控加工程序输入数控机床的数控系统中，就可以指挥数控机床加工零件。数控程序的编制方法一般有手工编程和自动编程两种。

（1）手工编程　它是编程员根据加工图样和工艺要求，采用数控程序指令（目前通常采用ISO数控标准代码）和指定格式编写程序，然后将编写好的程序通过操作输入数控系统中，经调试和修改完善后投入使用的编程方法。手工编程主要用来加工形状简单的零件。

（2）自动编程　它是利用计算机辅助编制数控加工程序的方法。目前，自动编程多采用计算机CAD/CAM图形交互式自动编程，通过计算机进行有关处理后，自动生成数控程序，然后通过接口直接将其输入数控系统中。自动编程主要用来加工形状复杂的零件。

二、数控机床的组成

数控机床一般由输入/输出装置、数控装置、伺服驱动控制装置、机床电气逻辑控制装置和机床等组成，如图8-41所示。

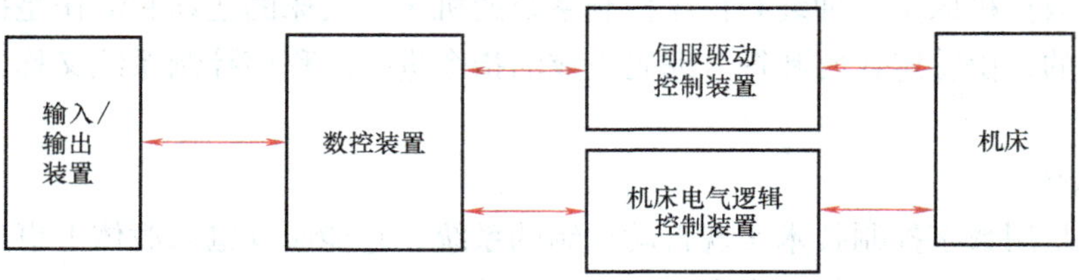

图8-41　数控机床组成简图

1. 输入/输出装置

输入/输出装置的主要作用是输入加工程序和数据、打印和显示。数控系统是严格按照外部输入的加工程序控制机床的加工过程，并对工件进行自动加工的系统。加工程序一般记录在各种信息载体上，如穿孔纸带、磁带、软盘等。

输入装置可将程序载体上的数控代码转换成相应的电脉冲信息，传送并存入数控装置内。输出装置用以显示输入的内容及数控工作状态等信息，监控数控系统的运行。常用的输入/输出装置有光电阅读机、磁带录放机、磁盘驱动器、键盘和显示器等。

2. 数控装置

数控装置是数控系统的核心，它的主要作用是根据输入的程序和数据，完成数值计算、逻辑判断、轨迹插补、输出相应指令脉冲信号等任务，以控制机床的运动。数控装置一般由输入/输出接口、存储器、控制器和运算器等组成。

3. 伺服驱动控制装置

伺服驱动控制装置介于数控装置和机床之间。它的作用是把来自数控装置的脉冲信号转换成机床移动部件的运动。伺服驱动控制装置一般由执行元件（如步进电动机、交/直流电动机等）、伺服控制电路、功率放大电路、检测装置等部分组成。伺服驱动控制装置一般是以轴为单位的独立体，用以控制各个轴的运动，它的性能是决定数控机床加工精度的主要因素。

4. 机床电气逻辑控制装置

机床电气逻辑控制装置介于数控装置和机床机械、液压部件之间。它的作用是接受数控装置输出的开关命令，进行机床操作面板及机床各种机电控制/监测机构的逻辑处理和监控，并为数控装置提供机床的状态和有关应答信号。它主要完成机床主轴的变速和变向，刀具的选择和交换，工件的装夹，冷却、液压、气动、润滑系统的控制功能及其他辅助功能。

5. 机床

机床主要包括主运动系统、进给运动系统、辅助部分（如液压、气动、冷却和润滑部分等）及一些特殊部件，如储备刀具的刀库、自动换刀装置、自动托盘交换装置等。

三、数控机床的坐标系及与坐标系有关的点

1. 数控机床的坐标系

为了确定数控机床上的成形运动和辅助运动，必须先确定机床上某些运动部件的运动方向和运动距离，这就需要建立一个坐标系作为参考，这个坐标系称为数控机床的坐标系。

数控机床的坐标系包括笛卡儿直角坐标轴、坐标原点和运动方向。坐标系对于数控加工及编程来说是一个重要概念。数控工艺员和数控机床操作者必须对数控机床的坐标系有一个完整、正确的理解，否则在编程时将发生混乱，操作时容易发生事故。机床的运动形式是多种多样的，为了描述刀具与零件的相对运动、简化编程，我国已根据 ISO 标准统一规定了数控机床坐标轴的代码及运动方向。

数控机床的坐标系是为了确定工件在机床中的位置、机床运动部件的特殊位置（如换刀点、参考点等）及运动范围（如行程范围）等而建立的。因此，建立数控机床坐标系需要以下统一原则。

（1）刀具相对于静止的工件而运动的原则　由于数控机床的结构不同，造成某些数控机床在加工过程中，刀具是运动的，工件是固定的；或者刀具是固定的，而工件是运动的等。因此，为了编程方便，永远假定刀具相对于静止的工件而运动，即“工件是固定的，刀具是运动的”。

（2）数控机床坐标系的规定　标准的数控机床坐标系采用的是右手直角笛卡儿坐标系（图 8-42），即大拇指的指向是 X 轴的正方向，食指的指向是 Y 轴的正方向，中指的指向是 Z 轴的正方向。

（3）旋转运动坐标　A、B、C 分别表示轴线平行于 X、Y、Z 各轴的旋转运动。右手直角笛卡儿坐标系规定了直角坐标 X、Y、Z 三轴的正方向，同时根据右手螺旋法则，很容易确定围绕 X、Y、Z 各轴的旋转运动的正方向 +A、+B、+C。

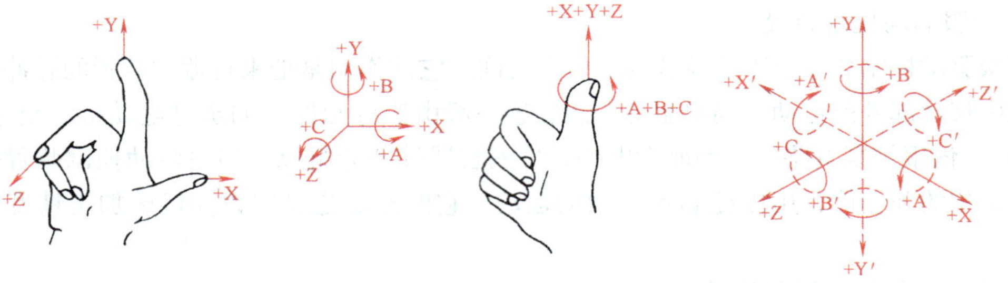

图 8-42　右手直角笛卡儿坐标系

ISO 标准对数控机床的坐标轴及其运动方向均有规定。Z 轴定义为平行于机床主轴的坐标轴，其正方向定义为刀具远离工件的运动方向；X 轴是水平的，它平行于工件的装夹平面，是刀具或工件定位平面内的主要坐标。在无回转刀具和无回转工件的机床（如牛头刨床）上，X 坐标平行于主要切削方向，以该切削力的方向为正方向；在有回转工件的机床（如车床、磨床等）上，X 坐标方向在工件的径向上，而且平行于横向滑座，以刀具离开工件回转中心的方向为正方向，如图 8-43 所示；在刀具回转的机床（如铣床）上，如果 Z 坐标是水平的（主轴是卧式的），当由主要刀具主轴向工件看时，X 轴正方向指向左方；如果 Z 坐标是垂直的（主轴是立式的），当由主要刀具主轴向工件看时，X 轴正方向指向右方，如图 8-44 所示。Y 轴的正方向根据 X 轴和 Z 轴的正方向，按右手法则确定。

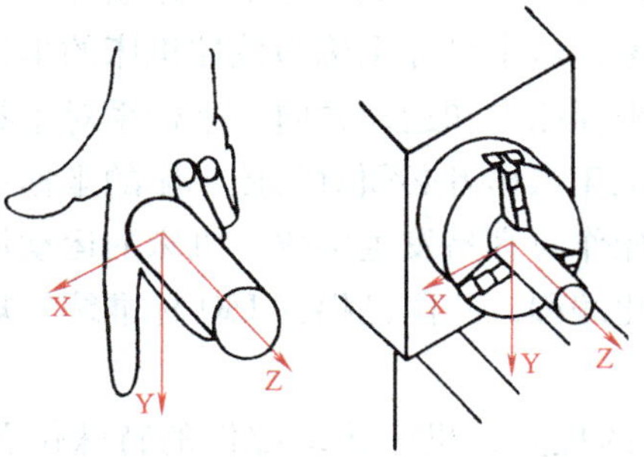

图 8-43　卧式数控车床坐标系

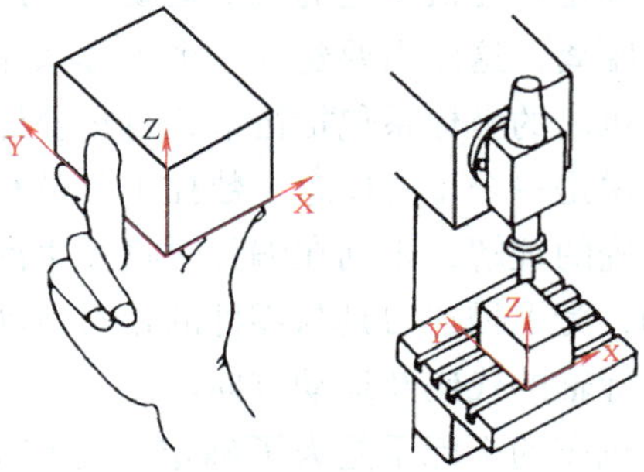

图 8-44　立式数控铣床坐标系

围绕 X、Y、Z 各轴的回转运动的正方向 +A、+B 和 +C 可相应地在 X、Y 和 Z 坐标轴的正方向上，按右手螺旋定则确定。

（4）数控机床坐标系的原点　标准坐标系的原点位置是任意选择的。

（5）附加坐标　一般称 X、Y、Z 为主坐标或第一坐标。如果在 X、Y、Z 主要直线运动之外另有第二组平行于它们的坐标运动，则称其为附加坐标。第二组坐标被指定为 U、V、W 坐标系，相对于 U、V、W 坐标系的回转运动被指定为 D、E、F。如果还有第三组运动坐标，则该坐标被指定为 P、Q、R 坐标系。

（6）工件的运动　为了反映数控机床的移动部件是工件而不是刀具，通常在图中用加“′”的字母表示运动的正方向，即“′”的字母表示工件的运动，不带“′”的字母表示刀具的运动，两者所表示的运动方向正好相反。

2. 与数控机床坐标系有关的点

数控机床上的有关点主要包括机床原点、机床参考点、刀具安装基准点、工件原点等，如图 8-45 所示。

(1) 机床原点　机床原点是由机床制造厂家设置在机床上的一个基准位置，其作用是使机床与控制系统同步，它是建立测量机床运动坐标的起始点，又称为机床零点或机床绝对原点。机床坐标系建立在机床原点上，是机床上固有的坐标系。它是其他所有坐标系（如工件坐标系）及机床参考点的基准点。在数控车床上，机床原点一般取在卡盘端面与主轴中心线的交点处。

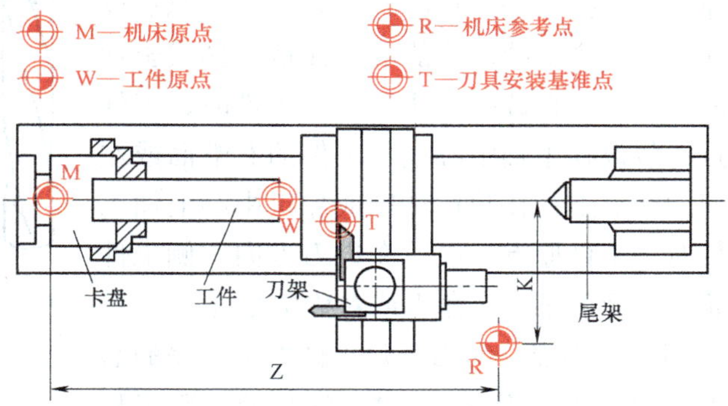

图 8-45　数控机床上的有关点

(2) 机床参考点　机床参考点是由机床制造厂家在机床上的每一个进给轴上，用挡铁和限位开关精确地预先设置的一个物理位置（测量起点）。对每一个坐标轴都设置一个机床参考点，每一个坐标轴的机械行程由最大和最小限位开关来限定，而限位开关的特定位置与机床原点的相对位置是固定的，在这个位置上可以交换刀具及设定坐标系。因此，机床参考点对机床原点的坐标是一个已知的固定值，可通过参数指定机床参考点到机床原点的距离。

数控系统将每一个进给轴在机床参考点位置的坐标值均设定为零，因此，机床参考点也称为“机械零点”。所谓“回零”操作，也就是回机床参考点。值得注意的是，必须分清数控机床上的“机械零点”与“机床原点”是两个完全不同的概念，两者不能混为一谈。

数控机床起动时，通常要进行手动回参考点操作以建立数控机床坐标系。数控机床回到参考点位置，也就知道了该坐标轴的零点位置，找到所有坐标轴的参考点，数控系统才能建立起数控机床坐标系。只有机床参考点被确认后，刀具（或工作台）移动才有基准，在刀具移动过程中，屏幕也就可以随时显示出刀具的实际位置。

装有绝对测量系统的数控机床，由于其具有加工轴的精确坐标值并能随时读出，故不需要回参考点。但绝大多数 CNC 机床采用增量式测量系统，因此需要返回参考点。

机床参考点可以与机床原点重合，也可以不重合。通常在数控铣床和加工中心上，机床参考点与机床原点是重合的；在数控车床上，机床参考点是离机床原点最远的极限点（图 8-45）。数控机床开机时，首先接通数控机床总开关和控制系统开关，然后数控机床从任意位置返回参考点，即生产中常遇到的刀架返回参考点的操作。当数控机床开机回参考点之后，无论刀具运动到哪一点，数控系统对其位置都是已知的。也就是说，刀具起始点是一个已知点。

(3) 刀位点（刀具安装基准点）　刀位点是刀具的定位基准点，它是编制加工程序过程中用以表示刀具特征的点，也是对刀和加工的基准点。一般来说，圆柱铣刀和端面铣刀的刀位点是刀具轴线与刀具底面的交点；球头铣刀的刀位点为球心；镗刀、车刀的刀位点为刀尖或刀尖圆弧中心；钻头的刀位点是钻尖或钻头底面中心；线切割的刀位点则是线电极的轴心与工件面的交点，如图 8-46 所示。

(4) 工件原点　工件原点就是工件坐标系的原点。选择工件原点时，最好把工件原点设定在工件图样上的尺寸能够方便地转换成坐标值的位置上。在数控车床上加工工件时，工件原点一般设在主轴中心线与工件的右端面或左端面的交点上；在数控铣床或加工中心上加工工件时，工件原点一般设在进刀方向一侧工件外轮廓表面的某一个角上或对称中心处。

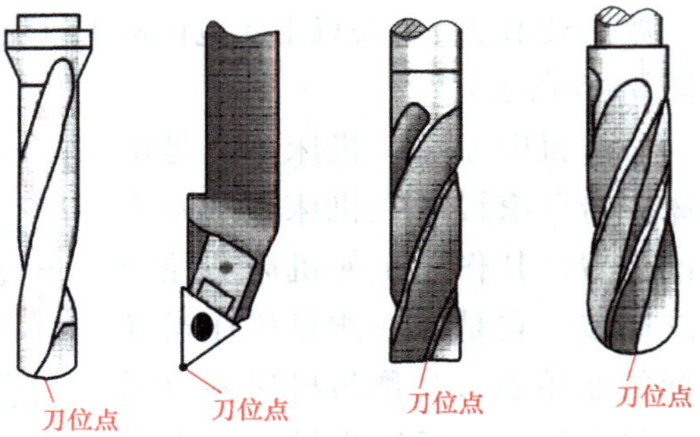

图 8-46　刀具安装基准点（刀位点）

(5) 对刀点　对刀点是工件加工程序的起始点（也称为起刀点）。对刀的目的是确定程序原点在机床坐标系中的位置，也就是使刀位点与对刀点重合的操作。对刀操作就是要测定出在程序起点处，刀具刀位点相对于机床原点及工件原点的坐标位置。

(6) 换刀点　换刀点是加工过程中需要换刀时刀具的相对位置点。在数控车床上，换刀点通常设在刀架远离工件的某一点或机床参考点上；数控铣床应选在工件外部，与工件或夹具不发生干涉的位置上；在加工中心上，则以换刀机械手的固定位置点为换刀点。

四、数控加工程序的组成与格式

1. 数控加工程序的组成

一个数控加工程序由程序名、程序内容和程序结束指令三部分组成。

(1) 程序名　程序名位于程序主体之前，是程序的开始部分，独占一行。一般规定由字母“O”打头，其后面紧跟四位数字。有的数控系统规定前面由四个字母打头，后面紧跟两个数字（如 SIEMENS 系统）。程序名的作用是便于存储和查找，所以任何程序都必须有程序名。例如，FANUC 数控系统的程序名规定为 O ××××，即由字母“O”和后面的任意四位阿拉伯数字组成；SIEMENS 数控系统的程序名规定为 BGLJ ××，即由四个字母和后面的两位阿拉伯数字组成。

(2) 程序内容　程序内容部分是程序的主体，它由若干个程序段组成，每一个程序段又由若干个信息字组成。信息字之间不允许有小数点以外的标点符号，程序段的长短不限，一般一个程序段独占一行，但各个程序段之间必须用程序段结束符号“;”或“LF”分隔开，避免在执行时出错。例如，

```
N10  G90  G00  X0  Y0  Z30.0;
N20  M03  S1200  T0101;
N30  G94  G01  Z10.0  F200;
N40  X20.0  Y30.0;
N50;
M02;
```

(3) 程序结束指令　它位于程序主体的后面，可用 M02（程序结束）或 M30（程序结

束并返回起始段）来结束整个程序，子程序结束指令是 M99。程序结束指令最好单独列为一个程序段。

2. 数控加工程序的格式

目前使用最多的是一种字地址程序段格式，在这种使用字地址程序段格式的程序段中，每一个信息字之前都标有地址码以识别地址。因此，不需要的字或与上一程序段相同的字都可以省略。一个程序段内的各字也可以不按顺序排列。采用这种格式，可以使编程直观、灵活、便于检查，可以缩短程序，它被广泛用于车、铣、加工中心等数控机床。字地址程序段格式程序段的一般形式如下：

N120　G01　X-60.0　Y40.0　F120　S1500　T0101　M03；

五、数控机床的工作原理

在普通金属切削机床上加工零件时，操作者根据图样要求，通过选择合适的刀具与工件之间的运动参数（位置、速度等），利用刀具对工件进行切削加工，最终得到所需要的合格零件。而在数控机床上加工零件时，操作者需要把刀具与工件的运动坐标分割成一些最小的单位量，即最小位移量（脉冲当量数），由数控系统按照零件加工程序的要求，使坐标移动若干个最小位移量，实现刀具与工件的相对运动，从而完成对工件的加工，如图 8-47 所示。

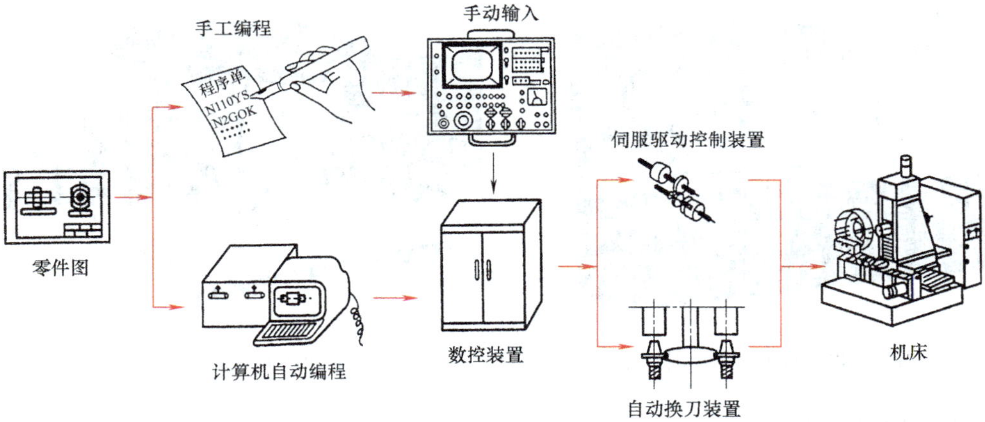

图 8-47　数控机床工作原理简图

在数控加工程序中，需要使用各种 G 指令和 M 指令来描述工艺过程的各种操作和运动特征。在 ISO 标准中，准备功能字由字母“G”和其后的两位数字组成，从 G00 到 G99 共有 100 种，它命令数控机床作相应的操作。辅助功能字由字母“M”及其后的两位数字组成，从 M00 到 M99 也有 100 种，它表示数控机床的各种辅助动作及其状态。此外，还规定了进给速度功能字“F”、主轴转速功能字“S”、刀具选择和刀具补偿功能字“T”等。

数控加工的一般工艺过程是：分析零件图样→确定加工方案→选择刀具与夹具→确定加工路线→确定切削用量→计算刀具运动轨迹→编写加工程序单→输入程序→校验程序→首件试切→检验→调整程序→正式切削。

例如，用车刀车削如图 8-48 所示零件上的 ϕ30mm 外圆的加工程序如下：

N10　G00　X30　Z4；

N20　G01　X30　Z-45　F0.2；

程序指令说明："G00" 字是快速点定位，刀具从 P 点只能快速移动到 A′点，坐标是（4，30），Z 方向留安全距离 4mm。"G01" 字定义为直线插补，刀具从 A 点直线加工到 B 点，B 点的坐标是(−45，30)；"X30" 字表示 X 轴正向位移不变；"Z-45" 字表示 Z 轴反向位移 −45 位移；"F0.2" 为直线插补进给速度（0.2mm/r）。

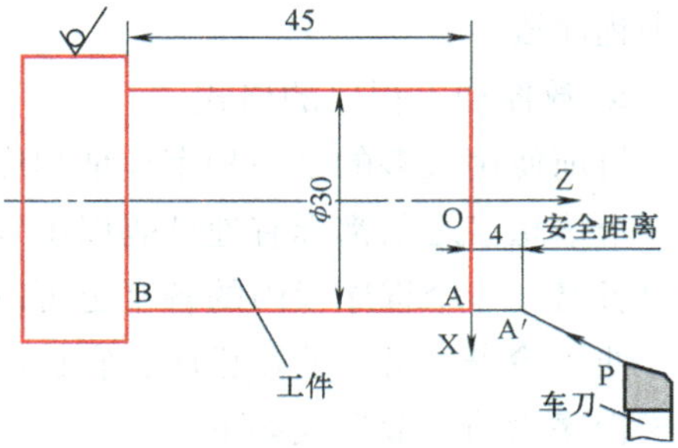

图 8-48　数控车床车削外圆简图

六、数控机床的分类

数控机床的品种和规格较多，其分类原则也有多种。数控机床按刀具（或工件）进给运动的轨迹分类，可分为点位控制数控机床、直线控制数控机床和轮廓控制数控机床三类。数控机床按可同时控制的坐标轴数分类，可分为两坐标、两轴半、三坐标及多坐标数控机床等。数控机床按工艺用途分类，可分为普通数控机床（图 8-49）和加工中心（图8-50）等。

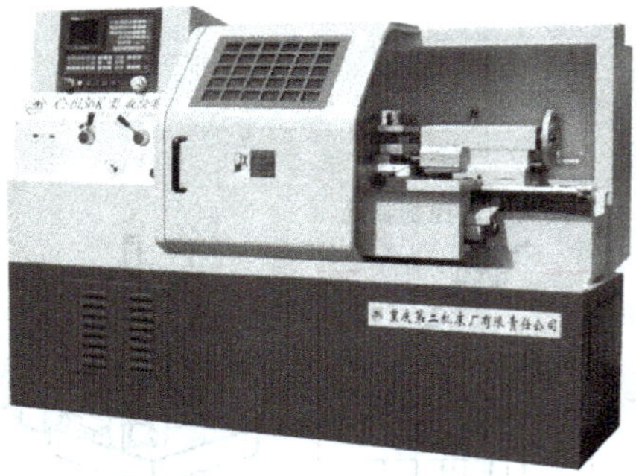

图 8-49　普通数控车床

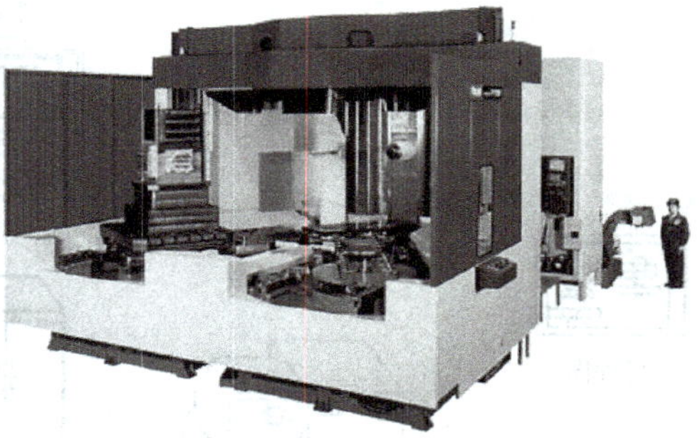

图 8-50　加工中心

1. 点位控制数控机床

采取点位控制的数控机床的特点是：只要求控制刀具或机床工作台从一点移动到另一点的准确定位，至于点与点之间移动的轨迹，原则上不加以控制，并且在移动过程中刀具不进行切削，如图 8-51a 所示。采用点位控制的数控机床主要有数控钻床、数控坐标镗床和数控冲床等。

2. 直线控制数控机床

采取直线控制的数控机床的特点是：除了控制点与点之间的准确定位外，还要保证被控制的两个坐标点间移动的轨迹是一条直线，且在移动的过程中，刀具能按指定的进给速度进行切削，如图 8-51b 所示。采用直线控制的数控机床主要有数控车床、数控镗铣床和数控磨床等。

3. 轮廓控制数控机床

采取轮廓控制的数控机床的特点是：能够同时控制两个或两个以上的轴同时按要求移

动，并且在移动过程中，刀具对工件表面进行连续切削，如图8-51c所示。轮廓控制数控机床可以加工由任意轮廓的曲线或曲面组成的复杂形状的零件。采用轮廓控制的数控机床主要有数控铣床、数控车床、数控磨床、数控齿轮加工机床和加工中心等。

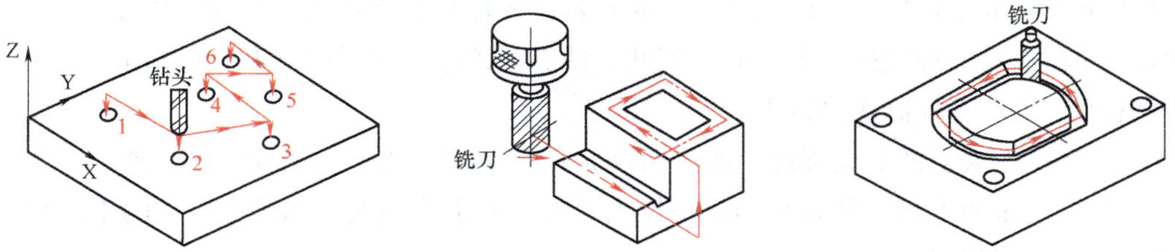

a) 点位控制　　b) 直线控制　　c) 轮廓控制

图8-51　数控机床运动的控制方式

4. 普通数控机床

普通数控机床一般是指在加工过程中，对某个工序实现数字控制的自动化机床。普通数控机床在自动化程度上还不够完善，刀具的更换及零件的装夹等工序仍需由人工来完成，如数控车床、数控铣床、数控钻床、数控磨床、数控镗床和数控齿轮加工机床等，其中应用最多的是数控车床和数控铣床。

数控车床主要用于加工轴类和盘类回转体零件，它能自动完成内外圆柱面、圆锥面、圆弧、螺纹等的切削加工，并能进行车槽、钻孔、扩孔、铰孔等工作，特别适宜加工形状复杂的零件。

数控铣床主要用于加工各类形状较复杂的平面、曲面和壳体类零件，如各类模具、样板、叶片、凸轮、连杆和箱体等。数控铣床能实现远距离操纵，同时配有半自动刀具安装及拆卸装置。

5. 加工中心

加工中心是带有刀库和自动换刀装置的数控机床。加工中心大多数以数控铣镗为主，将数控铣床、数控钻床和数控镗床的功能组合在一起，弥补了一台数控机床只能进行一类加工的缺点，可以进行铣削、镗削、钻孔、攻螺纹等加工。加工中心配有自动换刀装置，工件经一次装夹后，几乎可以完成所有加工工序，因此，在加工中心上加工工件能有效地避免多次装夹工件产生的累积误差。例如，铣镗加工中心就是在数控铣床的基础上增加了一个容量较大的刀库（20～120把）和自动换刀装置，工件在一次装夹后，可以对工件的大部分加工表面自动进行铣削、镗削、钻孔、扩孔、铰孔及攻螺纹等多种加工。目前，加工中心主要用于加工箱体类零件和形状复杂的零件。

七、数控加工的工艺特点及应用

1. 数控加工的特点

1）在加工方面具有高度柔性，适应性较强。改变程序，就可以很方便地进行另一种零件的加工，能够加工形状复杂的零件。

2）零件加工精度高，加工质量稳定。由于数控机床具有较高的刚性和精度，进给运动产生的误差可由数控装置进行精确补偿，减少了操作人员产生的人为误差，所以数控机床的加工精度高，产品质量稳定、合格率高。

3）自动化程度高，工序高度集中，生产效率高，技术含量高。数控机床在一次装夹中，几乎可以完成零件所有表面的加工，而且数控机床可自动换刀，可在不停车的状态下自动变换主轴转速及实现快速空程控制，因此，能有效地减少机动时间和辅助时间。一般使用数控机床可将生产率提高 3 倍以上。

4）减轻操作人员的劳动强度，改善劳动条件和环境，便于实现现代化管理。

5）数控机床的不足之处是初期设备投入较大，要求管理人员和操作人员的素质较高。

2. 数控加工的应用

数控机床适合加工以下零件：小批量（如 100 件左右）而又多次生产的零件；精度要求高和形状复杂的零件，如箱体类、曲面类、曲线类等工件；需要进行多种工序加工的零件；必须严格控制公差的零件；需要频繁改型的零件；价格贵、不允许报废的关键零件；生产周期短的急需零件等。

值得注意的是：虽然数控机床的优点较多，但数控机床并不能完全替代普通机床，因为数控机床的使用成本高，维修难度高。因此，在选用数控机床时，应仔细核算生产成本，合理使用数控车床和普通车床，以便获得较好的经济效益。此外，学习数控机床的操作及加工原理也需要以学习普通机床的操作及加工原理为基础。

【史海拾遗——数控机床】

1952 年，世界上第一台数控机床由美国帕森斯公司与麻省理工学院合作研制成功，并公开展示了这台数控机床的样机，随后数控机床正式进入实用阶段。随着微电子和计算机技术的高速发展，数控机床经历了五个发展阶段展。从 1994 年开始，数控机床的发展进入了开放型和柔性化的发展阶段。目前，国际上具有先进代表性的数控机床生产企业有日本的 FANUC（发那科）公司、德国的西门子公司、美国的 A-B 公司等。

模块六 其他机床及其应用

其他机床主要是指刨床、插床、磨床、镗床、拉床等，它们在生产中也具有较广的应用范围。

一、刨床及其应用

1. 刨床的分类、组成和刨刀

刨床是平面加工机床，主要有牛头刨床、龙门刨床和悬臂刨床等，其中牛头刨床的应用最广。牛头刨床主要由床身、滑枕、刀架、横梁、工作台、进刀机构、变速机构和摆杆机构等组成，如图 8-52 所示。床身安装在机床底座上；滑枕带动刀架作直线往复主运动；刀架通过转盘固定在滑枕的前端，用来夹持刀具；横梁可沿床身上的垂直导轨移动，以调整切削刀具与工件在垂直方向上的相对位置；工作台带动工件作间歇进给运动。

刨削是用刨刀对工件作水平往复直线运动的切削的加工方法。刨削加工的主运动是刨刀的直线往复运动，其中刨刀前进是工作行程，刨刀退回是空行程。刨刀每次退回后工件的横向水平移动是进给运动，如图 8-53 所示。

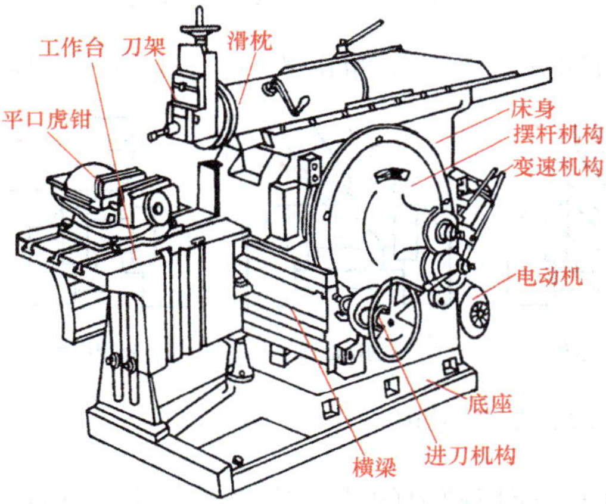

图 8-52　B6065 型牛头刨床

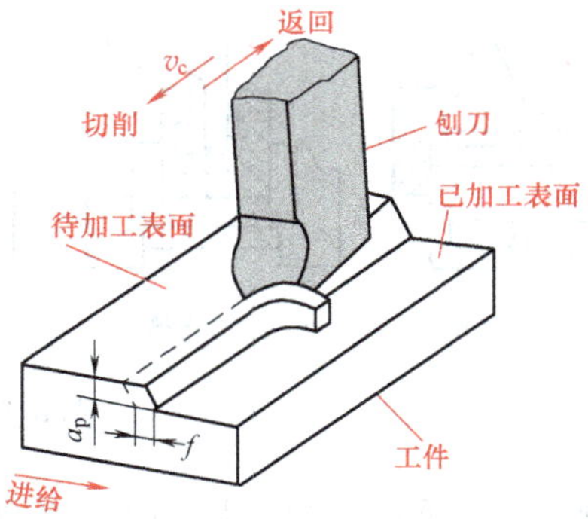

图 8-53　刨削运动示意图

刨削加工常用的刨刀主要有平面刨刀、偏刀、角度刨刀、切刀、弯切刀、成形刀等，如图 8-54 所示。

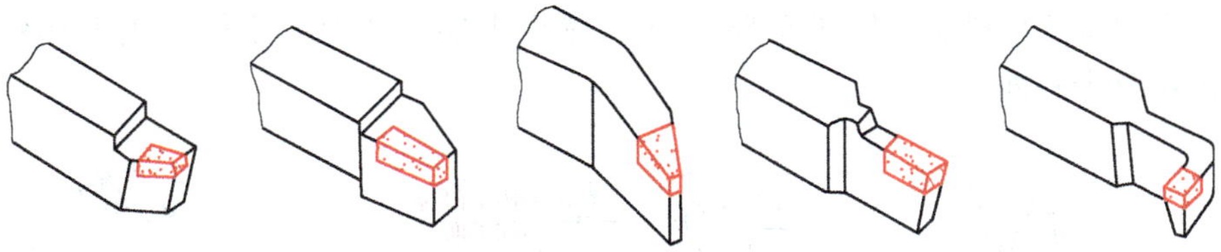

a) 平面刨刀　b) 偏刀　c) 角度刨刀　d) 切刀　e) 弯切刀

图 8-54　常用刨刀

2. 刨床的应用范围

刨床的主要功能是用刨刀加工平面、沟槽及成形面。根据刨具与工件相对运动方向的不同，刨削分为水平刨削和垂直刨削两种。水平刨削一般简称为刨削，垂直刨削则简称为插削。刨床的主要应用范围如图 8-55 所示。

3. 刨削工艺特点

刨削加工可以获得的公差等级是 IT10 ~ IT7，表面粗糙度 Ra 值是 12.5 ~ 1.6μm。刨床的结构简单、操作方便、通用性强，加工成本低；刨刀的形状与车刀类似，其制造、刃磨和安装方便。但刨削的加工生产率低，刀具磨损较大。刨床主要用于单件小批量生产和修配。

4. 刨削加工案例

刨削前用机用平口钳（或螺钉压板）将工件安装在工作台上，并对工件进行找正，如图 8-56 所示。

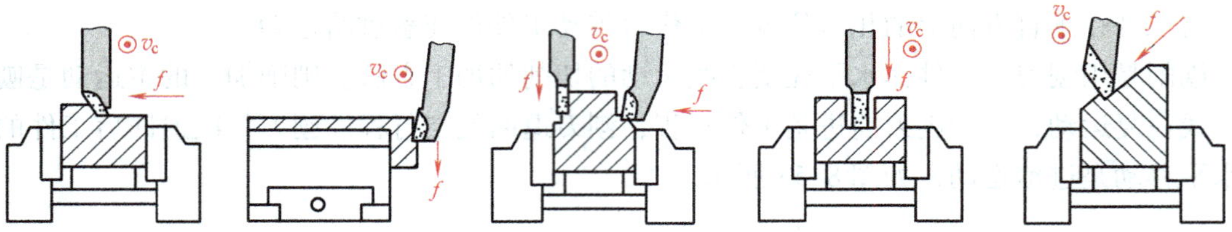

a) 刨削平面　b) 刨削垂直面　c) 刨削台阶面　d) 刨削直槽　e) 刨削斜面

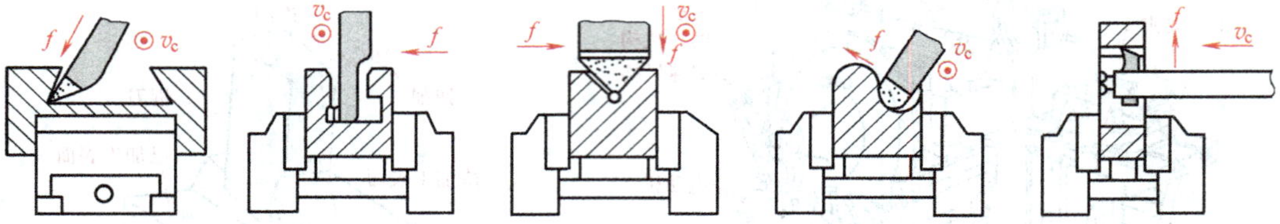

f) 刨削燕尾槽　g) 刨削T形槽　h) 刨削V形槽　i) 刨削曲面　j) 刨削内槽

图 8-55　刨床的主要应用范围

刨削垂直面时，可选用偏刀，安装偏刀时，应使刨刀的伸出长度大于整个垂直面的高度，如图 8-57 所示。刨削时，使刀架转盘对准零线；调整刀座，使刨刀相对于加工表面偏转一个角度，让刨刀上端离开加工表面，以减小刨刀切削刃与加工面之间的摩擦。在刀具返回行程终了时，手摇刀架上的手柄使刨刀作垂直进给，即可逐步刨出整个垂直面。

刨削斜面时，需要将刀架转盘转过一个要求的角度。例如，刨削工件上的 60°斜面时，可将刀架转盘对准 30°刻线，如图 8-58 所示；然后手摇刀架上的手柄使刨刀作斜向进给，即可逐步刨出整个斜面。

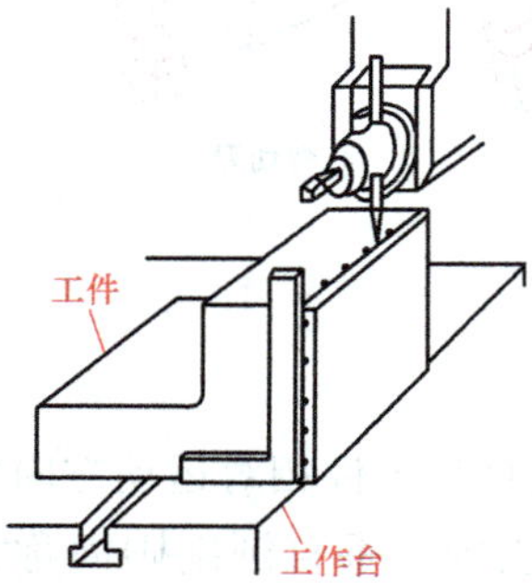

图 8-56　工件安装和找正

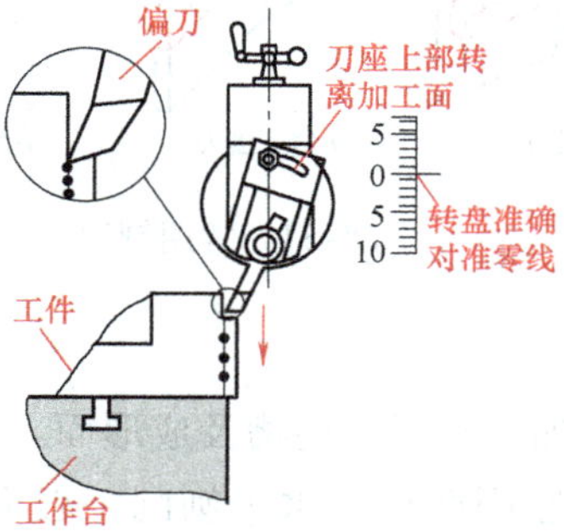

图 8-57　刨削垂直面

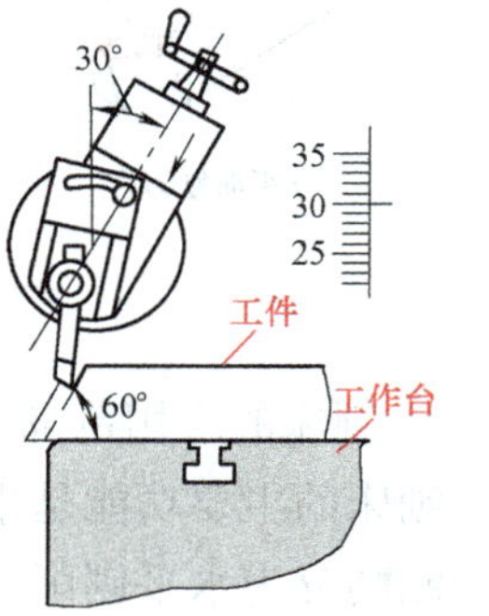

图 8-58　刨削斜面

【史海拾遗——刨床】

从 1814 年开始，理查德·罗伯特、理查德·普拉特、詹姆斯·福克斯及约瑟夫·克莱门特等人，各自独立地制造出了龙门刨床。但是，这种刨床还没有送刀装置，正处于从“工具”向“机械”转化的过程中。到了 1839 年，一个名叫博德默的英国人终于设计出了具有送刀装置的龙门刨床。另一位英国人史密斯从1831年起的40年内发明制造了能够加工小平面的牛头刨床，它可以把工件固定在床身上，使刀具作往返直线运动。

二、插床及其应用

1. 插床的分类、组成和插刀

插床主要有普通插床、键槽插床、龙门插床和移动式插床等。插床实际上是立式牛头刨床，它与牛头刨床的主要区别在于，其滑枕是直立的。插床的主运动是插刀沿垂直方向的直线往复运动，插刀向下移动是工作行程，插刀向上移动是空行程；工件可以沿纵向、横向、圆周三个方向作间歇进给运动。插床的主参数是最大插削长度，插刀的结构基本上与刨刀相同。

插床主要由床身、滑枕、刀架、圆工作台、上滑座、下滑座、进给箱、分度装置、底座等组成，如图8-59所示。滑枕可以在小范围内调整角度，以便加工倾斜面及沟槽；圆工作台放在下滑座和上滑座之上，可以回转，可进行圆周进给和圆周分度；下滑座和上滑座可带动圆工作台分别作横向进给及纵向进给。

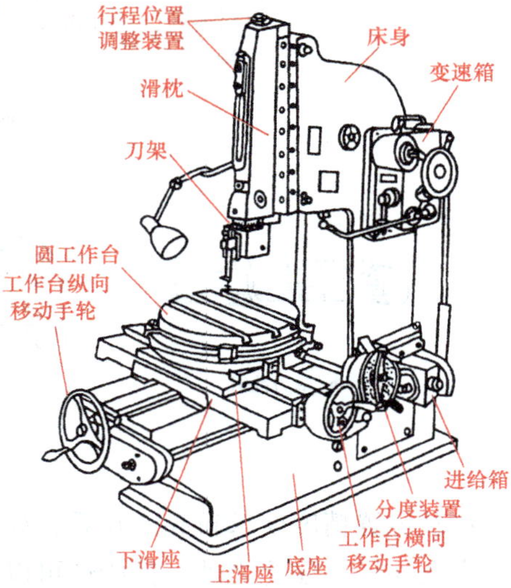

图8-59　插床简图

2. 插床的应用范围和工艺特点

插床适合加工单件或小批量零件的内表面，如加工孔内的键槽及零件上的方孔、多边形孔和花键孔等。与刨削相比，插刀的刚性较低，生产率低，插削后的表面粗糙度 Ra 值可达6.3～1.6μm。

三、镗床及其应用

1. 镗床的分类、组成和镗刀

镗床是进行孔和端面加工的机床，主要有卧式镗床、坐标镗床、精镗床等。镗削加工时，主运动是镗刀的回转运动，工件或镗刀的移动是进给运动。卧式镗床主要由床身、前立柱、主轴箱、镗轴、刀具溜板、平旋盘、后立柱、后支承架、工作台等组成，如图8-60所示。主轴变速箱可进行速度调整与换向；镗轴前端带锥孔，可以插入装有镗刀的镗杆；工作台可在水平位置上转动任意角度，可沿床身的纵向导轨进行纵向进给运动，也可沿燕尾槽进行横向进给运动。所以，在镗床上可以很方便地镗削任意方向的垂直面。主轴箱和后支承架可分别沿前立柱、后立柱自动升降，以加工不同高度的孔。

镗刀按结构不同，一般分为整体式单刃镗刀、镗刀头和镗刀块，如图8-61所示。

2. 镗床的应用范围和工艺特点

镗床的主要功能是加工尺寸较大、位置精度要求较高的孔，尤其适合加工分布在零件不

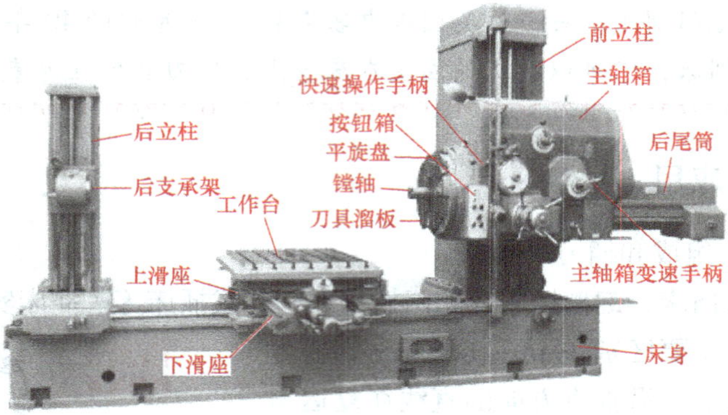

图 8-60　卧式镗床

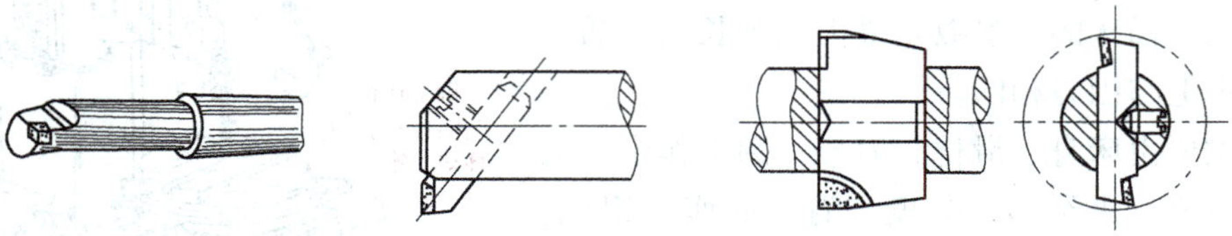

图 8-61　镗刀

同位置及位置精度要求较高的孔系，如形状复杂的机架、箱体类零件上的孔或大尺寸孔都能在镗床上加工。除此之外，镗床还可以用来完成镗孔、车削端面、铣削平面、钻孔、车削螺纹等操作，如图 8-62 所示。

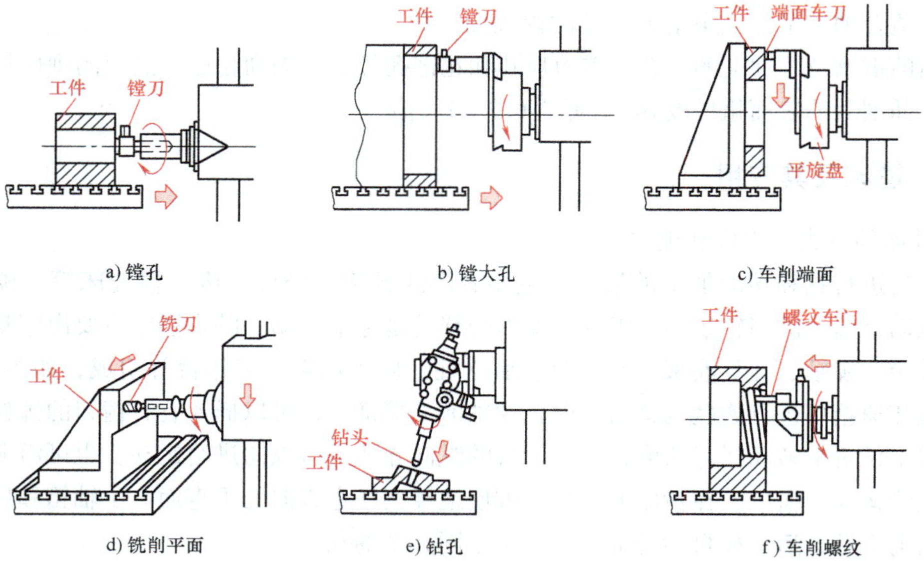

图 8-62　镗床的主要应用范围

镗削时，镗刀的回转是主运动，工件或镗刀的移动是进给运动。镗削的加工精度是IT9～IT8，表面粗糙度 Ra 值是3.2～1.6μm，其加工成本低，应用范围广，能较好地修整前道加工工序造成的几何形状误差和相互位置误差。

【史海拾遗——镗床】

世界上第一台真正意义上的镗床是在1775年由英国的威尔金森发明的。它是一种空心圆筒形镗杆，两端安装在轴承上，通过水轮驱动，用这台镗床可镗削大型气缸，满足了制造蒸汽机的需要，也促进了蒸汽机的发展。在以后的几十年间，人们对威尔金森的镗床作了许多改进。1885年英国的赫顿制造了工作台升降式镗床，成为现代镗床的雏形。

四、磨床及其应用

（一）磨床的分类

磨床是用砂轮或其他磨具（如砂带、油石等）对工件表面进行磨削加工的机床。磨床主要有外圆磨床、内圆磨床、座标磨床、平面磨床、无心磨床、工具磨床及专用磨床等，其中应用最广的是外圆磨床和平面磨床。平面磨床主要有卧轴矩台平面磨床及立轴圆台平面磨床。

（二）磨床的组成

1. 外圆磨床的组成

外圆磨床由砂轮架、头架、尾架、工作台及床身等组成，如图8-63所示。砂轮安装在砂轮架主轴的前端，由单独的电动机驱动作高速旋转的主运动。工件安装在头架及尾架顶尖之间，由头架主轴带动作圆周进给运动。头架与尾架均安装在工作台上，工作台由液压传动系统带动，沿床身导轨作往复直线进给运动。砂轮架可以通过液压系统或横向进给手轮使砂轮架得到机动或手动横向进给。工作台由上、下两部分组成，为了磨削外圆锥面，上层工作台可在水平面内转动±8°。外圆磨床主要用于磨削外圆柱面、外圆锥面及台阶端面等。

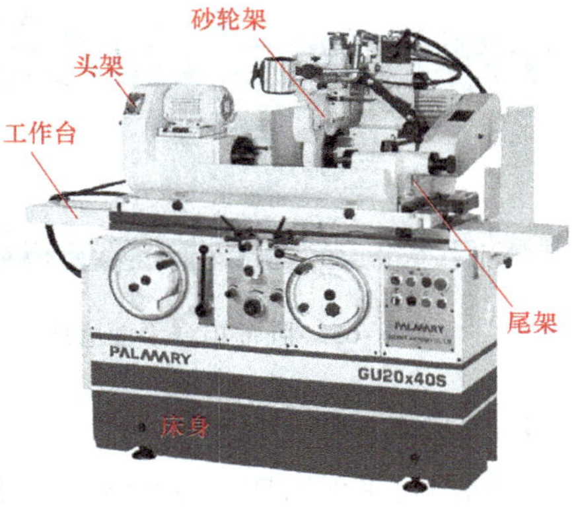

图8-63　外圆磨床

2. 内圆磨床的组成

内圆磨床由头架、砂轮架、工作台、床身等主要部件组成，如图8-64所示。头架固定在床身上，工件安装在头架主轴前端的卡盘中，由头架主轴带动作圆周进给运动。砂轮安装在砂轮架内的内磨头主轴上，由单独的电动机驱动作高速旋转的主运动。砂轮架安装在工作台上，工作台由液压传动系统带动作往复直线运动一次时，砂轮架横向进给一次。为了便于磨削锥孔，头架还可以绕垂直轴线转动一定角度。内圆磨床主要用于磨削各种圆柱孔和圆锥孔。

3. 卧轴矩台平面磨床的组成

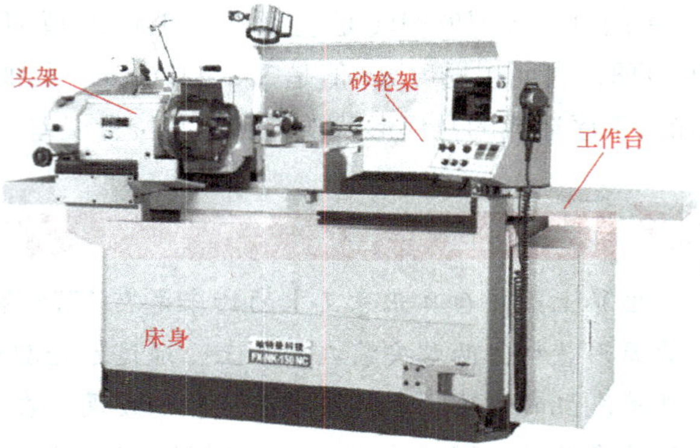

图 8-64　内圆磨床

卧轴矩台平面磨床由砂轮架、立柱、工作台及床身等主要部件组成，如图 8-65 所示。卧轴矩台平面磨床的砂轮轴呈水平位置，磨床的工作台为矩形，磨削时是用砂轮的周边对工件进行磨削。砂轮安装在砂轮架的主轴上，砂轮主轴由电动机直接驱动。砂轮主轴的高速旋转是主运动；砂轮架可以沿滑座下面的燕尾形导轨移动，实现周期性横向进给；转动升降手轮，可以使砂轮架沿立柱导轨移动，实现垂直进给；工件一般直接放置在电磁工作台上，依靠电磁铁的吸力可以将导磁性的工件吸紧，电磁吸盘随机床工作台一起安装在床身上，沿床身导轨作纵向往复进给运动。磨床的纵向往复运动和砂轮架的横向周期进给运动，一般都依靠液压传动来实现。

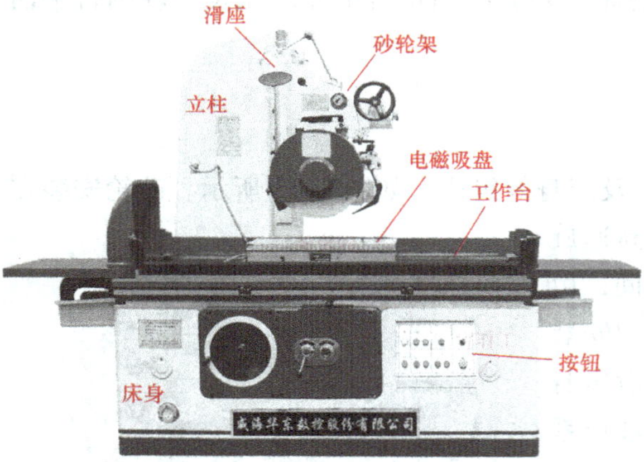

图 8-65　卧轴矩台平面磨床

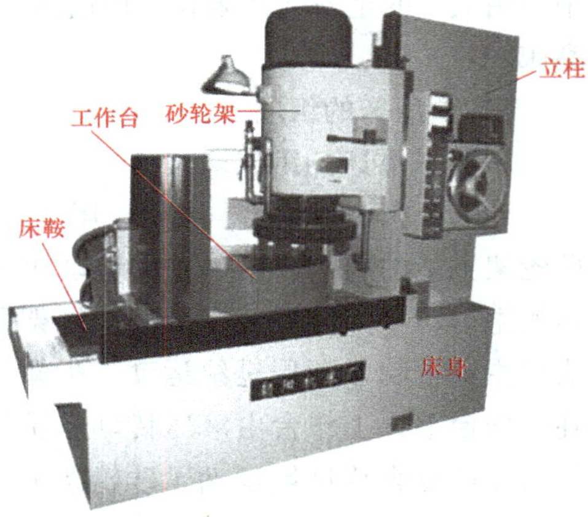

图 8-66　立轴圆台平面磨床

4. 立轴圆台平面的磨床

立轴圆台平面磨床由砂轮架、立柱、工作台及床鞍等主要部件组成，如图 8-66 所示。立轴圆台平面磨床的砂轮轴呈垂直位置，磨床的工作台为圆形。圆形工作台装在床鞍上，它除了作旋转运动实现圆周进给外，还可以随床鞍一起沿床身导轨快速趋进或退离砂轮以便装卸工件。砂轮架可沿立柱导轨移动，以实现砂轮的周期性垂直进给；砂轮的高速旋转是主运动，磨削时用砂轮的端面进行磨削。

（三）砂轮

砂轮是由一定比例的硬度很高的粒状磨料和结合剂压制烧结而成的多孔性磨具，如图 8-67所示。砂轮的性能主要取决于其内部的磨料、粒度、结合剂、硬度、组织、形状、尺寸及线速度等因素。砂轮是一种特殊刀具，也是一种标准件，其上的每一个颗粒相当于一个刀齿，整块砂轮即相当于一把多齿铣刀，磨削时凸出的颗粒从工件表面切下微小的切屑。各种形状的砂轮如图 8-68 所示。

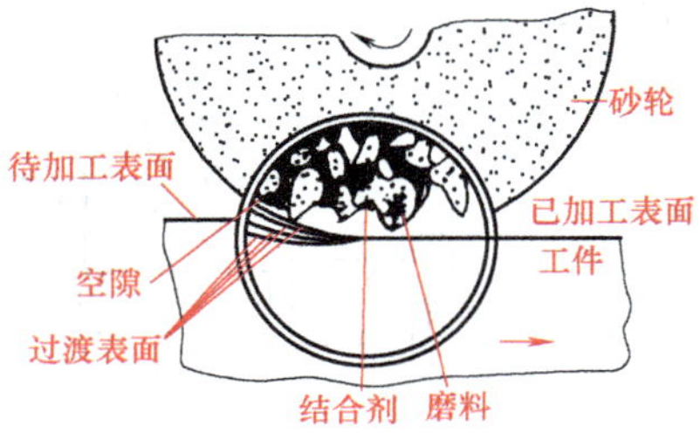

图 8-67　砂轮及其磨削示意图

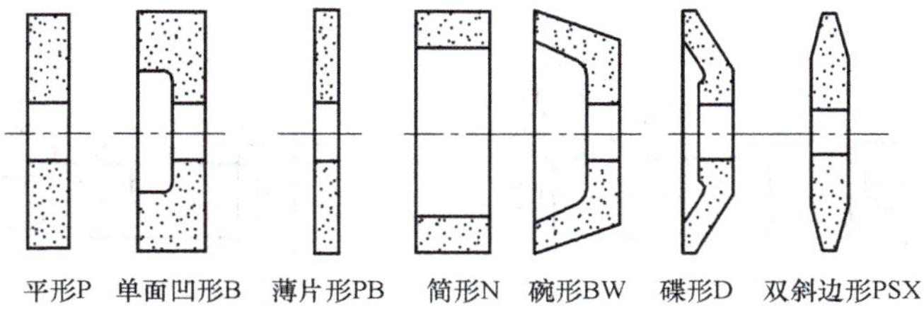

图 8-68　各种形状的砂轮

（四）磨床的应用范围

磨床主要用于加工硬度较高的材料（如淬硬钢、硬质合金等），也能加工脆性材料（如玻璃、陶瓷、花岗石等），但磨床不适合磨削塑性较好的非铁金属。磨床的主要应用范围是磨削各种内外圆柱面、平面、沟槽、成形面（如齿轮、螺纹）等，如图 8-69 所示。磨床既可以进行高精度和表面粗糙度值很小的磨削加工，也可以进行高效率的磨削加工（如强力磨削等）。

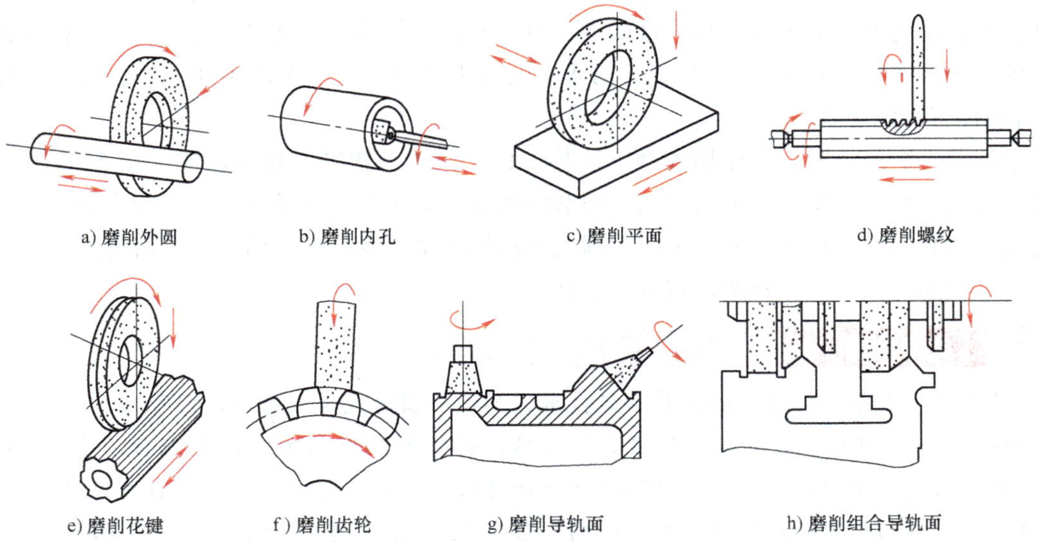

图 8-69　磨床的主要应用范围

（五）磨床的工艺特点

磨削是指用磨具以较高的线速度对工件表面进行精加工的方法。磨削可以加工其他机床不能加工或很难加工的高硬度材料；磨削速度高，在磨削过程中产生的温度高；砂轮具有自锐性；磨削具有较强的适应性，可以获得高精度（IT7 ~ IT5）和低粗糙度值（*Ra* 0.8 ~ 0.2μm）的加工表面，是机械零件精密加工的主要方法之一，一般也是机械加工的最后一道工序。

（六）外圆柱面磨削案例

磨削外圆柱面时，一般选择普通外圆磨床和万能外圆磨床。具体磨削方法主要有纵向磨削法（图 8-70）、切入磨削法（图 8-71）和混合磨削法（图 8-72）。

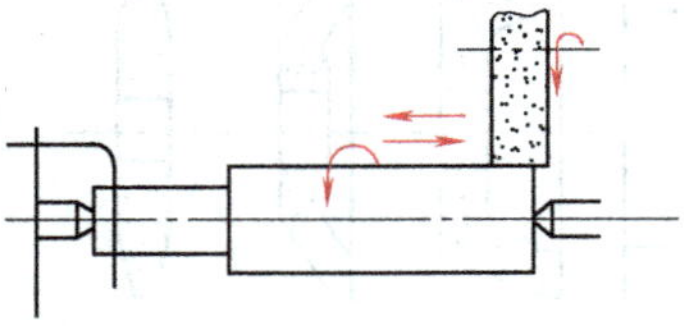

图 8-70　纵向磨削法

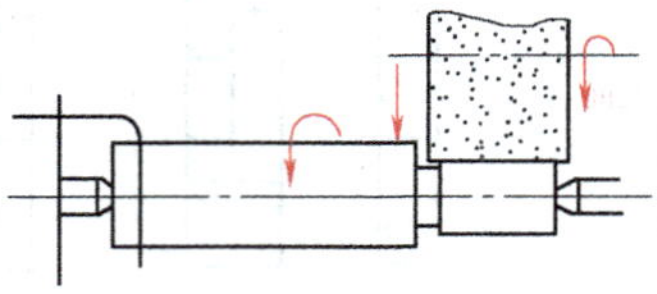

图 8-71　切入磨削法

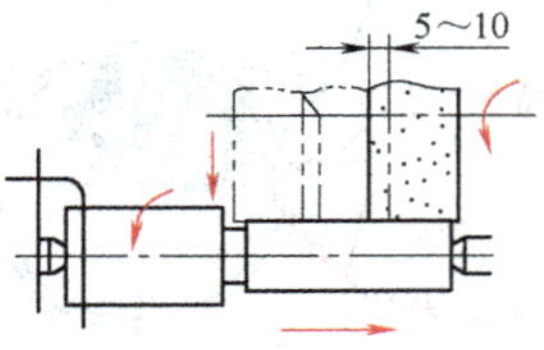

图 8-72　混合磨削法

采用纵向磨削法时，主运动是砂轮的高速旋转，工件作低速旋转进行圆周进给，并与工作台一起作纵向往复运动进行纵向进给。工作台每往复一次行程终了时，砂轮作周期性横向进给，每次横向进给的磨削深度较小，通过多次往复行程将磨削余量逐步磨去。纵向磨削法具有磨削深度小、磨削力小、磨削温度低、加工精度和表面质量高等优点。但纵向磨削法的加工时间长、生产率低，适合磨削细长轴类工件。

采用切入磨削法时，主运动是砂轮的高速旋转，工件只作低速圆周进给运动，砂轮以很慢的速度连续或断续地作横向进给运动，直到磨去全部磨削余量为止。切入磨削法的生产效率高，但磨削力大，磨削温度高，排屑难，散热差，工件易产生烧伤和变形，加工精度比纵向磨削法低，表面粗糙度 *Ra* 值较大。切入磨削法主要用于磨削工件刚性较好、长度较短的外圆表面及有台阶的轴颈。

采用混合磨削法时，先用切入磨削法将工件分段进行粗磨，相邻两段间留 5～15mm 的搭接，留较小的磨削余量，最后采用纵向磨削法精磨至所需尺寸及精度。混合磨削法既有切入磨削法的高生产率优点，又有纵向磨削法的高加工精度及低的表面粗糙度值优点。混合磨法适合磨削加工余量较大和刚性较好的工件。

【史海拾遗——磨床】

磨削是人类很早就掌握的材料加工技术，如旧石器时代古人磨制石器等工具就是采用磨削技术。进入 19 世纪初期，人们依然采用旋转的天然磨石加工其他物体。直到 1864 年，美国人制成了世界上第一台具有近代磨床特征的磨床，它是在车床的溜板刀架上装上砂轮，通过自动传送功能实现磨床功能的。过了 12 年后，美国的布朗发明了接近现代磨床的万能磨床。

模块七　特种加工与先进加工技术简介

随着现代科技的发展，人类对产品性能和质量的要求越来越高，零件的结构和表面质量也越来越复杂。面对这些要求，采用传统的加工方法已经不能满足生产需要，于是，科技人员逐步研发出了一些成熟的特种加工方法和先进加工技术。

一、特种加工简介

特种加工是直接把电、磁、声、光等能量或其组合施加在工件的待加工面上，去除多余的材料，使工件成为符合设计要求的零件的加工过程。特种加工是最近几十年发展起来的新工艺，是对传统加工方法的发展和补充，在航天、电子、仪器仪表、汽车等行业中已经成为不可缺少的加工方法。

特种加工的主要特点是：不使用刀具或磨具等直接利用机械能对工件进行切削加工，而是将电、磁、声、光等能量直接施加在被加工材料上对其进行加工，并获得需要的零件；它可以完成传统加工方法难以加工的材料（如高塑性、高硬度、高脆性的材料等），以及精密、精细和形状复杂的工件的加工。目前，特种加工方法的种类较多，主要有电火花加工、电解加工、超声波加工、激光加工、电子束加工和离子束加工等。

1. 电火花加工

电火花加工（或称电蚀加工）是在加工过程中，使工具电极和工件电极之间不断产生脉冲火花放电，依靠放电瞬间产生的高温把金属蚀除下来的加工方法。

电火花加工机床主要有电火花成形加工机床和电火花线切割机床。电火花成形加工机床主要由机床主机（包括床身、立柱、工作台及主轴头等）、控制柜及工作液净化循环系统组成。电火花线切割机床由主要机床部分（包括送丝机构、丝架、工作台和床身等）、脉冲电控制部分和工作液循环系统组成。

电火花加工原理如图 8-73 所示。加工时，将工具电极和工件放入绝缘液体介质中，当在工具电极和工件之间加上脉冲电源时，逐渐缩短工具电极和工件电极之间的间隙，就会在工具电极和工件之间产生脉冲性火花放电。放电通道中产生的大量热能使金属局部熔化甚至气化，并在放电爆炸力的作用下，将熔化的金属微粒抛出去，从而达到蚀除金属的目的。抛出去的金属微粒经工作液循环系统过滤后被带走。每一次脉冲放电后，工件表面上会产生微小的放电痕，这些微小放电痕的大量积累就实现了工件的电火花加工，最终工具电极的形状就精确地“复印”在了金属工件上。

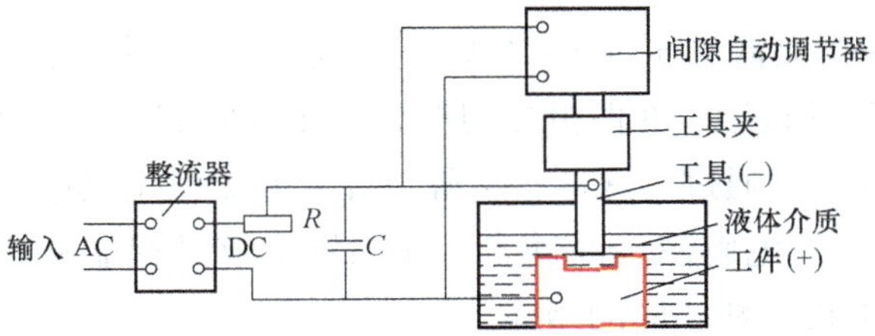

a) 加工原理图

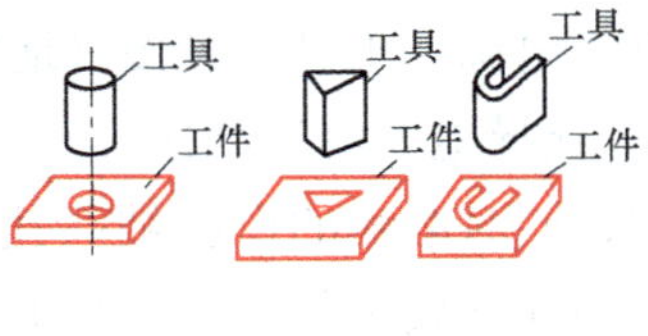

b) 工具与工件

图 8-73　电火花加工原理

电火花加工的特点是：可以加工任何高熔点、高强度、高硬度、高脆性、高粘性、高韧性、高纯度的导电材料；它是一种非接触式的加工方法，加工时“无切削力”，几乎没有热变形影响；只需更换工具电极和调节脉冲参数，就能在在一台电火花加工机床上进行粗加工、半精加工和精加工。但电火花加工的生产率较低，有电极损耗，影响加工精度，主要适合加工冲模、挤压模、塑料模，以及带有小孔、异形小孔、槽和曲线形空腔的工件。

利用电火花加工原理，还可以进行电火花线切割。图 8-74 所示是用沿着自身轴线运行的电极丝做工具电极的电火花线切割原理。电火花线切割在切割过程中无明显的机械切削力，也没有明显的电极损耗，加工精度较高，但不能加工曲面，适合加工极薄或易变形的工件（如样板）、淬硬模具、特殊形状的窄缝等。

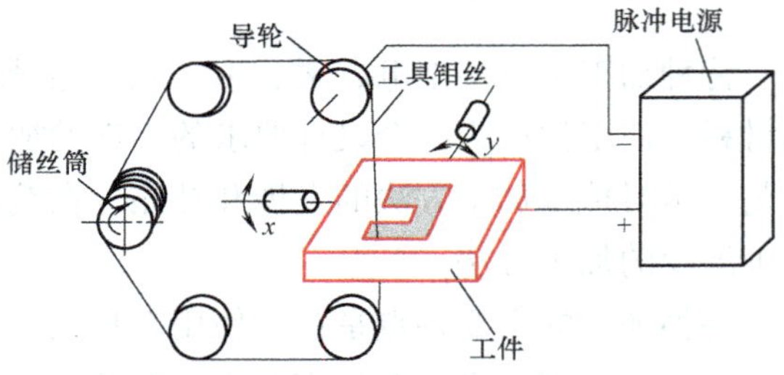

图 8-74　电火花线切割原理图

2. 电解加工

电解加工（或电化学加工）是利用金属工件在电解液中产生阳极溶解的电化学腐蚀原理，对金属工件进行成形加工的方法。电解加工机床主要由机床主体、直流电源和电解液系统组成，如图 8-75 所示。

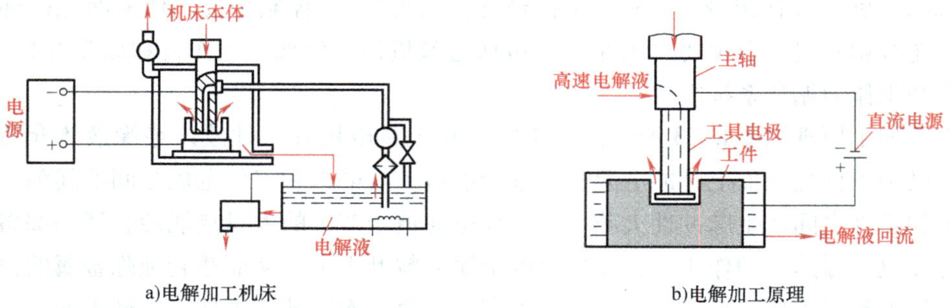

图 8-75　电解加工机床及其加工原理

电解加工时，工具电极接直流电源的负极（或阴极），金属工件接直流电源正极（或阳极）。然后在金属工件和工具电极之间接上低电压（6～24V）、大电流（有时可达 20000A）的稳压直流电源。工具电极慢慢地向工件进给，在两极之间形成狭小的间隙（通常为 0.1～0.8mm），让导电电解液高速（5～60m/s）通过。这样，金属工件就开始按工具电极的形状逐渐溶解，同时溶解的产物被高速流动的电解液不断冲走，使阳极溶解过程能够连续地进行，最终便在金属工件上形成与工具电极形状相同的型面。

电解加工的特点是：可以加工高硬度、高强度和高韧性的难切削金属材料（如淬火钢、高温合金、钛合金等）；加工过程中无机械力和切削热，加工面上不存在应力和变形，适合加工易变形工件或薄壁工件；加工后无毛刺，工件表面加工质量较高（Ra 0.8～0.2μm）；可以一次性加工出形状复杂的型面或型孔，如锻模、冲模、叶片、深孔（如炮管膛线、枪管内的来复线等）。电解加工的缺点是：难以实现高精度加工；电解液对机床有腐蚀性作用，机床维护费用较高，电解产物的处理和回收较难，需要采取防腐蚀和防污染措施。

电解加工的生产效率比电火花加工高 5 ~ 10 倍，适用于成批和大量生产。目前，电解加工已经成为航空航天、兵器、医疗器械、电子行业中的重要加工方法之一，被广泛用于加工发动机叶片、模具等。此外，电解加工还用于电解抛光、去毛刺、切割、雕刻和刻印等方面。

【拓展知识——电解磨削】

电解磨削是将电解腐蚀与机械磨削加工相结合的一种复合加工技术。如图 8-76 所示，电解磨削过程中导电磨轮接阴极，工件接阳极，工件表面产生阳极溶解，溶解的沉淀物被电解液冲走，加工后工件的表面粗糙度值 Ra 可达 0.025 ~ 0.012μm。电解磨削过程中，机械磨削是次要过程，是为了切除工件表面的阳极膜，磨轮的损耗很小；电解作用是主要过程。为了减轻电解液对机床的腐蚀，加工过程中不使用腐蚀性较强的电解液体。电解磨削可以加工所有导电材料，主要用于加工刀具、量具、冲模、拉丝模等的表面。

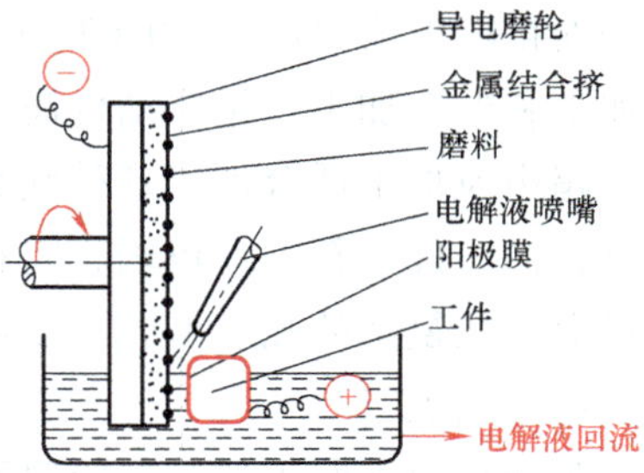

图 8-76　电解磨削原理图

3. 超声波加工

超声波加工是在含有磨料的液体介质或干磨料中，利用超声波做动力，带动磨料冲击工件表面，以产生磨料的冲击、抛磨、液压冲击及空化作用来去除材料的加工方法。超声波加工机床有立式和卧式两种，其组成主要包括超声波发生器、超声波振动系统、机床主体、磨料悬浮液及循环净化系统等。

超声波加工机床及原理如图 8-77 所示。加工时，在工具（采用韧性材料制造，如未淬

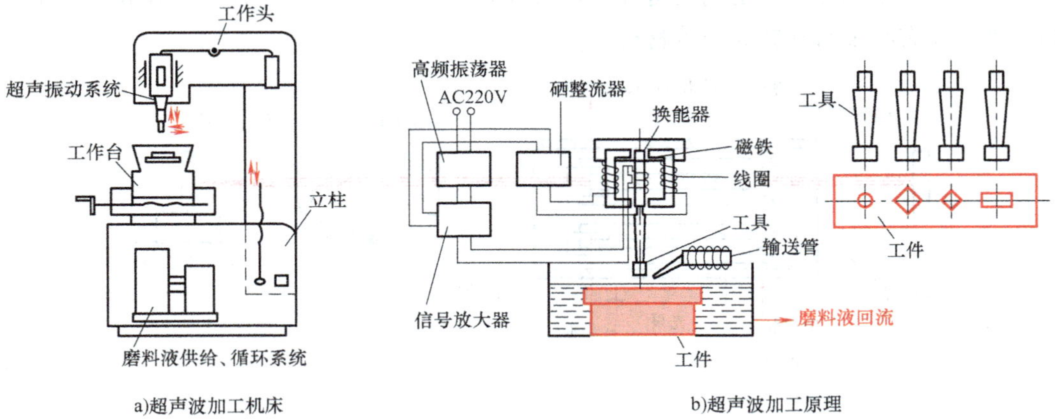

图 8-77　超声波加工机床和原理

火的碳素钢）和工件之间注入液体（水或煤油等）与磨料（碳化硼、三氧化二铝等）混合的悬浮液，磨料在工具的超声波振动和一定压力的作用下，获得高速冲击能量，以极高的冲击速度不断撞击和抛磨工件表面，使工件材料产生局部破碎。随着悬浮液的高速搅动和循环流动，磨料不断得到更新，被粉碎下来的微粒也被循环流动的悬浮液带走。随着工具逐渐地伸入工件中，最终工具的形状便“复印”在工件上，完成加工过程。

超声波加工的特点是：要求磨料的硬度大于工件材料的硬度，工具材料的硬度可以小于工件材料的硬度（但工具磨损较大）；加工过程中，对工件的宏观作用力小、热影响小，工件表面粗糙度值 Ra 可达 0.63 ~ 0.08μm，加工精度可达 0.01 ~ 0.02mm，加工质量优于电火花加工和电解加工；机床结构简单，操作与维修方便，但生产效率较低。

超声波加工适合加工各种硬脆材料，特别是非金属材料和半导体材料（如玻璃、陶瓷、石英、锗、硅、石墨、玛瑙、宝石、金刚石等）；适合加工薄壁和窄缝零件，以及各种硬脆材料上形状复杂的孔、型腔、成形表面等。

4. 激光加工

激光是由于原子的受激辐射而产生的，它是一种能量高度集中、亮度高、方向性好、单色性好的相干光。激光的能量密度远高于其他光源，激光经过聚焦后，其功率密度在焦点附近可产生 10^4℃以上的高温，可在很短时间内迅速熔化、蒸发和汽化被照射材料。激光加工就是利用激光束与物质相互作用的特性对材料（包括金属与非金属）进行切割、焊接、表面处理、打孔及微细加工的工艺方法，它是一种汇集光、电、材料及计算机等技术于一体的现代加工方法。

如图 8-78 所示，当激光器的工作物质（钇铝石榴石）受到光泵（激励脉冲灯）的激发后，会有少量激发粒子发生受激辐射跃迁，形成光放大。放大的光通过全反射镜和部分反射镜的反馈作用产生振荡，并从聚光器的一端输出激光。激光通过透镜聚焦形成高能光束，照射到工件的待加工表面上，即可进行激光加工。由于聚焦区域小、亮度高，温度可达 10000℃以上，被照射材料瞬时急剧熔化和蒸发，并产生强烈的冲击波，使熔化物质以爆炸方式喷射出去，激光加工就是利用这种原理实现的。固体激光器中常用的工作物质除了钇铝石榴石外，还有红宝石和钛玻璃等材料。

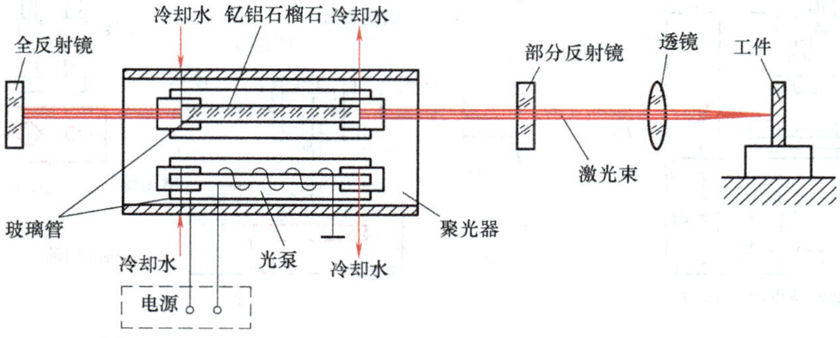

图 8-78　固体激光器加工原理图

与传统的加工方法相比，激光加工的特点是：应用范围广，几乎可以加工所有的金属材料和非金属材料，特别适合在极硬、极脆、极薄、极软和熔点极高的难加工材料上加工各种微孔（直径为0.01～1mm）、深孔（深径比为50～100）、窄缝等；加工时不需要刀具，加工过程中热影响区小，工件几乎无变形，加工质量高、速度快、效率高（如打一个孔仅需0.001s）；可以通过透明介质对工件进行加工，不需要高电压、高真空环境及射线保护装置等；与计算机数控技术结合，可以形成高效自动化加工设备，从而可大大降低劳动强度。

激光加工的应用广泛，非常适合于对工件进行穿孔、蚀刻、切割等加工，主要用来加工化纤喷丝头、仪表中的宝石轴承、金刚石拉丝模具、火箭发动机和柴油机的燃料喷油器、集成电路划片和精密零件的微型切割等。例如，利用激光可在硬质合金化纤喷丝头（ϕ100mm）上加工出12000个ϕ0.06mm的微孔。目前，激光加工工艺正得到快速发展，逐步形成一个涉及领域广泛的新的材料加工技术。

5. 电子束加工

在真空条件下，利用电子枪中产生的电子经加速、聚集，形成高能量、大密度的细电子束以轰击工件的被加工部位，使该部位的材料熔化和蒸发，从而进行加工，或者利用电子束照射引起的化学变化而进行加工的方法。

如图8-79所示，在真空条件下，阴极发射的电子束经加速极加速后，通过聚焦系统形成高能量密度的电子束。当高能电子撞击工件材料时，因电子质量小、速度大，动能几乎全部转化为热能，使工件材料被冲击部分的温度升高到几千摄氏度以上，在热量还来不及向周围扩散时，就已把局部材料瞬时熔化、汽化，直到将材料蒸发去除，从而实现加工目的。

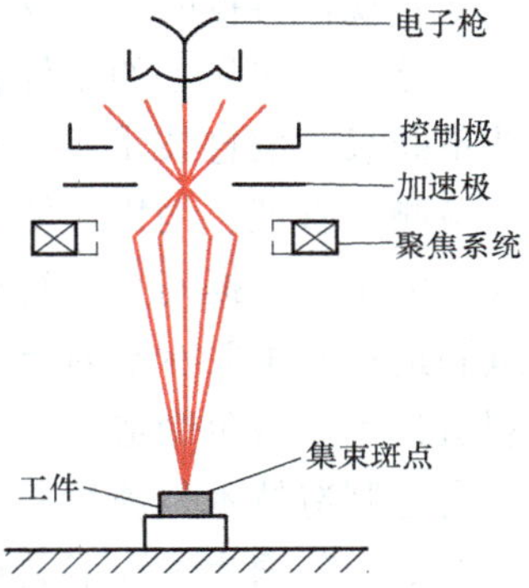

图8-79　电子束加工原理图

电子束加工的特点是：加工速度快，生产效率高，如打孔时每秒钟可以在0.1mm厚的钢板上加工出3000个直径为0.2mm的孔；可控性能好，电子束的粗细、强度和位置均可利用电场或磁场进行控制；工件几乎不产生应力和变形，并且加工是在真空室内进行的，熔化时没有氧化作用。电子束加工的适用范围广，各种金属和非金属都可以采用此方法进行加工，常用于在不锈钢、耐热钢、合金钢、陶瓷、玻璃和宝石等材料上加工微深孔和窄缝，还用于焊接、切割、热处理、蚀刻等方面。

6. 离子束加工

离子束加工是利用离子源产生的离子，在真空中经加速聚焦而形成高速、高能的束状离子流，从而对工件进行加工的方法。

离子束加工原理与电子束加工原理类似，是在真空条件下，把氩、氪、氙等惰性气体通过离子源作用产生离子束并经过加速、集束、聚焦后，投射到工件表面的加工部位，对工件进行去除加工，如图8-80所示。与电子束加工不同的是，离子的质量比电子的质量大千万倍，如最小的氢离子，其质量是电子质量的1840倍，氩离子的质量是电子质量的7.2万倍。由于离子的质量大，故在同样的电场中，其加速较慢、速度较低，但一旦加速到最高速度，离子束就会比电子束具有更大的能量。

离子束加工的特点是：可控性好，离子束通过离子光学系统进行调整和控制，可以精确地控制离子束流注入的宽度、深度和浓度等，因此，可以精确地控制加工效果；由于加工是在真空中进行的，因此，加工时几乎无氧化现象，非常适合于加工易氧化的材料；工件几乎不产生应力和变形。

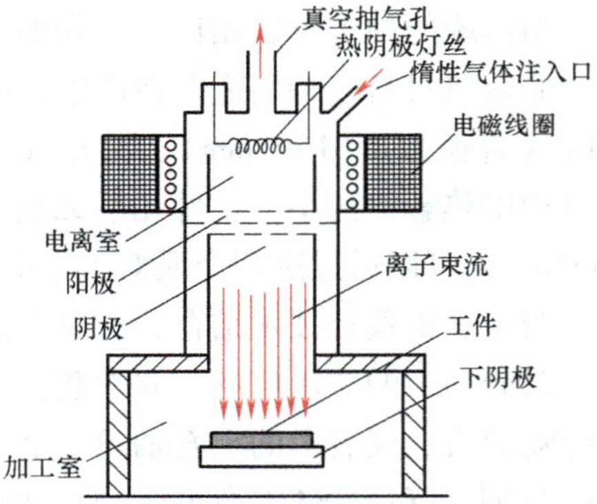

图 8-80　离子束加工原理图

离子束加工主要用于精密、微细及光整加工，特别适用于亚微米至纳米级精度的加工。通过对离子束流密度和能量的控制，可对工件进行离子溅射、离子铣削、离子蚀刻、离子抛光和离子注入等加工。例如，利用离子溅射加工非球面透镜，对金刚石刀具作最后刃磨；利用离子蚀刻，借助掩膜技术，可以在半导体上刻出小于 0.1μm 宽度的沟槽；利用离子抛光，可以把工件表面的原子一层层地抛掉，从而加工出没有缺陷的光整表面。

二、先进制造技术简介

随着现代科技的发展及产品精度的不断提高，传统的零件制造技术已不能满足生产需要了，于是，一些先进的零件制造技术便脱颖而出。先进制造技术（或现代制造技术）是制造业不断吸收信息技术、计算机技术和管理技术的成果，并将其综合应用于产品设计、加工、检测、管理、销售、使用、服务及回收的制造全过程中，以实现优质、高效、节能、清洁及灵活生产，提高企业对动态多变市场的适应能力和竞争能力的制造技术的总称。目前，先进制造技术主要有水射流切割、超精密加工技术、成组技术、柔性制造系统（FMS）、虚拟制造技术、绿色制造与绿色加工技术等。

先进制造技术是衡量一个国家综合国力的标志之一，世界工业发达国家都在高度重视它。例如，美国为了捍卫其在制造业中的霸主地位，通过大量研究报告为美国制造业的发展规划蓝图，并通过立法，促进制造业和制造技术的发展与进步；日本通过大力发展先进制造技术，获得了巨大成功，赢得了巨大的销售市场；欧元区各国为了与美国和日本抗衡，也积极发展制造业，赶超美国和日本。

1. 水射流切割

“水滴石穿”让人们看到“柔弱”的水存在着潜在的威力。工程技术人员运用液体增压原理，通过特定的装置（增压口或高压泵），将动力源（电动机）的机械能转换成压力能，并将压力能作用在液体（如水）上，具有巨大压力能的液体在通过小孔喷嘴（又一换能装置）时，可再将压力能转变成机械能（动能），从而形成高速射流（或高速水射流、高压水流）。利用高速射流可以切割各种金属材料和非金属材料，并形成水射流切割。

水射流切割又称水刀、水射流，是集机械、电子、计算机、自动控制技术于一体的高新技术，是近十年兴起的一项冷态切割新工艺。与传统的切割工艺相比，水射流切割具有切缝窄（0.8~2mm），切口平整，无热变形，无边缘毛刺，切割速度快，效率高，切割无污染等优点。因其具有不破坏材料的内部组织，对切割材料无选择，节省材料、切割智能化程度高等优点，而被广泛应用于切割各种金属、非金属、复合材料，以及对陶瓷和石料进行拼花加工，如图 8-81 所示。

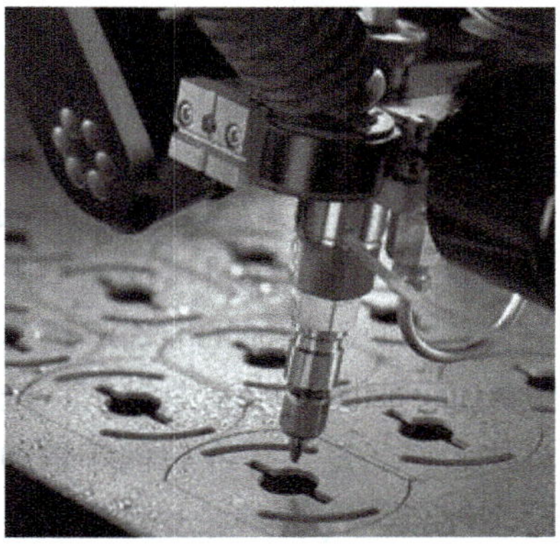

图 8-81　水射流切割

目前，水射流切割的用途主要有三个方面：第一是切割非可燃性材料，如大理石、瓷砖、玻璃、水泥制品等，这是热切割无法加工的材料；第二是切割可燃性材料，如钢板、塑料、布料、聚氨酯、木材、皮革、橡胶等，以往的热切割也可以加工这些材料，但容易产生燃烧区和毛刺，水射流切割则不会产生燃烧区和毛刺，而且被切割材料的物理性能和力学性能不发生改变；第三是切割易燃易爆材料，如弹药（如炮弹切割）和易燃易爆品的切割，这是其他加工方法所无法取代的。

2. 超精密加工技术

超精密加工技术是指加工误差为 0.1 ~ 0.01μm，表面粗糙度 *Ra* 值小于 0.02μm 的加工技术，如金刚石刀具超精密切削、超精密磨料加工（如金刚石微粉砂轮超精密磨削、超精密砂带磨削技术）、超精密特种加工（如电子束、离子束、激光束加工等）和复合加工（如电解研磨、机械化学研磨、超声研磨）等。超精密加工技术的目的是提高零件的加工精度，它广泛应用于高新技术领域、军事工业及高精度机电设备制造中，如精密测量仪器、激光核聚变用反射镜、军用飞机、航天器、导弹、潜艇、精密陀螺仪、复印机磁鼓、摄像机磁头及精密机床中的精密丝杠、精密齿轮、精密蜗轮、精密导轨、精密轴承等。

超精密加工的目的是：提高装配水平，实现自动化装配；提高零部件的互换性；采用高精度机床，提高产品质量，降低废品率；提高零件的耐磨性和组装精度。目前，实现超精密加工的方法主要有超精密切削、超精密磨削与研磨、超精密特种加工三大类。例如，利用金刚石刀具进行超精密切削，可加工各种镜面，如激光核聚变系统和天体望远镜的大型抛物面镜的加工；采用超精密磨削和研磨可以加工大规模集成电路基片和高密度硬软盘的涂层表面；采用精密特种加工（如电子束、离子束刻蚀方法），可以加工大规模集成电路芯片上的图形。

3. 成组技术（GT）

成组技术是遵循事物的相似性，把许多具有相似信息的问题汇归成组（或族），以求用统一的方法解决，达到节省时间、提高效率等目的的技术。成组技术发展至今，已经突破了工艺的范畴，扩展为综合性的成组技术，被广泛应用于产品设计、制造工艺、生产管理及企业的其他领域，并成为现代数控技术、柔性制造系统和高度自动化集成制造系统的基础。

成组技术的核心是成组工艺，成组工艺是将相似的零件组成一个零件（或族），按零件组制订统一的加工方案，以扩大生产批量和提高生产效率的生产方法。所谓相似零件是指一些几何形状相似，尺寸相近，加工工艺也相似的零件。加工工艺的相似表现为三个方面：第一是采用相同的加工方法进行加工；第二是采用相似的夹具进行安装；第三是采用相似的测量工具进行测量。

4. 柔性制造系统（FMS）

柔性制造系统是由统一的信息控制系统、物料储运系统和一组数控加工设备组成，能够适应加工对象变换的自动化机械制造系统。它是由传输系统联系起来的一些设备（通常是具有换刀装置的数控机床或加工中心）。传输系统把工件放在托盘或其他连接装置上送到各加工设备，使工件加工准确、迅速和自动化。柔性制造系统的工艺基础是成组技术，它按照成组的加工对象确定工艺过程，选择相适应的数控加工设备、刀具及物料储运系统，借助计算机技术，通过编程或对程序稍加调整就能在一定范围内同时对几种不同的工件进行加工，从而实现“柔性”的特点。

柔性制造系统具有加工制造功能和一定程度的管理功能，因此，采用柔性制造系统后，可显著提高劳动生产率，缩短制造周期和提高机床利用率，减少操作人员（可实现昼夜24h连续“无人化生产”），压缩在制品数量和库存量，可使加工成本降低，减少生产场地面积和设备数量，提高经济效益。图8-82所示为一种柔性制造系统的简图。

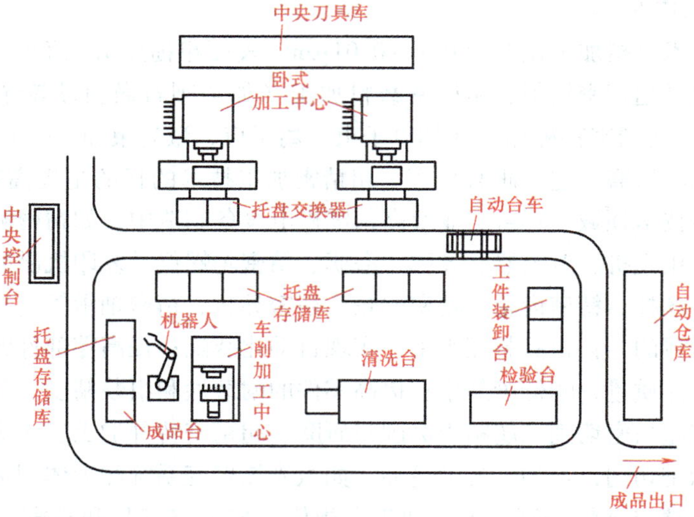

图8-82　一种柔性制造系统的简图

5. 虚拟制造技术

随着科技的不断发展，机械产品的生命周期越来越短，客户对产品的特殊需要也越来越复杂。在这种情况下，如果继续沿用传统的新产品开发模式，如“试制原型→反复试验→确定产品规格→投产”，则难以适应市场需要，而且新产品的试制成本和试制风险也较高。为此，工程技术人员可以利用虚拟制造技术很方便地实现新产品的开发工作。虚拟制造技术就是将制造过程中的计算机模型和仿真技术用于产品辅助设计和生产全过程模拟的技术。

虚拟制造技术的实质就是利用计算机进行建模和仿真，使新产品开发过程在计算机上模拟进行，不需要消耗物理资源。它可以帮助设计师和工程师预测新产品的功能，分析制造过程中存在的潜在问题，优化新产品开发方案，从而实现最小的成本，保证新产品一次性开发成功。

6. 绿色制造与绿色加工技术

绿色制造是指在保证产品的功能、质量、成本的前提下，综合考虑环境影响和资源效率的现代制造模式。它的目的是使产品从设计、制造、使用及报废整个产品生命周期中不产生环境污染，或者使产生的环境污染最小化。绿色制造符合环境保护要求，对生态环境无害或危害极小，节约资源和能源，使资源利用率最高，能源消耗量最低。

绿色加工技术是指在不牺牲产品的质量、成本、可靠性、功能和能量利用率的前提下，充分利用资源，尽量减轻加工过程对环境造成的有害影响，达到加工过程的优质、低耗、高效及清洁化。

根据绿色加工技术追求的目标，可将绿色加工技术分为低物耗的绿色加工技术、低能耗的绿色加工技术、废弃物少的绿色加工技术和少污染的绿色加工技术。

根据采用的加工介质不同，绿色加工技术可分为自然绿色加工和辅助绿色加工。自然绿色加工是指在机械加工时，除自然环境冷却外，不使用任何其他附加的介质（如冷风、水、植物油等），如干式切削（或磨削）、高速干式铣削等。辅助绿色加工是指把无污染冷却介质（或润滑油）输入到切削区域，起到冷却或润滑等作用，如水射流加工和喷雾加工。

绿色制造技术和理念正逐渐被应用于企业生产中。例如，在汽车和家电的制造过程中，注重使用清洁燃料；采用新工艺，降低汽车尾气排放；使用轻型材料（如铝合金、复合材料等），降低汽车自重，减少能耗；回收汽车零部件，减少材料消耗，节省加工过程中的能源损耗等就是在贯彻绿色制造理念。

模块八　零件生产过程基础知识

零件的种类繁多，虽然它们之间存在着结构、材料、尺寸、技术要求及生产数量等方面的差异，但它们有一个共同点，即一般都需要经历一系列的表面加工过程，借助不同的加工设备及相关人员的密切配合，才能顺利完成一个合格零件的生产。因此，对于从事机械制造工作的人员来说，熟悉机械零件的生产过程及表面加工方法非常重要。

一、生产过程基础知识

1. 生产过程

生产过程是将原材料转变为成品零件并组装成机器的全过程，包括原材料的运输与保存、生产准备工作、毛坯制造、毛坯加工、热处理、检验、装配、调试、表面处理、涂装、包装等。生产过程一般包括工艺过程和辅助过程两部分。

（1）工艺过程　它是利用生产设备、工具及一定的方法改变生产对象的形状（如铸造、锻造成形）、尺寸（如机械加工）、相对位置（装配）和性质（如物理性能、化学性能、力学性能）等，使其变为成品或半成品的过程。例如，铸造、锻压、焊接、热处理、机械加工、电镀、装配等都属于工艺过程。

【实践经验】

工艺过程包括若干道工序。机械加工是采用切削加工或特种加工方法，直接改变毛坯的形状、尺寸和表面质量，使之成为符合技术要求的零件的全过程。

（2）辅助过程　与将原材料改变为成品件有间接关系的过程称为辅助过程，如运输、保管、检验、设备维修、购销等。

2. 工艺规程

工艺规程是指生产中用一定的文件形式规定产品或零部件的制造工艺过程和操作方法等的工艺文件。零件从毛坯到半成品或成品所采用的加工工艺过程，可以灵活选择，并呈现出多种形式。一般来说，工艺规程与产品的生产类型和生产条件等密切相关，它主要包括工艺路线的拟定，工序的确定，机床和工艺装备、加工余量、切削用量和工时定额的选择等。体现工艺规程的形式是机械加工工艺过程卡和机械加工工序卡。

机械加工工艺过程卡（表 8-7）是以工序为单位简要说明零件加工过程的一种工艺文件。它是制订其他工艺文件的基础，也是生产技术准备、编制作业计划和生产组织的依据。但由于机械加工工艺过程卡中对各个工序内容的说明不够具体，故不能用于直接指导操作人员操作，只能用来了解零件加工的流程，可用来进行生产管理，一般用于单件小批量生产。

表 8-7　机械加工工艺过程卡（适用于单件生产）

工厂名称	机械加工工艺过程卡	产品名称及型号			零件名称			零件图号			
		材料	名称		毛坯	种类		零件质量/kg	毛重		第　页
			牌号			尺寸			净重		共　页
			性能				每台件数			每批件数	
工序号	工序内容			加工车间	设备名称及型号	工艺装备名称及型号			技术等级	工时定额/min	
						夹具	刀具	量具		单件	准备终结
更改内容											
编制			校对		审核			会签			

机械加工工序卡（表 8-8）是在机械加工工艺过程卡的基础上，以工序为单位详细地说明每个工步的加工内容、工艺参数、操作要求及所用的设备等内容。机械加工工序卡主要包括毛坯工序卡、机械加工工序卡、热处理工序卡、特种检验工序卡等。一般来说，机械加工工序卡都有工序简图，它主要用于大批、大量生产或单件小批量生产中的关键工序或成批生产中的重要零件。

表 8-8 机械加工工序卡

工厂名称	机械加工工序卡	产品名称及型号	零件名称	零件图号	工序名称	工序号	第 页
（工序简图）			车间	工段	材料名称	材料牌号	力学性能
			同时加工件数	每料件数	技术等级	单件时间/min	准备终结时间/min
			设备名称	设备编号	夹具名称	夹具编号	切削液
			更改内容				

工步号	工步内容	计算数据/mm			进给次数	切削用量				工时定额/min			刀具、量具及辅助工具			
		直径或长度	进给长度	单边余量		背吃刀量/mm	进给量/(mm/r,mm/min)	主轴转速(r/min或双行程/min)	切削速度/(m/min)	基本时间	辅助时间	工作地点服务时间	名称	规格	编号	数量
编制					校对				审核				会签			

3. 机械加工工艺过程的组成

机械加工工艺过程由一系列工序组成，一道工序又由若干个安装、工步、工位、进给等单元组成。分析机械加工工艺过程的组成是为了合理地制订工艺规程。

（1）工序 工序是在一个工作地点（或同一设备），对同一个（或同时对几个）工件所连续完成的那一部分工艺过程。工序是工艺过程的基本组成部分，是安排生产计划、生产管理和经济核算的基本单元。一般来说，加工一个零件需要若干个工序。

（2）安装 安装是工件在一次装夹中所完成的那部分工序。安装包括定位和夹紧两项内容。定位是在加工前使工件在机床上（或在夹具中）处于某一正确的位置；工件定位之后还需要夹紧，它的作用是保证工件的正确位置不因切削力、重力或其他外力的作用而变动。在同一道工序中，可能要经过几次安装。在加工过程中，应尽量减少安装次数，以减少安装产生的误差和装卸工件的辅助时间。工件的安装方式一般有专用夹具安装、划线找正安装和直接找正安装三种。

专用夹具安装是将工件放在通用夹具（如 V 形铁）或专用夹具中，依靠夹具的定位元件获得工件正确位置的安装方法，如图 8-83 所示。使用专用夹具可以方便、迅速、准确地安装工件，无需找正，其定位精度可达 0.01mm，一般用于成批或大量生产工件的安装。

直接找正安装是操作人员将工件直接安装在机床工作台（或通用夹具）上，借助划针盘上的划针、直角尺、百分表（或千分表）等工具，通过目测、校验和调整，找正工件在机床上的正确位置，然后夹紧工件的安装方法，如图 8-84 所示。直接找正安装的定位精度较低（约为 0.1 ~0.5mm），生产效率较低，多用于单件或小批量粗加工零件的找正安装。

划线找正安装是以工件待加工表面上划出的线痕或以工件的实际表面作为定位依据，加工时用划针盘或指示表找正工件的正确位置，然后夹紧工件的安装方法，如图 8-85 所示。该方法多用于生产批量较小、位置精度较低的零件的粗加工，以及使用夹具安装困难的大型零件。使用划针盘找正的定位精度是 0.2 ~0.5mm；使用百分表找正的定位精度相对较高。

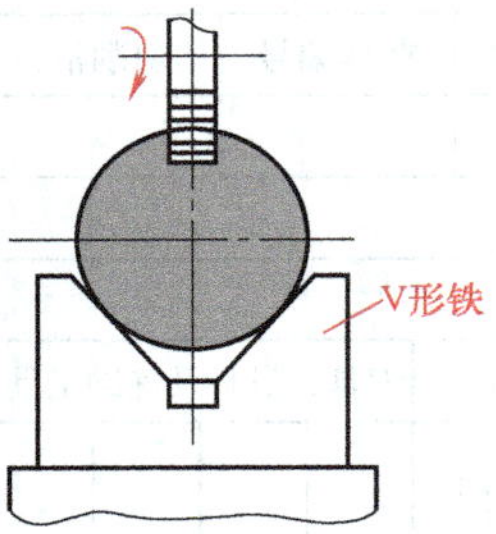

图 8-83　V 形铁

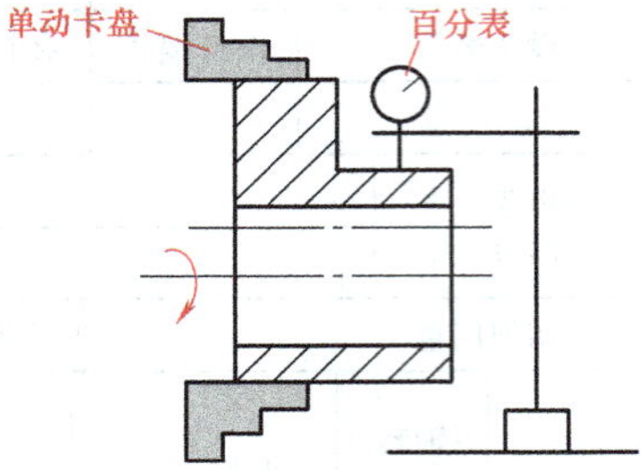

图 8-84　直接找正安装

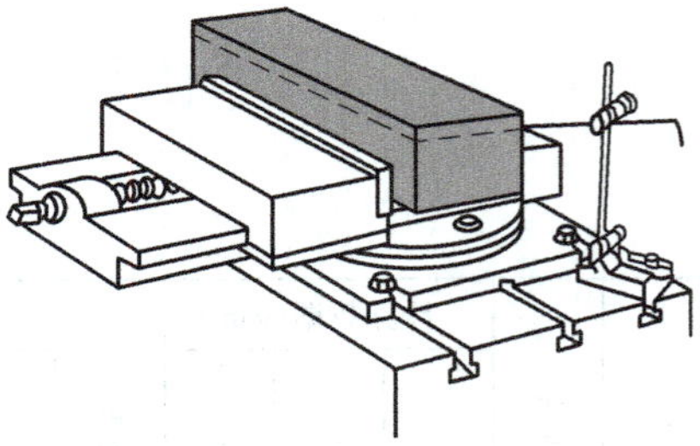

图 8-85　划线找正安装

（3）工步　工步是在一次安装中加工表面和切削刀具都不变的情况下，所连续完成的那部分工艺过程。工步是构成工序的基本单元，一道工序一般由几道工步组成。划分工步是为了合理安排工艺过程。当构成工步的任意一个因素（如加工表面和切削刀具）改变时，则转变为另一个新工步。如图 8-86 所示，以在钻床上进行台阶孔加工工序为例，此道工序由 3 个工步组成，即工步 1 钻孔、工步 2 镗孔和工步 3 镗环槽。在实际生产中，为了提高生产效率，有时用几个刀具同时加工一个工件的若干个表面，这种情况可视为一个工步，称为复合工步。另外，对于多次重复进行的工步，如在法兰上依次钻 4 个 ϕ15mm 的孔，习惯上也可算作一个工步，如图 8-87 所示。

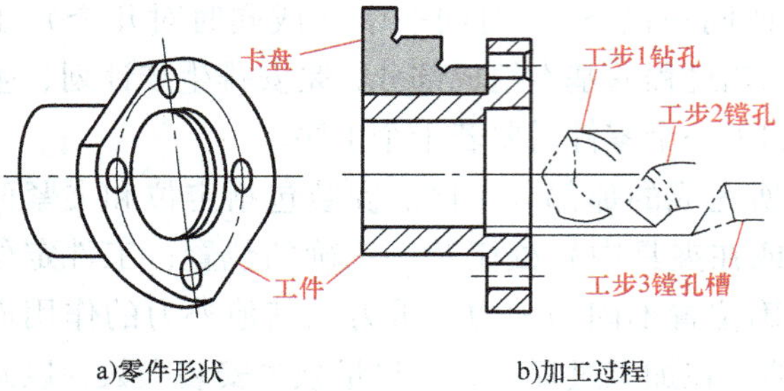

图 8-86　台阶孔加工工序中的 3 个工步

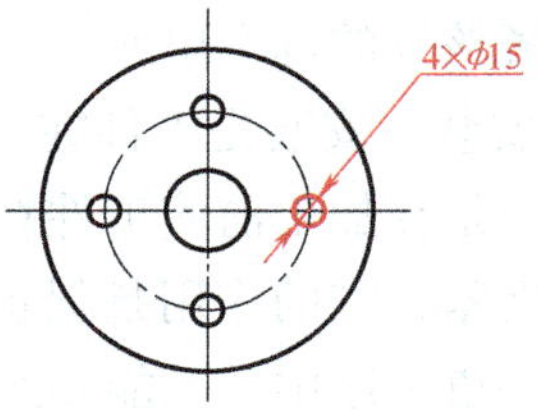

图 8-87　工件上多次重复进行的工步

（4）工位　采用转位（或移位）夹具、回转工作台或在多轴机床上进行加工时，工件在机床上一次安装后，需要在若干个位置依次进行加工，工件在机床上所占的每一个位置上所完成的那一部分工艺过程称为工位。一般来说，工件每安装一次至少有一个工位。因此，生产中为了减少安装次数，常采用多工位加工，即一个工序可以包括几个工位。图 8-88 所示是在具有回转工作台的铣床上加工工件的情形，工位 1 用来装卸工件，工位 2～4 分别用来加工工件的三个表面。因此，该工序是 1 道工序，1 次安装，3 个工步，4 个工位。

（5）进给　进给是在一个工步中，被切削表面需要几次切除多余的金属层，在使用同一刀具、相同转速和相同进给量的条件下，刀具一次切除金属层所经历的工艺过程。一个工步中可以是一次进给或多次进给。

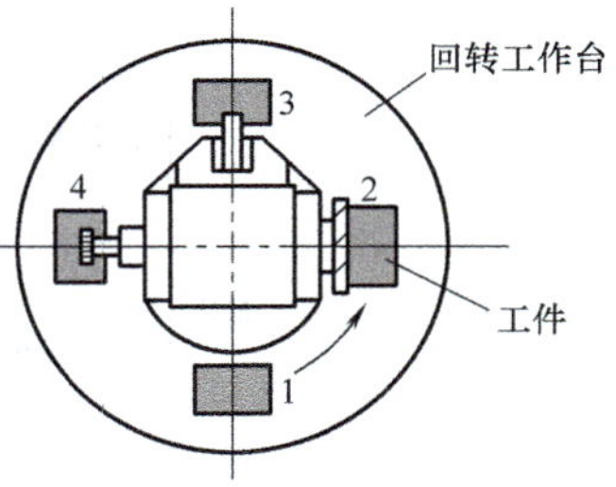

图 8-88　包括 4 工位的工序

4. 生产纲领和生产类型

生产纲领是企业在计划期内应当生产的产品数量和进度计划。计划期为 1 年的生产纲领称为年生产纲领。生产纲领对企业的生产过程和生产组织起着决定性作用和指导作用，它影响产品工作地点的专业化程度、工艺方法和工艺装备等。

生产类型是指企业（或车间）生产专业化程度的分类。根据生产纲领的不同，并考虑产品的体积、质量和其他特征，可将生产类型分为单件生产、成批生产和大量生产三种，见表 8-9。

表 8-9　各种生产类型的划分、概念和生产特点

特征	同种零件的年产量/件				
生产类型	单件生产	成批生产			大量生产
		小批生产	中批生产	大批生产	
重型件（30kg）	5 件以下	5～100	100～300	300～1000	1000 件以上
中型件（4～30kg）	10 件以下	10～200	200～500	500～5000	5000 件以上
轻型件（4kg 以下）	100 件以下	100～500	500～5000	5000～50000	50000 件以上
概念	单个地制造不同结构和尺寸的产品，很少重复或不重复生产	产品成批地投入制造，生产呈周期性			产品的数量很大，经常重复地进行某个零件的某一道工序的加工
生产特点	产品的品种多、数量少，加工余量大	几种产品品种轮番制造，加工余量中等			产品品种单一而数量大，加工余量小
适用范围	新产品试制、专用工艺装备的制造、以及重型机器的制造等	制造机床、汽车和拖拉机等			制造滚动轴承、标准件、自行车、电动车、轻工产品及常规军工产品等

5. 基准

基准是用来确定零件上一些点、线、面的位置所依据的某些点、线、面。根据作用不同，基准可分为设计基准和工艺基准两大类，如图 8-89 所示。

（1）设计基准　设计基准是设计时在零件图样上所使用的基准。如图 8-90 所示轴套零件图中的轴线就是各个外圆和内圆的设计基准，端面 A 则是端面 B 和端面 C 的设计基准。

- 基准
  - 设计基准
  - 工艺基准
    - 工序基准
    - 定位基准
      - 粗基准
      - 精基准
    - 测量基准
    - 装配基准

图 8-89　基准分类

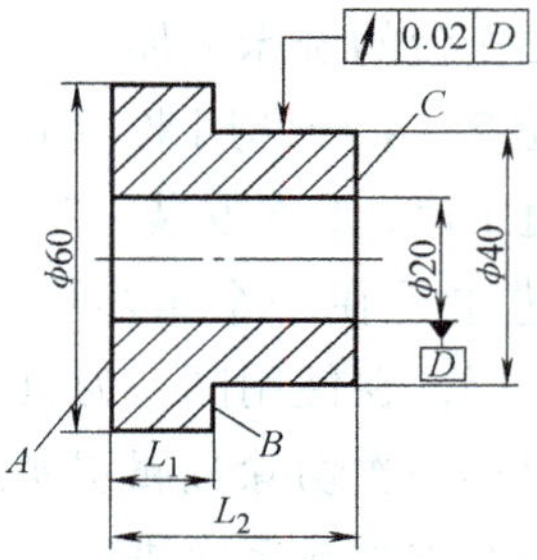

图 8-90　轴套零件图

（2）工艺基准　工艺基准是制造零件和装配机器的过程中所使用的基准。工艺基准按用途可分为工序基准、定位基准、测量基准和装配基准。

1）工序基准。工序基准是在工序图上，用以标定该工序被加工表面位置的基准。图 8-91所示是钻孔工序图中设置的工序基准案例。

2）定位基准。定位基准是加工中用作定位的基准。如图 8-92 所示，箱体零件在加工孔 4 和孔 5 时，需要将底面 2 安装在夹具上，此时底面 2 就是定位基准。

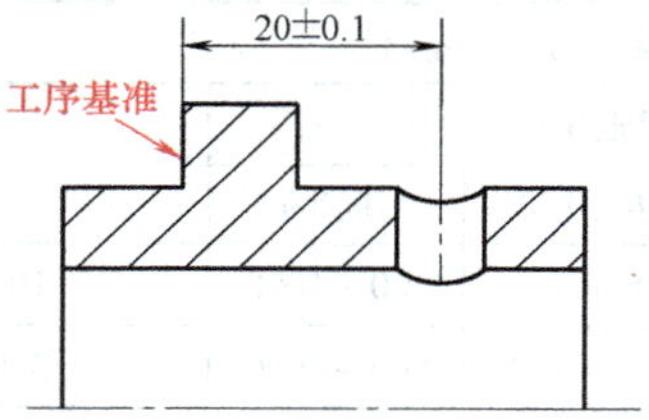

图 8-91　工序基准案例

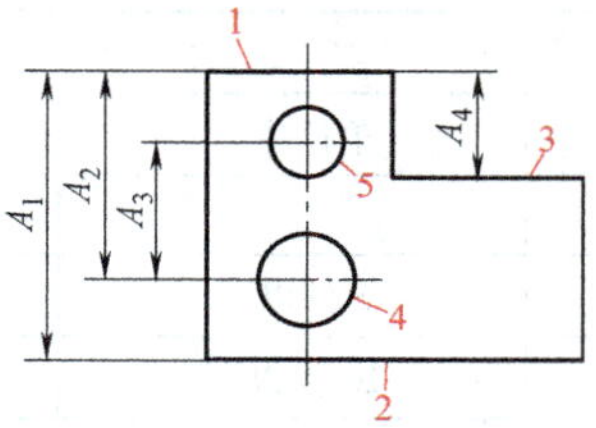

图 8-92　箱体零件的定位基准

定位基准包括粗基准和精基准。工件在加工过程中，用未经加工过的毛坯表面作为定位基准的称为粗基准，粗基准一般只使用一次；用已加工过的表面作为定位基准的称为精基准。选择精基准时，应有利于保证工件的加工精度，并使工件装夹准确、牢固、方便。

3）测量基准。测量基准是用于检验工件上已加工表面的尺寸及表面之间位置精度的基准。图 8-90 所示的轴套零件中的内孔就是检验 ϕ40mm 外圆径向跳动的测量基准。

4）装配基准。装配基准是在机器装配中，用于确定零件或部件在机器中正确位置所采用的基准。图 8-90 所示的轴套零件中的内孔就是装配基准。

（3）选择粗基准的基本原则

1）保证零件各表面相互位置要求原则。选用工件非加工表面作为粗基准，可以保证工件加工面与非加工面之间的位置误差为最小。

2）合理分配加工余量原则。为了保证工件某个重要表面的加工余量均匀，应选择重要表面作为粗基准。

3）便于工件装夹原则。选作粗基准的表面应尽可能平整光洁，并有足够大的面积，不允许有锻造飞边、铸造浇冒口、切痕或其他缺陷，以保证工件定位准确、稳定和夹紧可靠。

4）粗基准不得重复使用原则。这是因为粗基准的表面粗糙，定位精度低，不能保证工件在两次安装中保持同样的位置精度。

（4）选择精基准的基本原则

1）基准重合原则。应尽可能选择设计基准作为定位基准，这样可以避免定位基准与设计基准不重合而引起的定位误差。

2）基准统一原则。尽可能选择统一的定位基准，这样有利于保证各加工表面之间的位置精度，避免基准转换带来的误差，又可使用统一的夹具。例如，加工轴类零件时，可用轴两端的中心孔作为精基准，并在车削、铣削、磨削等工序中始终以它为精基准，这样既可保证各段轴颈之间的同轴度，又可提高生产效率。又如，加工齿轮时通常先把内孔加工好，然后以内孔为精基准。

3）互为基准原则。当工件上两个加工表面之间的位置精度要求较高时，可以采用两个加工表面互为基准反复加工的方法，称为互为基准原则。例如，加工短套筒类工件时，为了保证孔与外圆的同轴度，可以先以外圆为定位基准磨削孔，然后以磨削好的孔为定位基准磨削外圆。

4）自为基准原则。部分工件的表面在精加工工序中，要求加工余量小且均匀，此时常以加工表面自身为精基准，如浮动铰孔、拉孔、珩磨、无心磨、浮动镗孔等加工方法都是自为基准的案例。

二、典型表面加工方法

零件的种类繁多，尽管它们之间在结构、形状、尺寸和质量等方面存在差别，但它们都是由一些基本表面（如外圆面、孔、平面及成形面等）组成的。另外，由于各种零件的基本表面在加工精度、表面粗糙度值、生产类型和经济性要求等方面也存在差别，所以，各类零件表面所采用的加工方法也就存在很大的不同。但可以将各类零件表面的加工方法归类为若干典型表面进行分析。

1. 外圆表面的加工方法

轴类零件、盘套类零件等都具有外圆表面。外圆表面的加工方法主要是车削和磨削，通常将车削作为粗加工和半精加工，将磨削（或精细车）作为精加工。不同精度和表面粗糙度值的外圆面，可按如图 8-93 所示的要求选择加工方法和加工路线。

1）对于低精度的外圆面，只要经过粗车就可以达到精度要求。

2）对于中等精度的外圆面，经过粗车后还要经过半精车才能达到精度要求。

3）对于高精度的外圆面，需要经过粗车、半精车、精车或磨削后，才能达到精度要求。

4）对于更高精度（精度 IT5 ~ IT6，表面粗糙度 Ra 值为 0.4 ~ 0.2μm）的外圆面，需要经过粗车、半精车、精车或磨削，然后经过研磨或精细磨等加工后才能达到精度要求。

5）对于制作材料是铜、铝等非铁金属工件，由于切屑容易堵塞砂轮，采用精车比磨削容易保证质量。因此，由非铁金属制作的工件一般采用车削方法进行加工。

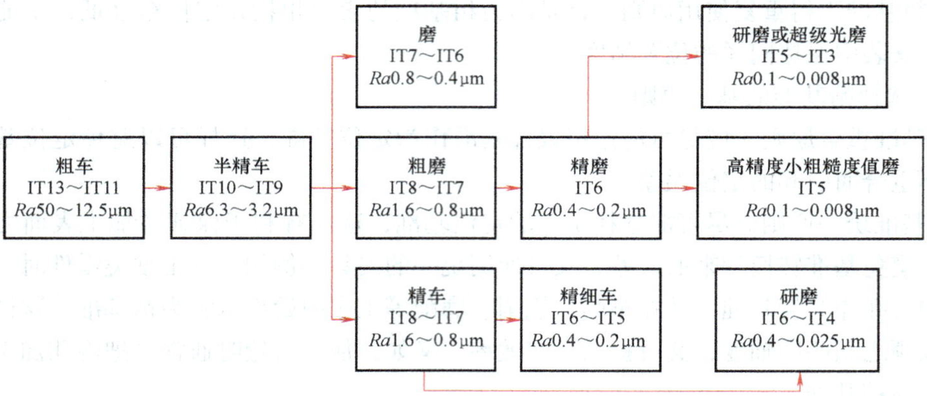

图 8-93　不同精度和表面粗糙度的外圆面的加工方法和加工路线

6）在加工设备选择方面，需要根据工件的材料、尺寸、形状及生产类型进行综合考虑来选择合适的机床。例如，单件小批量生产时，选用普通车床比较合理；成批或大批量生产时，选择生产率较高的转塔车床或数控车床比较合理；直径大、长度短的工件选用立式车床加工比较合理；经过淬火的工件或表面硬度高的工件，选用磨削加工比较合理。

2. 孔的加工方法

机械设备中带孔的零件非常普遍，如紧固孔、螺纹孔、箱体上的孔、回转体上的孔（如套筒、法兰盘）等。一般情况下，加工孔比加工外圆表面困难。因为加工孔所用的刀具的尺寸会受到孔径的限制，而且切削过程中工件的冷却、排屑和测量等都比较困难，特别是加工直径小的深孔（孔深与孔直径之比大于 5 ~ 10 的孔）时，刀具的刀杆细、刚性差，孔的加工难度大。因此，在加工精度相同时，加工孔比加工外圆表面需要更多的工序和工时。常用的孔加工方法主要有钻孔、扩孔、铰孔、镗孔和磨孔等，所用的机床主要有车床、钻床、镗床和磨床。图 8-94 所示是不同精度和表面粗糙度要求的孔的加工方法和加工路线。

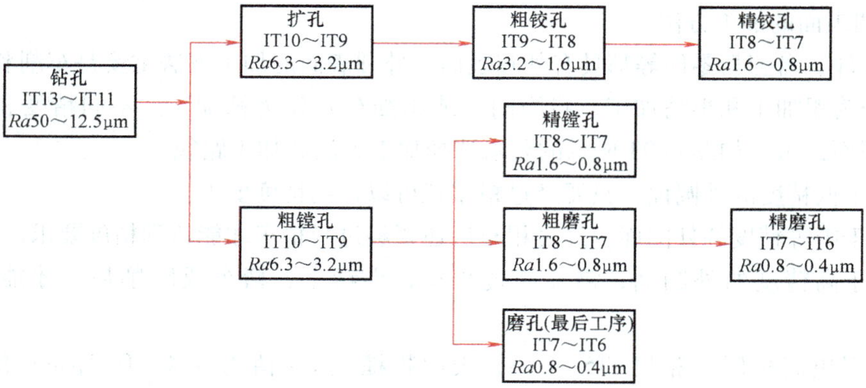

图 8-94　不同精度和表面粗糙度要求的孔的加工方法和加工路线

1）对于低精度的小孔，用钻孔方法可直接获得。

2）对于中等精度的孔，可采用钻模钻孔或钻孔后再扩孔的方法获得。其中，孔径大于30mm的孔可分两次进行钻孔加工；孔径大于80mm的孔采用镗孔是比较理想的加工方法。

3）对于精度较高的小孔，如直径小于20mm时，可采用钻孔后再铰孔的方法获得。

4）对于精度较高的大孔，钻孔后可再进行精镗或磨削。对于高精度的孔，经过精磨后还要进行珩磨、研磨等加工。

5）对于铸件或锻件上已经形成的孔，可直接进行扩孔或镗孔加工。其中，当孔的直径大于100mm时，采用镗孔比较理想。如果孔的精度要求高，可继续进行精镗孔、精铰孔、磨孔等加工。

3. 平面的加工方法

平面是箱体类零件、盘套类零件、键槽类和板形类零件的主要表面。平面加工的技术要求除了表面粗糙度外，通常还要考虑其形状精度（如平面度、直线度）和位置精度（如垂直度、平行度）。高精度的平面可作为配合面和导轨面，个别平面的表面粗糙度值甚至需要达到镜面状态。平面加工主要有车削、铣削、刨削、插削和磨削等方法，其中刨削、铣削和磨削是平面加工的主要方法。图8-95所示是不同精度和表面粗糙度要求的平面的加工方法和加工路线。

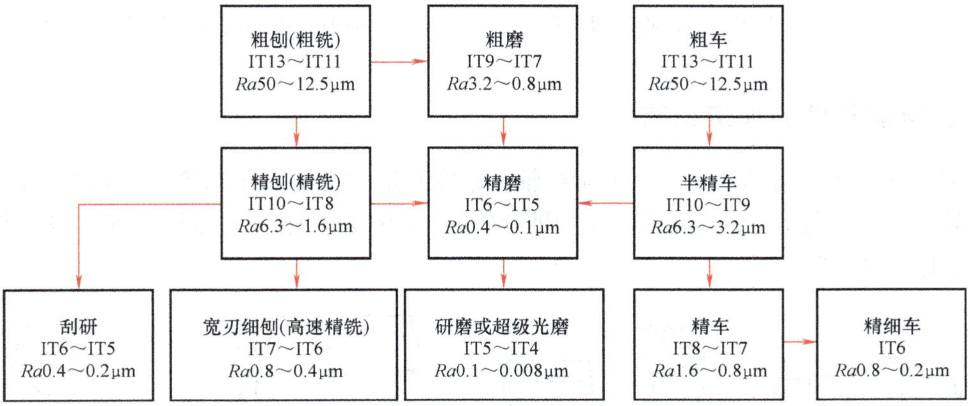

图8-95　不同精度和表面粗糙度要求的平面的加工方法和加工路线

1）对于轴类零件和盘套类零件的端平面，通常在车床上一次性装夹后与外圆（或内孔）同时加工出来，这样既容易保证它们之间的垂直度，也节省了辅助时间。此类平面的加工路线可以是粗车→精车。

2）刨削和铣削多用于平面的粗加工、半精加工和精加工。刨削适用于单件小批量生产或狭长平面的加工。铣削适用于成批大量生产，可代替刨削，其生产率较高，铣削也是非铁金属工件的主要加工方法。此类平面的加工路线可以是粗刨（或粗铣）→半精刨（半精铣）→精刨（精铣）。

3）磨削是加工高精度平面的主要方法。对于经过淬火的工件（如薄板工件）上的平面，磨削可以说是唯一的加工方法。对于工件上精度要求更高的平面，经过磨削后，还需要进行研磨或超级光磨等。

4. 成形面的加工方法

成形面是具有特定形状的表面，如操作手柄的轮廓、凸轮的轮廓、风扇的叶片、齿轮表面、螺旋面等，这些表面都有其特定的用途。加工成形面时，刀具的切削刃形状和切削运动要满足表面形状的要求。一般的成形面可以采用车削、铣削、刨削、磨削等方法进行加工，基本的加工方式可以归纳为两类：第一类是选用成形刀具进行加工，如铣齿（图 8-96）；第二类是利用刀具与工件之间的相对运动进行加工，如加工螺旋槽、齿轮齿形、利用靠模装置车削成形面（图 8-97）等。

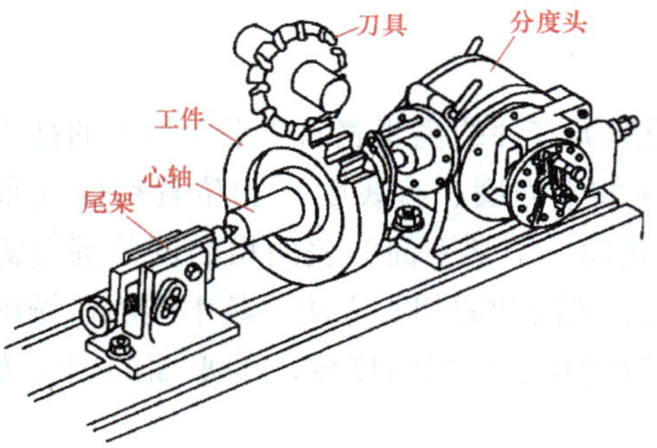

图 8-96　在卧式铣床上用盘形齿轮铣刀铣齿

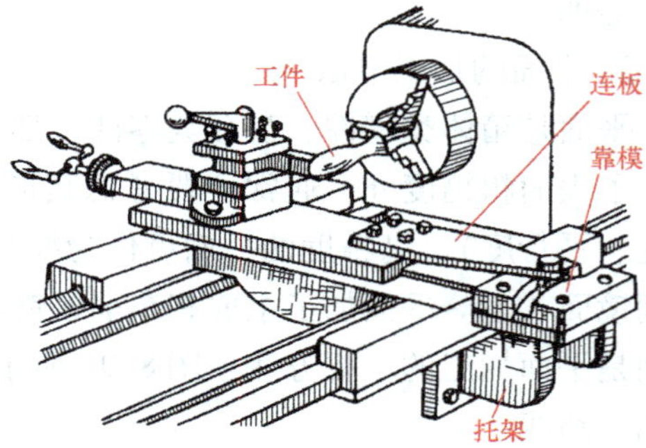

图 8-97　用靠模装置车削手柄成形面

三、典型零件的加工工艺

典型零件主要是指轴类零件（如阶梯轴、锥度心轴、光轴、曲轴等）、盘类零件（如齿轮、带轮、法兰盘等）、套筒类零件（如轴套等）、箱体类零件（如齿轮箱等）及支架类零件等，如图 8-98 所示。

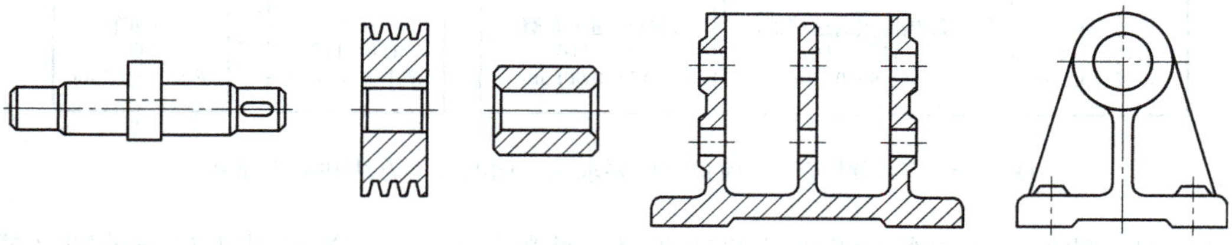

图 8-98　典型零件

一般来说，机械零件的生产包括毛坯成形和切削加工两个阶段。毛坯成形主要有铸造、锻造、焊接、冲压、型材切割等方法；切削加工主要有钻削、车削、铣削、刨削、磨削、特种加工等方法。从毛坯成形到获得合格的零件，可以有多种加工工艺过程进行选择。但对企业来说，在现有的实际生产条件下，一般仅有一个或几个加工工艺过程是最经济、最合理、最高效的。因此，在对毛坯进行加工之前，需要根据零件的技术要求和生产实际条件，对不同的切削加工方法进行合理的分析和优选，制订出合理的机械加工工艺过程，这样才能保证工件的加工质量，降低生产成本。

1. 零件加工工艺过程的划分

机械零件的加工工艺过程是由零件的加工精度和质量要求决定的。对于加工质量要求较高的零件，其加工工艺过程是分阶段进行的，其加工工艺过程一般是：毛坯成形阶段→粗加工阶段→半精加工阶段→精加工阶段→光整加工阶段→超精加工阶段→检验→合格零件→涂装→组装。

每个加工阶段中又包含若干个加工工序。同时，在各加工阶段之间还要根据需要穿插热处理工序、表面处理工序、检验工序、去毛刺工序及清洗工序等。另外，不同加工质量等级的零件有不同的加工工艺过程。

毛坯加工阶段的任务是根据零件的技术要求、性能要求、生产类型、制作材料及形状与结构，选择合理的毛坯成形方法，制造出与零件的形状比较接近的毛坯，达到既节省材料与加工工时，又满足使用要求的目的。

粗加工阶段的任务是从毛坯上切除较多的加工余量，提高生产率，对加工精度和表面质量考虑得较少。

半精加工阶段的任务是完成零件次要表面的加工，并为零件主要表面的精加工作准备，其目的在于为零件主要表面的精加工准备好定位基准。对于加工质量要求不高的零件来说，到半精加工阶段就算完成了切削加工过程。

精加工阶段的任务是完成零件主要表面的加工，其目的在于保证零件的加工精度和表面质量。绝大多数零件经过精加工后就算完成了切削加工过程。

对于精密零件来说，由于其上的个别表面需要经过光整加工才能达到精度要求，所以，在精加工之后还需要安排光整加工阶段。光整加工阶段的任务是从零件上不切除或切除极薄的金属层，获得很光洁的表面或强化零件表面。光整加工一般不能提高零件的位置精度，其主要目的是提高零件的表面质量，降低表面粗糙度值。

超精加工阶段的任务是按照超稳定和超微量切削原则，将零件加工的尺寸误差和形状误差控制在 0.1μm 以下。

2. 划分零件加工工艺过程的目的

划分零件加工工艺过程的目的主要是保证加工质量，便于合理安排热处理工序；合理使用现有设备、人力和物力，以便科学有效地组织生产；及时地对工件进行检验，及早发现加工缺陷等；保护精加工面。

3. 选择机械加工方法需要考虑的基本因素

选择合理的机械加工方法需要根据零件的毛坯类型、结构形状、材料、热处理状态、加工精度、生产类型及实际生产条件等因素来决定。需要考虑的主要因素如下：

1）根据零件表面的尺寸精度和表面粗糙度 *Ra* 值选择合理的机械加工方法。

2）根据零件结构和加工表面的大小选择机械加工方法。

3）根据零件热处理状态选择机械加工方法。

4）根据零件制作材料的性能选择机械加工方法。

5）根据零件生产类型选择机械加工方法。

4. 机械加工工序安排的基本原则

（1）基准先行原则　选作精基准的表面，在机械加工前应先安排加工，以便为后续加工提供精基准。例如，轴类零件在进行车削和磨削工序之前需要先加工中心孔。

（2）先粗后精原则　先安排粗加工，后安排半精加工和精加工。因为零件的加工误差需要一步一步地减小。对于零件上具有较高精度要求的表面，只有在粗加工完后再进行精加工才能保证其加工质量。

（3）先面后孔原则　对于箱体、连杆、支架类工件，一般先加工平面，再将平面作为孔加工的定位基准，这样便于安装和保证孔与平面之间的位置精度要求。

（4）先主要后次要原则　零件的主要工作表面、装配基准面等要先加工；螺孔、键槽等次要表面由于加工量较小，又与主要表面有位置精度要求，应安排在主要表面加工结束后进行，或者穿插在主要加工表面的加工过程中进行。但在精加工阶段，要求高精度的主要表面的加工应安排在最后，以免受其他加工表面的影响。

5. 热处理工序的合理安排

（1）合理安排预备热处理　安排预备热处理的目的是改善金属的切削加工性能。预备热处理一般安排在切削加工之前，如退火或正火一般安排在毛坯成形之后，粗加工之前。

（2）合理安排调质处理　安排调质处理的目的是获得良好的综合力学性能。一般将调质处理安排在粗加工之后，半精加工之前。

（3）合理安排最终热处理　最终热处理主要包括淬火与回火、表面淬火、渗碳、渗氮等。安排最终热处理的目的是提高零件的强度、硬度和耐磨性。一般将最终热处理安排在半精加工之后，磨削加工之前，这样安排可以保证热处理后形成的变形和表面氧化层在磨削加工过程中可以被除掉。

（4）合理安排时效处理　安排时效处理的目的是消除工件的内应力。尺寸较大的铸件和形状复杂的锻件必须在粗加工、半精加工和精加工之前各安排一次时效处理。一般来说，安排了预备热处理或低温回火后，则不需安排时效处理。

热处理工序在机械加工工序中的合理工序位置如图8-99所示。

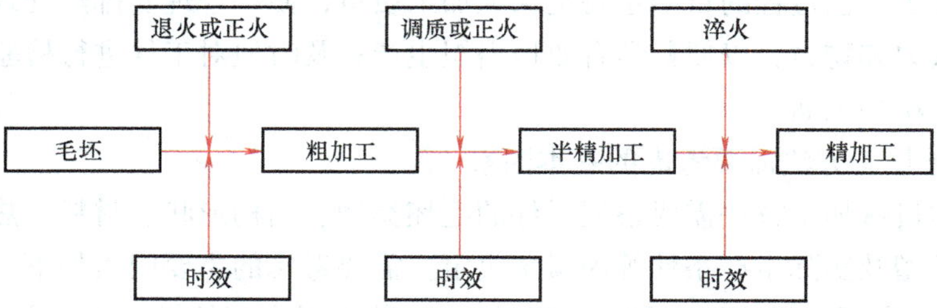

图8-99　热处理工序的合理安排

【实践经验】

机床齿轮一般采用中碳钢（或合金调质钢）制造，其加工工艺过程一般是：下料→锻造→毛坯→退火（或正火）→粗加工→调质→精加工→表面淬火＋低温回火（或渗氮）→磨削加工→检验→涂装→组装。

6. 辅助工序的安排

辅助工序是必要工序，如果安排得不合理或遗漏，将给后续工序和装配带来困难。辅助工序包括检验、去毛刺、划线、校直、清洗、涂装防锈油等，其中检验是主要的辅助工序。检验工序一般安排在重要加工工序的前后及成品入库之前，其目的是及时发现废品。去毛刺一般安排在工件镗孔和铣削之后。清洗工序一般安排在零件成品入库之前，或者组装之前，或者工件精密加工之前。

7. 典型零件加工工艺过程举例

图 8-100 所示是阶梯轴零件图，主要加工表面是外圆面，其加工精度较高，而且各段圆柱有同轴度要求；其次是键槽和端面。从生产数量看，属于小批量生产。毛坯以选择尺寸与零件最终产品相近的圆钢型材 ϕ70mm 作为基础。阶梯轴零件的切削加工工艺过程见表 8-10。

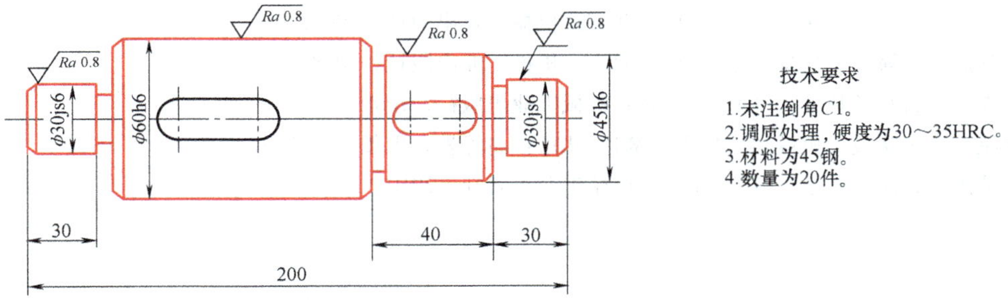

图 8-100　阶梯轴零件图

表 8-10　阶梯轴零件的切削加工工艺过程

工序号	工序名称	工序内容	设　备	目　的
1	下料	ϕ70mm × 210mm	锯床	
2	车削	用自定心卡盘装夹外圆，车削端面，钻中心孔	车床	确定基准
3	车削	车削外圆，留少量磨削余量，切槽，倒角	车床	确定几何形状
4	热处理	调质处理	加热炉	满足调质要求
5	铣削键槽	铣削键槽，去毛刺	铣床、钳工台	完成组件连接部分
6	粗磨外圆	磨削外圆，并留很小的精磨余量	磨床	定精度
7	精磨外圆	磨削外圆至尺寸要求	磨床	满足精度要求
8	检验	按图样检验入库	量具	

参考文献

［1］孙学强．机械制造基础［M］．北京：机械工业出版社，2004.

［2］王正品，张路，要玉宏．金属功能材料［M］．北京：化学工业出版社，2004.

［3］沈莲．机械工程材料［M］．3版．北京：机械工业出版社，2007.

［4］丁树模，刘跃南．机械工程学［M］．北京：机械工业出版社，2005.

［5］裴炳文．数控加工工艺与编程［M］．北京：机械工业出版社，2005.

［6］姜敏凤．金属材料及热处理知识［M］．北京：机械工业出版社，2005.

［7］梁耀能．工程材料及加工工程［M］．北京：机械工业出版社，2005.

［8］朱莉，王运炎．机械工程材料［M］．北京：机械工业出版社，2005.

［9］王健民．金属工艺学［M］．北京：中国电力出版社，2006.

［10］邓三鹏，马苏常．先进制造技术［M］．北京：中国电力出版社，2006.

［11］蔡珣．表面工程技术工艺方法400种［M］．北京：机械工业出版社，2006.

［12］赵程，杨建民．机械工程材料［M］．2版．北京：机械工业出版社，2007.

［13］梁戈，时惠英．机械工程材料与热加工工艺［M］．北京：机械工业出版社，2007.

［14］杨江河．精密加工实用技术［M］．北京：机械工业出版社，2007.

［15］王学武．金属表面处理技术［M］．北京：机械工业出版社，2008.

［16］王先逵．材料及热处理［M］．北京：机械工业出版社，2008.

［17］郭溪茗，宁晓波．机械加工技术［M］．北京：高等教育出版社，2008.

［18］王英杰．金属工艺学［M］．北京：机械工业出版社，2010.